鸿沟 The Gap

人类何以区别于动物

The Science Of What Separates Us From Other Animals

〔德〕托马斯·萨顿多夫 著

刘佳 译

Thomas Suddendorf

上海文艺出版社
Shanghai Literature & Art Publishing House

谨以此书献给

妮娜、蒂莫和克里斯

目　　录

第一章　最后的人类

这本书是关于你的，关于你是什么，关于你如何来到这里。

生物学明确把你定义为一个*生物体*。人类和其他生物体一样会进行新陈代谢，并且能够繁殖后代。你与郁金香的染色体有着相同的描述词汇，你和酵母、香蕉以及老鼠的基因组成有着大量的重合。你是一只*动物*。和所有的动物一样，你需要食用其他生物体（植物、菌类或是动物）来维持生命。你会接近自己想吃的生物而远离想要吃你的生物，这行为和蜘蛛一样。你是一只*脊椎动物*。和所有的脊椎动物一样，你的身体里有一条脊髓通向大脑。你的骨架结构——四肢和五指——和鳄鱼一样。你是一只*哺乳动物*。和所有的胎盘哺乳动物一样，你在妈妈的体内生长，出生后吮食她的(或是别人的)乳汁。你身体上的终毛特征和贵宾犬一样。你是一只*灵长动物*。和其他灵长类动物一样,你长着极其有用的对生拇指。你和狒狒眼中这个世界的色彩构成是一样的。你是一只*人科动物*。和所有的人科动物一样,你长着一对可以让手臂绕其旋转的肩膀。你最接近的现存近亲是黑猩猩。不过,如果要用“猿”来称呼你的话,明智的做法是先要和你保持安全距离,我怕你会打我。

人类倾向于认为自己比这星球上的其他物种都要高级,或者至少说和它们都不同。但其实每个物种都是独一无二的,这样说来,人类并不特殊。在生命树上,每个物种都是一条独特的树枝,它们都有着不同于其他物种的特征。人类和黑猩猩及其他灵长类动物有着显著的不同。我们可以伸直膝盖,双腿比手臂长,习惯性的直立行走让双手不再用来支撑身体,它们被解放出来去做其他事情。我们长着下巴。我们的身体布满汗腺,这让我们拥有比其他灵长类动物更有效的散热系统。我们失去了犬齿和大部分的保护性毛发,不过却给雄性留下了明显没什么用处却又固执生长的胡子。我们眼睛的虹膜相对较小,并且被白色而不是深色的巩膜包围,这让我们更容易发现其他同类注视的方向。人类女性的生育期没有明显的外在特征,而人类男性则没有阴茎骨。

这些都不是开创性的特征,所谓开创性的特征是指像鸟类长出翅膀那样,带来可预见的新的可能(可以飞起来)。然而,尽管我们并没有太多独特的身体特征,但我们还是设法控制了这个星球的大部分事物。这是因为我们超凡的力量并非来自肌肉和骨骼,而是来自我们的心智。

是心智能力让我们学会使用火和发明轮子。这些能力让我们能够通过制造工具来让自己变得比任何野兽都更强壮、更凶猛、更快速、更精准、更有活力以及具备更多的技能。我们制造的机器能够载我们从一个地方到另一个地方，甚至能到外太空。我们学会研究自然并能极其快速地积累和分享知识。我们创造了复杂的人工世界，我们使用无法预知的力量，这些力量能够塑造未来，也能摧毁一切。我们会对当前处境、人类历史、人类命运进行反思和争论。我们会设想美妙和谐的世界，我们也会轻易地实施暴政。我们的力量被用在美好和邪恶的两个极端，相关的辩论从未停止。由我们心智创造出的大量文明和技术，改变了地球的外貌，与此同时我们现存的近亲却默默无闻地待在自己栖息的丛林里。人类心智与动物心智之间似乎存在着巨大的鸿沟，这个鸿沟的特征和起源正是本书的主题。

我们变得如此成功，以至于很多人认为是上帝创造出人类来统治世界。比如，犹太教、基督教和伊斯兰教都有着共同的基础信仰，那就是——一个万能的上帝依照自己的形象创造了人类，只有人类被灌输了灵魂，遵守一系列神圣教条的人们在死后会享有辉煌灿烂的来世。在这些故事情节中，非人类的动物被描写成群众演员，人类享有利用它们的专权。

然而，几个世纪前，一系列人们不愿面对的真相开始出现，这些真相把我们在大自然中的地位描绘成了异于从前的画面。其中影响最大的就是威廉·赫歇尔（Wilhelm Herschel）的天文发现。赫歇尔从德国迁居英国后就开始自己制作望远镜并研究夜晚的星空。他的第一个突破性成果是在 1781 年发现了太阳系的一颗新行星——天王星。他的妹妹卡罗琳(Caroline)是他的得力助手,同时他也获得了乔治三世国王(在他精神失常之前)提供的王室支持,在这些帮助下,赫歇尔编制了包含几千个星团和星云的图表,并发现了宇宙的动态特性,他在改变地球中心论上的功劳远超哥白尼。他发现我们的太阳系也在宇宙中移动,以及天体有诞生、变化和最终消亡的过程,这也是我们的太阳注定要面对的命运。他还发现,由于星光需要跨越如此远的距离才能到达地球,我们今天看到的一些星星事实上已经消亡。原来,世界比大家预想的更广阔、更古老、更具活力。

天文学已经证实我们处在银河系数千亿太阳系中的一个尘埃之上,而银河系本身也有着不计其数的同伴。因此我们要用全新的视角来看待人类及人类的所有问题,就像蒙提·派森(Monty Python)的《银河之歌》(*Galaxy Song*)对我们的督促一样,歌中还总结了我们寻找自己在宇宙中的位置时取得的标志性发现:

要记得你所在的星球正在不断进化
它以每小时900英里的速度自转
还以每秒19英里的速度公转
太阳是我们所有能量的来源
太阳、你、我和所有看得到的星星
都在以每日100万英里的速度移动
我们位于一个巨大星系的外旋臂上
运动速度高达每小时4万英里

这个星系就是银河系①

赫歇尔的著作第一次把这巨大的画面展现在人们眼前。人们意识到我们的星球甚至整个太阳系根本不像之前所认为的那样被设计为神圣的中心。当然,随着这些发现的诞生,更多的非宗教观点也开始产生。比如皮埃尔·拉普拉斯(Pierre Laplace)在1799年提出,我们的太阳和其他太阳系中的恒星一样,最初由星云浓缩而成,随后其他行星也陆续形成。当拿破仑问拉普拉斯为什么他的著作中没有提到上帝时,据说他的回答是:“我不需要那个假设。”

长期以来我们都相信自己在地球上占据着特殊的地位,而新的科学方法开始威胁这个想法。在这个过程中,赫歇尔家族再次扮演了关键角色。威廉的儿子约翰·赫歇尔(John Herschel)和他的父亲一样曾担任英国皇家天文学会的主席。他在一本极具影响力的著作中提到一个新的科学方法,这个方法使学者们能够更高效地构建和积累知识。他的“科学归纳法”包含三个步骤:第一步、通过观察和实验收集数据;第二步、根据数据提出猜测性假说;第三步、检

---

① (歌词继续)

我们的银河系包含1000亿个恒星,从一边到另一边的距离有10万光年
它的中心凸起,有16000光年那么厚,而我们所处的靠外部分厚度只有3000光年
我们距离银河系的中心3万光年,我们每绕一圈需要两亿年
在这不断扩张的美妙宇宙中有着不计其数的星系
我们的星系只是其中之一

宇宙嗖嗖地往所有方向伸展
它快如光速,12英里一分钟,那是最快的速度
所以当你感觉渺小又不安时,要记得你的诞生可是概率极小的事
让我们祈祷太空某处存在高智慧的生物,因为地球上的都是蠢货

《银河之歌》,埃里克·艾多尔(Eric Idle)/特伦斯·琼斯(Terence Jones)(PKA约翰·杜裴兹 PKA John Du Prez)© 1983 Kay-Gee-Bee Music.由澳大利亚百代音乐发行有限公司授权使用(ABN 71 002 884 915)皮尔蒙特35邮箱,NSW 2009,澳大利亚国际版权认证。版权所有。

验该假说是否可以被推翻。这个系统化的方法大大促进了诸多学科的进步，从天文学到植物学，从化学到地质学。

约翰·赫歇尔以及另一位传奇的现代科学奠基人亚历山大·冯·洪堡（Alexander von Humboldt）的著作对查尔斯·达尔文（Charles Darwin）产生了重要的影响。受到启发的达尔文为我们对这个世界的认知作出了新的贡献。我们与动物的关系从此不同。

起源于猿猴？亲爱的，我们希望这不是真的。

但如果真的是这样，让我们祈祷这消息不会被散布成众人皆知吧。

——伍斯特大教堂一位教士的妻子的著名言论

达尔文在运用赫歇尔的归纳法方面堪称标准模范。当他乘船环游世界时，他收集了大量有关植物和动物的数据。随后他提出一个新的解释物种起源的假说，那就是由自然选择决定的进化论，花费多年的观察和实验都无法推翻这一理论，最终，《物种起源》（*On the Origin of Species*）在 1859 年出版。

这个理论是简单、优雅的，同时也无比强大。① 更重要的是，在接下来的 150 年里，所有试图推翻它的努力都以失败告终。事实

① 达尔文在旅行中注意到，动物和植物的众多特征似乎都符合它们的功能性，而且处在不同地理位置的同一物种个体间存在特征差异。他同样也注意到没有任何两个生物体是完全相同的，不管是两条狗还是两只蜘蛛。在有限的资源和激烈的竞争之下，有些变异体必然会比其他同类留下更成功的后代。如果按照这种情况一代代继续下去，优点会持续增加，那些不具有优势特征的后代也会逐渐被取代。在经历了较长时间跨度之后，生物体就会更好地适应它们所处的环境。最终，尤其是在被隔离的地理环境中，不同的物种都继承了经过修正的生理特征。这就是达尔文理论的概述。

上，科学的进步揭示了更多支持进化论的证据，比如详细的化石记录和生命的基因基础，而达尔文对于这些证据并不知晓。他的著作同样影响了人类如何看待自己，不过，在这开创性的著作中，他仅仅提到了非常概括的关于人类的内容。他认为我们和其他动物一样通过进化而来，我们和它们有着共同的祖先，我们和它们遵照同样的进化规则，我们就是它们。这些说法在当时对于很多人来说简直是异想天开，甚至被当作是异端邪说。

不过，12 年后达尔文正面解决了这个绕不开的难题，他解释了进化论如何应用在人类身上。在《人类的由来》(*The Descent of Man*)中，他论证说人类同其他动物一样，是进化的产物。他甚至提出人类的近亲是非洲猿类。如今，众多证据证实了这一观点的正确性。基因对比的结果帮助我们整理出人类的动物家谱。在所有与人类 DNA 进行比对的动物中，两种猩猩(黑猩猩和倭黑猩猩)与我们的基因最为接近。[①]

事实上，虽然黑猩猩与大猩猩外形更加相似，但是黑猩猩与人类基因的匹配度要高于其与大猩猩基因的匹配度。换句话说，从黑猩猩的角度来讲，人类是它们现存最近的近亲。这样看来，研究它们不仅可以让我们了解动物的状况，更重要的是，我们能够更好地

---

① 需要注意的是，黑猩猩与人类的基因匹配度高达 99.4%，这种说法被广泛引用，但也很容易造成误解。比如，按照常识，0%的匹配度意味着两个物种毫无关联。然而，考虑到地球上所有生物的基因构成都只包含四种脱氧核苷酸(腺嘌呤、胸腺嘧啶、鸟嘌呤和胞嘧啶)，所以相似度最低为 25%，不可能为 0。因此，如果你只对比一种脱氧核糖核酸，比如说腺嘌呤，不管你选择任何动物的基因，不管是大黄、豪猪还是人类，你都会发现整个基因结构上会有不低于 25%的相似度。基因构成中有大约 25%是腺嘌呤。更进一步说，在对比基因组时，除了单一碱基对替换，结构差异如插入、删除和复制也应列入考虑范围。基于以上提到的及其他一些原因，我们应该对于匹配度达 99.4%这个数字持保留态度。不过尽管如此，不同物种之间的相关匹配确实能够以直观的数字说明。

了解有关人类的状况。

尽管我们熟知人类是由猿类进化而来，但是我们常常误认为人类是从黑猩猩进化而来的。事实并非如此。如果那样讲的话，你也可以说黑猩猩是从人类进化而来了。我们和黑猩猩只是拥有共同的祖先，举一个时间跨度小一些的例子——正如你和你表哥的关系。当黑猩猩和人类在家谱树上分道扬镳之后，两者有着平等的进化时间。近期的基因分析和化石方面的研究表明这个分离大约发生在 600 万年前。

由于当时缺乏微生物及化石的证据，达尔文最初关于人类进化的论点是根据连续性迹象(signs of continuity)推论得出的。后代渐变(descent with modification)指的是逐步的改变，因而不同物种间可能存在关联。人们总能发现有些物种的某些特征介于另外两个物种之间。例如，达尔文曾着迷于研究澳大利亚鸭嘴兽，就是所谓的结合了哺乳动物和爬行动物特征的单孔目动物(比如身上长毛，但同时又是卵生)。[①] 达尔文提出的连续性迹象的重要性在于推动寻找所谓缺失的环节，比如拥有退化的足部的鱼类。时至今日，近乎所有重要的化石发现都会被媒体称作是一个或某个重要的缺失的环节。(在第十一章中我将讨论目前已经发现的人类进化中的缺失环节。)但即使没有化石证据，人类和动物之间还是可以被证实存在着连续性。

通过解剖学和身体机能方面的分析，人类和其他灵长类动物之

① 考虑到在地理上被孤立起来的澳大利亚并没有真正的本地胎盘哺乳动物，这变得更加有趣。如今鸭嘴兽被认为是早期的一个哺乳动物的分支存活下来的产物，随后的一个分支被认为进化成了现代胎盘哺乳动物和有袋动物。

间的相似之处是显而易见的。我们的身体都有同样的肉质和血液，我们生命初期的成长阶段也是一样的。在人类和其他动物共同继承下来的众多特征中，许多都成了我们的文化禁忌：性、月经、怀孕、生产、哺乳、排便、排尿、出血、疾病和死亡。这些都是肮脏的东西。但就算我们极力掩盖这些，人类和动物之间存在连续性仍然是铁证如山。毕竟，我们可以使用哺乳类动物的器官和组织，比如猪的心脏瓣膜，来替换人类功能不良的身体部分。大量药物测试和手术实验都使用动物，因为人体和动物体是如此相似。人类和动物在身体上的连续性是毋庸置疑的。但是心智却另当别论。

我们怎样才能证明从动物到人类的过程中，心智在逐渐的退步（或者你想说进步）呢？这个大概是达尔文曾经面临的最大挑战。人类和动物的心智之间似乎存在着巨大的鸿沟，而这个鸿沟散发出浓郁的无连续性的味道。甚至连身为自然选择学说共同发现者的阿尔弗雷德·拉塞尔·华莱士（Alfred Russel Wallace）和他亲密的科学盟友查尔斯·莱尔（Charles Lyell），都不能肯定自然选择在此适用。

勒内·笛卡尔（René Descartes）在 17 世纪提出动物都只是自动机（由可定义的规则所支配的机器），他的追随者认为动物根本没有心理体验。我们的身体也可以被设想为机器，仅仅是承载我们高贵心智的容器和载体。在许多文化中，人们都认为心智支配和约束着身体。多亏了众多制裁和禁忌的存在，我们的兽性才能被心智锁在深处。简直一派胡言。[①] 直到今天，这种身心二元论仍然渗透在

① 在严肃讨论人类本性的时候，你有没有觉得这样的令人反感的例子像是被放错了地方？好吧，这就是我的意思。我们总是认为自己更高一级。

许多西方科学和社会中。

然而现代科学已经证实心智和身体是相互交织无法分开的。由肿瘤或中风造成的大脑损伤会对你的心智产生可预见的影响。例如，位于耳后的颞叶如果受到了损伤，我们理解语言的能力就会直接受到破坏。现代心理学有一个分支叫做“具身认知”(embodied cognition)，这个学科侧重研究更为细微的关系。研究表明当身体被稍作操纵时，人们的心理体验和判断会随之变化。举一个例子，一个情景是否好笑可能取决于你的嘴里有没有含着一支笔。下次你在观看最喜欢的喜剧时可以尝试一下。含在嘴里的笔让你没有办法大笑出来，你主观感受到的幽默感也因此有所减少。当人们背着沉重的背包时会感觉山路更加陡峭，而当你一身轻的时候却有不同的感觉。有很多办法可以证明身体的状况影响心智。最终，当大脑死亡时，所有证据都表明我们的心智也会消逝。

那么，我们灵长类近亲的大脑是什么情况呢？大约在《物种起源》面世的时候，英国自然历史博物馆创始人理查德·欧文(Richard Owen)曾提出人类大脑有着特殊的构造，比如禽距(hippocampus minor)。不过，在随后的科学辩论中获胜的是达尔文最忠诚的追随者托马斯·亨利·赫胥黎(Thomas Henry Huxley)。他经过认真观察发现了哺乳动物的大脑在体积上有差别，但是它们同人类大脑有着相同的主体结构。尽管这个结论最近面临了一些挑战，但是它的影响力的确持续至今。就目前而言，达尔文关于人类和动物大脑之间存在连续性的观点取得了胜利。

认为动物根本没有心智的极端说法是站不住脚的，因为人和动物的大脑间存在明显的连续性特征，同时还有证据表明意识和大脑之间存在联系。例如，动物的脑神经化学质，以及当身体受到伤害时的行为反应都与人类极为相似。它们显然非常害怕身体受到伤害。而且和我们一样，在受到麻醉后，它们似乎就不再在意伤害了。

那么，我们可以合理地假设，很多动物都拥有意识体验的基础构造。然而人们总是把“意识”用来形容更高层次的思考。毕竟，像笛卡尔就确信他的存在仅仅建立在思考的基础上：“我思故我在。”不过让我们来听一下捷克作家米兰·昆德拉（Milan Kundera）的机智回答吧：“说出‘我思故我在’的人是一位低估牙痛威力的知识分子。”当你牙痛的时候，根本不需要更多的思考，你就会意识到自己的存在，也会意识到你可以不通过思考就感受到事物。当你不确定自己的存在时，请去看牙医吧（并且拒绝使用麻醉）。心理学家威廉·詹姆斯（William James）在 19 世纪末提出意识能够赋予动物“兴趣”。因为动物可以感觉，所以求生是一个必要法则而不是机会法则。它们主动地寻求愉悦体验以及减轻痛苦的方法。举个例子，患有关节发炎的老鼠如果有机会可以选择，它们会选择自己喜欢口味的止痛药。

就算我们承认动物具有某些心理体验，但人类的心智似乎大大区别于动物心智。在《人类的由来》中，达尔文在面对明显存在的心智鸿沟这个问题时，他采用的方法是对比动物和人类的各种心理特征，如情绪、注意力、记忆和抽象思维。在援引了大量的轶闻趣事后，他总结说动物拥有比我们通常假设的更为复杂的心智，并提出人类心智与动物心智的区别只存在于程度上而不在性质上。他还认为，猿类和鱼类的心智差别要大于猿类和人类之间的差别。这些结论仍然存在争议，尽管达尔文曾在《物种起源》中预言心智研究会在连续性的证据发现之后产生彻底变革：“在遥远的未来，我看到会有更多更重要的开放性研究领域。心理学将会建立在新的基础之上,也就是人类的精神力量和心智能力是通过渐变进化而必然获得的。人类的起源及其历史将得到阐明。”

他肯定是窥到了非常远的未来,因为150年后的今天,心理学仍未建立在这样的基础之上。从行为学到认知心理学,从弗洛伊德精神分析学说(Freudian psychoanalysis)到动物行为学(ethology),这些学科中的理论和科学传统都试图阐明那些纠缠不清的有关行为、进化和心智的秘密。迄今为止,研究者们就人类的哪些心智同哪些动物有着相通之处仍未达成共识,其实这也从未成为过任何心理学科的中心课题。进化心理学研究的课题是人类心智是长期进化的产物,它的两位创始人勒达·科斯米德斯(Leda Cosmides)和她的丈夫约翰·托比(John Tooby)曾宣称“我们的现代头骨里装的是石器时代的心智”。然而就连这个学科都没有严肃地接受挑战,来调查这一明显存在的鸿沟。所有关于进化心理学的书中几乎没有提到我们最近的动物近亲——类人猿,也没有提到我们的祖先物种。

不过,在上个世纪,这一领域开始涌现一些先驱,如沃尔夫冈·柯勒(Wolfgang Köhler)开始研究黑猩猩的心智,从此,一些研究者的工作开始直接与鸿沟相关。近些年,动物比较心理学极速发展,关于非人类心智的能力和局限也取得了诸多研究成果。随着对人类心智及其发展的更复杂的研究,我认为,我们终于处在了一个更好的位置,来解决到底是什么把我们同其他动物区分开来。

人类与动物心智间的连续性迹象,是达尔文最初关于人类进化的重要部分,今天我们了解到,不管这个鸿沟的尺寸和性质如何,进化论的基础都有着来自基因和化石证据的明确支持。就算这个鸿沟是巨大的,我们也不能否认它与后代渐变相关。进化生物学承认巨大变化的可能性，例如，史蒂芬·杰·古尔德（Stephen Jay Gould）和奈尔斯·埃尔德里奇（Niles Eldredge）认为在一段相对稳定的时期后，会出现一些急剧的变化。最重要的是，关于连续性和断续性的问题当然都是有关过去的进化，而不是关于当今状态。当今的鸿沟取决于哪些生命形式碰巧存活到今天。没有必要假设中间链接都必须存活（或者说中间链接的化石都会被找到）。实际上，大部分曾存在于地球上的物种都已灭绝。

类人猿并非一直是我们最近的近亲。仅仅两千代以前，人们还与各种会使用火、会制造工具的直立行走的亲戚共同生活在地球上，其中包括体型较大的尼人（尼安德特人 Homo neanderthalensis）和体型较小的“霍比特人”（弗洛里斯人 Homo floresiensis）。那个充满各种两足动物的世界让我们想起托尔金（Tolkien）笔下的中土世界。我们 4 万年前的祖先没有理由相信自己不同于地球上的其他生物。我们当时只是诸多相近物种中的一支。

也许因为那些找寻连续性和中间连接的研究，人们会认为我们的祖先以简单、单一又直接的轨迹进化成了智人（Homo sapiens）。事实并非如此。在上百万年的时间里，被我们称作“人族”（Hominins）的众多物种存在于地球上，它们有时在同一个山谷里生活。举一个例子，在 180 万年前到 160 年前之间，人族家庭中大概有 6 到 7 个分支，[①]从会制造石器的纤瘦能人（Homo habilis）到长着大而有力的下颌的粗壮罗百氏傍人（Paranthropus robustus）。

---

① 通常我们认为当时存在的古人类有：能人、直立人（Homo erecuts）、匠人（Homo ergaster）、卢尔多夫人（Homo rudolfensis）、罗百氏傍人和鲍氏傍人（Paranthropus boisei）。2010 年，第 7 种古人类南方古猿源泉种（Australopithecus sediba）被发现。

当时还有其他种类的猿，如令人惊叹的巨猿（Gigantopithecus），它们三米高的身材让我们想起《星际大战》（*Star Wars*）中的楚巴卡（Chewbacca）。在这棵由相近物种构成的繁茂大树上，我们的直系祖先只是其中一根树枝。

这些人种中有些种类发展得非常成功。有着宽脸的强壮鲍氏傍人和高大并拥有较大脑容量的直立人分别在地球上繁荣存活超过 100 万年。现代人类存在的时间只是它们的五分之一。同时我们也发现了一些渐进性变化的明确迹象，例如脑容量的增加、工具的复杂性和多样性。在过去十年间，我们发现了一些新的古人种。如果依照现代发现的频率，考古学家会发现更多迄今未知的人类近亲的化石。我们可以期待看到更为复杂的家谱图。

然而时至今日，智人是人类家族中唯一存活的成员，同时，恰巧一些猿类也存活了下来，结果看起来它们成了我们现存最近的近亲。鸿沟的存在和两方都有关系。为什么我们看起来和其他动物差别如此之大呢？从某种重要的意义上来看，答案是所有与我们相近的近亲人种都灭绝了。我们是最后的人类。

为什么在众多人类种族中，我们是唯一存活下来的人种？为什么其他人族全部都灭绝了？极端的环境变化，如冰期和火山喷发，通常会造成物种灭绝。这些挑战无疑也在我们人族近亲们的经历中扮演了至关重要的角色。不同种族的灭绝涉及多种因素的交织，这些因素似乎因人族的差异而不同。但是当谈到我们近亲们的消失，我们应该考虑到另一些可能的肇事者：我们的祖先。

当今时代，许多物种的灭亡都与现代人类有关，尽管没有直接的证据，但是我们怀疑人类的祖先参与了尼安德特人和其他近亲的灭绝过程。当我们的祖先学会设法应对大部分性命攸关的环境挑战，包括大型猫科动物和熊类的捕食，古人类家族中的其他成员便成了他们在自然界中最重要的敌对力量。比起其他动物，我们更有可能被其他人族所恐吓、胁迫和杀害。攻击和冲突也许大大地影响了古人类的进化。

一支拥有先进技术的人种会对其他物种产生毁灭性的影响。人种的灭绝不一定只是通过杀戮，也可以是间接地通过竞争、破坏栖息地，甚至是通过引入新型细菌。进化论生物学家和地理学家贾雷德·戴蒙德（Jared Diamond）在他的著作《枪炮、病菌与钢铁》（*Guns, Germs, and Steel*）中，生动描绘了一支仅由 168 人组成的西班牙侵略者队伍在 1532 年洗劫了印加帝国。事实上大部分印加人是被天花害死的。入侵者带来了这致命的病菌，疾病在侵略者动手之前就先行一步了。印加帝国大量生命被天花夺去，让欧洲备受折磨几个世纪的疾病为西班牙人带来了有利的副作用。但是有些侵略者似乎明白这些因果联系，他们会积极推进病毒传播的过程，确保大范围的死亡能够发生。例如，一些英国殖民者曾被控告把携带天花病毒的毯子送给北美土著居民。我们无从得知如此冷酷无情的手段曾被使用过多少次。但可以明确的是人类有能力这么做。

然而我们也有着非凡的合作能力、同情心和仁慈心。我们可以，我其实想说"我们应该"，做出合乎道德的选择，从而避免其他人类和物种的消亡。史蒂文·平克（Steven Pinker）在他的新书《人性中的天使》（*The Better Angels of Our Nature*）中提到，暴力随着历史进程已在逐渐减少。换句话说，战争、族仇、谋杀、强奸、奴隶和虐待曾经在人类之间更为普遍。我们已经发现了史前采集狩猎者之间发生暴力冲突的证据，但是我们并不清楚这些人性黑暗面最早是什么时候产生的。除了人类之外，黑猩猩是目前发现的唯一懂得合作杀害其他成员的灵长类动物。由此可见，协作攻击确实有着古老的根基。

毋庸置疑，我们的祖先时不时地试图要与其他近亲进行异种交配，并通过成功孕育后代来同化它们。有解剖学的证据表明人类曾与尼安德特人杂交，2010 年我们首次取得相关基因证据证实欧洲人和亚洲人，不同于非洲人，仍然拥有尼安德特人的一些基因特征，比例据估计在 1%到 4%之间。① 我就有一部分的尼安德特人血统。2010 年 12 月，一根 3 万年前的手指和一枚牙齿被发现，它们属于一支此前未知的人族。基因分析揭示这被称作丹尼索瓦人（Denisovans）的种族既不同于现代人类也不同于尼安德特人。它们的基因在现代美拉尼西亚人的基因组中占比 5%。

尽管有时我们会说做爱和战争只能二中择一，但其实它们之间存在互不相斥的可能性。战争时期，有爱情也有强奸，浪漫感情也可以是冲突之后的产物。不管怎样，我们的祖先似乎在至少一部分近亲的消亡过程中扮演了重要角色。如今动物和人类心智差别的鸿沟如此之大且令人费解，原因也许是因为那缺失的链接是被我们破坏的。通过取代和同化其他的人族近亲，我们烧毁了鸿沟之上的桥梁，当我们发现只有自己走到分水岭的另一边时，才开始发问我

① 这个逻辑非常简单。当我们拿尼安德特人的 DNA 与不同的非洲人种的 DNA 进行比对时，其与不同非洲人种 DNA 的差异值相同。然而，如果我们拿它们的 DNA 分别与一个欧洲人和一个非洲人进行比对时，其与欧洲人 DNA 的相似度要高于非洲人的 DNA。当我们拿其与中国人的 DNA 进行比对时，情况与欧洲人相似。这表明当现代人类从非洲迁徙出来之后，他们曾与尼安德特人杂交，很可能发生在中东地区，因为那里发现的化石证据表明了他们曾长期共同生存在同一区域（见图示 11.10），之后现代人类携带部分尼安德特人的基因成分走向了非洲以外的世界。

们是怎么到了这里的。这样看来，我们在地球上极其神秘和特殊的地位很可能是我们自己创造出来的，而非经由上帝之手。

接下来我就开始讲述这个把现代人类与动物心智分隔开来的大裂谷。在第二章和第三章中，我会带领大家仔细观察人类现存的动物近亲，并总结我们可以如何确定动物的心智能力。在第四章到第九章，我从以下方面检验了人类心智的特别之处：语言、远见、心灵感应、智力、文化和道德。我会解释已知的关于人类能力的本性和发展，并在相同方面与动物进行比较。尽管有些物种也存在交流系统——可以预见接下来要发生的事情、能够解决特定的社会问题和身体问题、拥有传统甚至是同情心，但是我们会发现人类心智因一些为数不多但重复出现的原因而与它们不同。第十章提炼出不同领域存在的鸿沟的共同点及其原因。我们的史前祖先和有关我们心智进化的线索是第十一章的重点。最后，在第十二章，我展望了研究人类区别于动物的科学前景，以及鸿沟本身的未来变化。

第二章　现存的近亲

我们是灵长类动物。灵长类动物普遍能够适应树上的生活，而且为了应对从树上掉落致死的风险，它们进化出了独特、复杂又精准的观察和抓握能力。灵长类动物有着典型的向前直视的双眼和立体彩色视觉，它们依赖这些多于使用鼻子。它们失去了其他哺乳动物具有的胡须特征，它们的嗅脑①（负责气味分析）相对较小。灵长类动物进化出适合抓握的双手，每只手有着五根手指，很多种类都长着万能的对生拇指，手指末端被指甲覆盖，没有爪。若没有这

① 在解剖学上，嗅脑可根据一块形状奇特的小骨头找到，这块小骨头覆盖一部分的内耳（颞骨岩部）。

些灵长类的遗传特征,我们将会使用不同于现在的方式感知这个世界并与其互动。

相比于大部分其他动物,灵长类的大脑更大,心智也更聪明。当观察一些灵长类动物比如大猩猩的生活时,你肯定会奇怪为什么它们需要这些聪明的大脑。看起来大猩猩除了坐在超大份沙拉碗似的森林里大嚼特嚼以外,好像没别的事要做。这一观察激发了哲学家尼克·汉弗莱(Nick Humphrey),他提出促使灵长类动物智力进化的是社会问题,而非体能挑战。这一想法逐渐吸引了更多的追随者,因为大部分的灵长类动物的确都有着深刻的社会关系,我们的近亲更是如此。

一只保持独居的黑猩猩不能被称作真正意义上的黑猩猩,这并非夸大其词。

——沃尔夫冈·柯勒

灵长类动物错综复杂的社会关系已经被研究者通过大量的野外观察记录下来,这些观察结果揭示了群组结构是由个体间关系决定的,而这些关系又取决于个体对于其他群组成员的关注。灵长类动物非常喜欢理毛。互相理毛让它们放松,这一行为能够促进产生内啡肽(endorphins)和催产素(oxytocin),被理毛的个体有时还会舒服地睡着。随着压力和寄生虫的消失,社会联系也同时生成。就这样,它们结成联盟,或是修复关系。群体的队伍越大,成员间理毛的时间也越来越多。其他一些成员远多于灵长类动物的物种,比如牛羚和沙丁鱼,它们以成千上万的数量聚集一起,但是个体之间似乎完全保持匿名。然而,灵长类动物则认识它们每一位群组成员。

此外，灵长类动物看似明白其他群组成员之间的关系，比如统治地位、亲属关系和友情。当一只长尾黑颚猴(vervet monkey)母亲听到自己孩子的呼叫时，会向叫声发出的方向察看，而其他的群组成员则会看着那个妈妈，我们可以明显看出其他成员知道是她的小孩在呼叫。通过对灵长类动物的密切观察，我们了解到这样的知识对于它们的社会关系是至关重要的。所以，两个个体之间的争斗会影响到其他成员间的关系。我曾经观察到一只年轻的黑猩猩把一根树枝藏在背后，悄悄靠近一只年长的雌性同类。当那只雌性黑猩猩正要开始为幼崽理毛时，那只黑猩猩突然用树枝打了她，然后掉头就跑，暴怒的雌性黑猩猩在后面追它。这一事件在整个群组激起波澜，所有的黑猩猩都开始表达自己的立场。打击报复的目标对象不只是作恶者，有时也是它们的亲属或者同伴。

灵长类动物的社会生活经常涉及多层次的事务。要取得较高地位不仅仅依靠蛮力，也需要聪明的头脑。选对了理毛的对象，就会在权利斗争中占据优势。所以灵长类个体在处理社会问题时，需要极高的注意力和充分的考虑，组群的数量越庞大，这一点就越明显。事实上，进化心理学家罗宾·邓巴(Robin Dunbar)已经提出，灵长类动物的群组队伍越大，它们的脑容量越大，更准确地说，是大脑新皮质在整个大脑所占比例就越大。群组成员越多，聪明的社会活动家就需要越高的认知能力以跟上不断增加的复杂信息网。

灵长类的觅食也比通常我们所想的要更复杂。它们不只吃香蕉，也吃其他各种各样的东西，包括树叶、根茎、树液、某些昆虫还有小型的哺乳动物。为了获得这些食物，有些灵长类动物使用工具。比如，僧帽猴(Capuchin monkey)用石头砸开坚果。也有一些物种进化出了更为复杂的处理技能。比如，大猩猩会小心地把路边的荨麻叶折好避免自己被扎到。还有一些具有协作能力，就像黑猩猩合作猎杀猴子那样。灵长类动物使用这些方法开拓出了多样化的生态环境。

分类学家根据一系列特征把灵长类动物细分为各种分支。不是所有的灵长类动物都是猴子。这很大程度上与鼻子有关系，由此区分开来的两个亚目包括：狐猴和懒猴等原猴（prosimian），它们都有湿润的鼻子（被称作原猴亚目 Strepsirrhini）；而另一些灵长类动物的鼻子是干的（被称作简鼻亚目 Haplorrhini）。后一个亚目包含两种被我们称作"猴子"的种类：新世界猴（new-world monkeys）和旧世界猴（old-world monkeys）。新世界猴的两个鼻孔分别朝向不同的方向，而旧世界猴的两个鼻孔则平行地指向同一方向。新世界猴，正如名字所暗示的，它们只生活在美洲，包括绢毛猴（tamarins）、绒猴（marmosets）、吼猴（howler monkeys）、蜘蛛猴（spider monkeys）、松鼠猴（squirrel monkeys）和僧帽猴。这其中有些品种进化出了卷尾，它们可以用尾巴来抓握或吊在树枝上，这样它们就可以解放出双手用来进食。它们有时还把尾巴当作手臂来用，当我要求一只蜘蛛猴完成选择任务时，它使用尾巴或是使用手来做选择的几率几乎一半一半。旧世界猴生活在非洲和亚洲，它们没有卷尾。它们倾向于同时使用四肢在树枝上行走，而不是吊挂在树枝上，它们只用尾巴来协助平衡。它们可以直挺挺地坐着睡觉，所以它们的屁股上大多有着肥厚的红色胼胝（被称作臀胼胝 ischial callosities）。常见的旧世界猴子包括：猕猴（macaques）、狒狒（baboons）、白眉猴（mangabeys）、疣猴（colobus monkeys）和叶猴（langurs）。猿类和人类都属于长着干燥鼻子的旧世界灵长类动物，两者都在进化过程中失去了尾巴。① 接下来，让我们来了解一下人类现存动物近亲吧。

猿类通常比其他的灵长类动物个头要大。它们有相对较长的手臂，较大的胸腔，没有明显突出的鼻部。猿类通常生活在树上，但是因为它们的体重，通常它们不会在树上行走而是悬挂在树枝下。可旋转的肩膀关节使这样的动作成为可能，而且可旋转肩膀关节的重要性不只在于可以让我们挂在树上或是吊在单杠下，同时它还能让我们极其精确地投掷矛枪和球类。古猿类的体型也相对较大，它们生活在树上也许是为了躲避被捕猎的危险。这样的安全环境使种群能够获得更长的生命，同时生活节奏也相对放慢。确实，猿类成长速度较慢，妊娠期和亲代抚育期也较长。它们的性成熟期较晚，总体看来平均寿命在 50 岁左右。这相对更长的生命过程是猿类进化的结果，大容量的脑部也因此有机会进行发育和成长。

猿类曾经有着多样化的品种且广泛分布在不同区域，但是它们的数量和分布都正在急剧减少。最有可能的罪魁祸首是气候变化，它们已经适应的热带雨林栖息地因气候变化而被毁坏。当然，作为地面栖息者的人类近些年大量地砍伐森林也是原因之一。我们是分布最广、数量最多的灵长类，我们的总数量超过七十亿，而其他所有猿类加起来才只有几十万。

当猿类在 17 至 18 世纪第一次被带到欧洲时，虽然人们之前就把它们描述成人类的怪诞变形，但是当看到它们和人类是如此相似时，大家都惊呆了。它们通常被认为是半人半兽。在德语中，猴子被称作

① 巴巴利猕猴也没有尾巴，它们有时被称作猿类，但其实它们是猴子。

猴子(Affen),但是猿类被称作人类猴子("人猿""Menschenaffen")。在印尼语和马来语中,用来表达猩猩(orang utan)的单词的意思是"丛林里的人",一位早期的欧洲解剖学家使用具有同样含义的拉丁语"丛林人类"(Homo sylvestris)来描述非洲猿类的一个品种。卡尔·林奈(Carl Linnaeus)系统化地提出物种分类法,并把人类置于其他灵长动物之上,自此以后,关于猿类和人类在生命之树上应该如何分组的辩论就没有停止过。

尽管灵长类动物之间的关系已经十分明确,但是分组和标签却常因新数据的发现而被修正,最近一次是因为遗传学上的新发现。在最新也是最广泛使用的分类方法中,人类和所有的猿类被共同划分为人猿超科(hominoids),本书中我也使用这种分类方法(不过涉及的篇幅较少)。人类和类人猿,不包括小型猿类(如长臂猿),被划分为人科(hominids)。最后,"人族"只包括人类,以及在我们与黑猩猩从共同祖先分裂后进化出的近亲物种,而这些近亲都已灭绝。

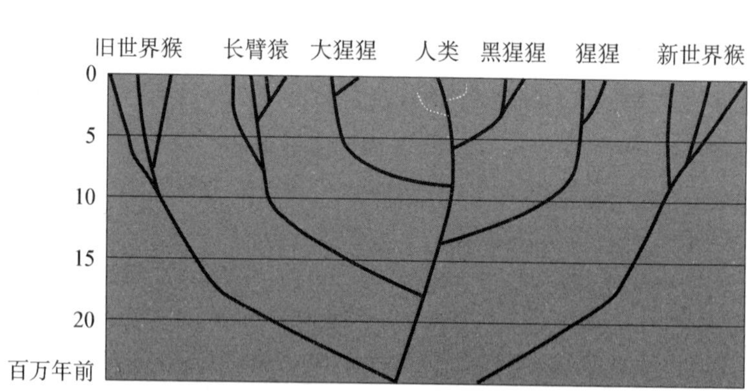

图示 2.1　人类和其现存动物近亲的进化树。

小型猿类或者说长臂猿是体型最小的猿类。[①] 我遇到的第一只小型猿类在经过我的时候用我的手臂作为树枝荡到了前面的路上，留下我目瞪口呆地站在苏门答腊岛的热带雨林里。小型猿类的手臂很长，并以杂技著名。它们是真正的臂跃动物(brachiators)，从一个树枝荡到另一个树枝(或者有时从一只手臂到另一个树枝)。没有其他的哺乳动物可以像它们一样在空中快速转移。但如果你在地面上遇到它们，你会发现它们的运动形式远没有在树上那般优雅。一只长臂猿曾用两只脚朝我走来，双手笨拙地伸到空中，这姿态让我想起了约翰·克立斯(John Cleese)的滑稽走姿。这只可爱的小长臂猿蹒跚走向我的时候实在是惹人怜爱。我之前就听说这附近有一些非长居的白掌长臂猿，所以我遇到它的时候非常开心。随后它竟然跳到了我的大腿上。我碰了它一下，瞬间就被它咬了。

图示 2.2 阿德莱德动物园的马来亚长臂猿(安德鲁·希尔摄影)。

大约 1800 万年前，小型猿类与类人猿和人类的祖先分支开来。如今，小型猿类只生活于东南亚。它们由四大属组成：合趾猿属(Symphalangus)、白眉长

① 小型猿类通常被称为“次要的猿类”(lesser apes)，我选择使用小型猿类的说法以避免可能被误解为卑下意味的说法。

臂猿属（Bunopithecus）、黑冠长臂猿属（Nomascus）和长臂猿属（Hylobates）。这些属在不同方面均有区别，包括头骨的结构和染色体的数量（白眉长臂猿有 38 对，而黑冠长臂猿有 52 对）。黑冠长臂猿和白掌长臂猿都有多个品种，但是它们几乎没有共享的栖息地，只有马来亚长臂猿（最大的小型猿类）和白掌长臂猿（长臂猿属中的一种）在苏门答腊岛和马来西亚半岛的丛林中共同生活。

长臂猿生活在小型的一夫一妻制家庭中，成员由一对配偶和几只依赖它们的后代组成，这种家庭形式不同于类人猿，但是却与很多人类相似。配偶共同生活多年，雄性投入时间和精力来照顾年幼后代。马来亚长臂猿的雄性甚至在幼崽超过一岁后担任照顾后代的主要角色。当长臂猿到了性成熟的时期，它们会离开自己的原生家庭去成立新的家庭。

每个家庭通常拥有几公顷的领地，它们会竭尽全力保护自己的领地。长臂猿用它们标志性的高声吼叫来宣告自己的领地，叫声可持续几分钟，并且总是在一天中的特定时间发出。不同的小型猿类可以通过叫声被辨认出来，有的深沉浑厚，有的刺耳又有穿透力，有的则像萦绕不绝的哀嚎。配偶通常进行二重唱。小型猿类的音调要比类人猿丰富得多。有争论观点认为，它们自发发出的各种声音比类人猿的声音更像是人类祖先转换成语言的模板。然而，这些小型猿类的声音的功能似乎仅限于领土标记、吸引配偶，还有在二重唱时的配偶配对。

令人吃惊的是，有关长臂猿的认知能力我们所知甚少。之前所做的研究大部分仅限于白掌长臂猿。而相对于无数关于类人猿的心理研究，这些成果只能说是寥寥无几。我认为这是一个令人好奇的空缺，因为考虑到它们和人类如此相近，但是不久我就发现了原因。事实就是对长臂猿进行心理测试难度很高。和类人猿不同，被囚禁的长臂猿很难听话地坐在人类研究员的对面，它们不愿意完成实验步骤。也许因为在捕食过程中较容易受到伤害，所以它们通常比较胆怯易受惊吓。在我和同事们对它们进行研究时，它们经常精力充沛地沉迷于自己速度极快的杂技表演中，研究也常常因此中断。

小型猿类曾在亚洲分布广泛。早期中国资料中表明它们曾靠北出现在黄河流域。然而今天它们活动的主要区域仅仅局限在东南亚。栖息地破坏、猎杀和非法交易致使它们处在濒危的境地。事实上，好几种长臂猿的种类在野外都极其接近濒危状态。[①] 银白长臂猿（Hylobates moloch）现存仅约四千只，黑冠长臂猿指名亚种（Nomascus concolor）只剩下不足两千只。然而，处于最坏境地的是海南黑冠长臂猿（Nomascus hainanus），根据最近一次的调查，这个物种只剩下 22 只。

大型猿类包含三个属，分别为猩猩属（orangutans）、大猩猩属（gorillas）和黑猩猩属（chimpanzees）。从名字上我们就可以看出，它们的体型大于小型猿类，有些雄性大猩猩的体重可达 200 公斤。[②] 大型猿类之间广泛存在着各种区别，包括如何谋生，消磨时间的地点和它们的社会结构。不过，不同于小型猿类，它们会在树上或者地上筑巢并在里面睡觉。它们在追逐嬉戏、摔跤打闹和挠痒痒时也会发出类似笑声的声音。和人类一样，它们的腋窝和肚皮是最怕痒的部位。这些活动带来的显而易见的欢乐不会随着它们的年龄增长而消失，它们极大的好奇心也同样如此。

---

① 想要了解更多关于保护长臂猿的信息，请登录 http://gibbonconservation.org

② 人类的体重有时甚至超过大型猿类：被记录下的体重最重的人竟重达 500 公斤。

在 19 世纪 60 年代,已经因古人类学研究而闻名的路易斯·利基(Louis Leakey)受到自己强烈好奇心的驱使,对人类的现存近亲进行了长期的实地研究。他派出三名女研究者分别观察野外大型猿类的三个属。她们有时被人们亲切地称为“利基的天使们”。珍妮·古德尔(Jane Goodall)被派到坦桑尼亚研究黑猩猩,戴安·弗西(Dian Fossey)在刚果和卢旺达去研究大猩猩,贝鲁特·高尔迪卡(Birute Galdikas)则被派到婆罗洲去研究猩猩。最初她们的做法被认为是异端的,但是她们长期坚持对这些猿类的记录,这对后来的研究产生了深远的影响。弗西的努力因 1985 年的惨剧而终止(她的经历曾被改编成电影《迷雾中的大猩猩(*Gorillas in the Mist*)》),但是古德尔和高尔迪卡的研究仍在继续。除了这些长期研究,还有一些研究者接受其他的委托任务,比如西田康成(Toshisada Nishida)在坦桑尼亚的研究,还有克里斯托夫·伯施(Christophe Boesch)和海德薇·伯施(Hedwig Boesch)在非洲象牙海岸的观察,所有这些研究共同为我们了解人类近亲提供了大量的新知识。

图示 2.3 一只雄性猩猩在苏门答腊岛克坦贝(艾玛·科里尔贝克摄影)。

猩猩是一种红色的猿类,它们生活在苏门答腊岛和婆罗洲现存的丛林中。猩猩被分为两个种类(苏门答腊猩猩和婆罗洲猩猩),不过它们也可以被圈养杂交。猩猩几乎不从树上下来。它们喜欢这种居高临下的高度,而且在俯视我们地面居民的时候,它们似乎会流露出傲然于世的漠然神情,至少我的感觉是这样的,尤其在我的脖子因为长时间仰视开始酸疼的时候。雄性猩猩的体重可达 80 公斤,这使得它们爬树时速度较慢,而且每一步都看似经过深思熟虑。我很同情它们,因为在爬树时它们要付出很多的努力,尤其是当树枝不停移动或者折断时,我感觉就像是自己在爬树那样提心吊胆。不过它们相对我们有着一个非凡的优势,它们有四只手,每只手都长着可以灵活使用的对生拇指。

猩猩每天花费大量的时间寻找水果。它们还食用一些多汁的植物茎和昆虫作为补充。偶尔我们也会观察到它们食用肉类。比如,苏门答腊猩猩有时会猎杀行动较慢的湿鼻灵长类动物——懒猴(loris)。也许因为果树只能喂饱一定量的猩猩,所以它们不像其他类人猿那样以社会群体居住。相反地,通常成年雄性会独居生活。[①] 雌性通常带着后代行动,而雄性不参与后代抚养。成年雄性体型是雌性的两倍,而且很多个体的脸颊上都有明显的“肉垫”,它们也长着喉囊用来发出长长的叫声。猩猩有特定的领地,被接纳的雌性会偶尔与它们共同生活,同居时间最长可达 3 个月。它们在这段时间里面会重复交配,并且还有面对面的交配动作,看起来非常亲密。

① 虽然存在主张脑容量与群体数量成正比的社会脑假说,但猩猩是一个例外。原因之一也许是,现今猩猩的生态龛与当初它们进化时有很大差别。然而,圈养的猩猩表现出较高的参与社会联系的意愿,所以也有可能是它们高高在上的树上社会生活复杂性被我们所低估。

图示 2.4　乌塔玛(Utama),珀斯动物园的一只雌性猩猩(安德鲁·希尔摄影)。

研究者曾一度认为还存在一个体型更小的猩猩种类。现在我们已经确认,那些个头较小的个体是一种成年雄性猩猩,有时被称作"彼得潘变体"(Peter Pan morph)。这些成年雄性处在一个过渡阶段,它们的半成年(未长出脸颊肉垫)阶段能够持续很多年。通常成年雄性猩猩的性格较温顺,但是处于半成年阶段的猩猩会强迫雌性与它们交配。因为它们看起来更像是处于青春期,所以不太会激怒周围成年雄性成员。有些证据表明,当一位年长的成熟雄性消失时,一只"彼得潘变体"猩猩会发育成长有脸颊肉垫的成熟雄性。

在某些情况下,试图强迫交配的行为不只发生在"彼得潘变体"猩猩身上,或者说不只发生在雄性猩猩身上。一位长期与一只雌性猩猩相处的研究者曾经告诉我,他不得不中断一项成果显著的研究,因为那只求爱失败的雌性猩猩不再配合他的研究。

猩猩除了在下雨时把巨大的树叶当作伞之外,还有很多使用工具的经验,人们在很长一段时间里都认为这是非同寻常的。近几年,灵长类动物学家卡雷尔·凡·谢克(Carel Van Schaik)和他的同事们记录了各种各样的案例。比如,苏门答腊岛有些猩猩群体使用棍子来获取尼西亚树的果实里的种子，或者从洞里勾出昆虫。这看起来像是社会维持性行为。在婆罗洲，安妮·鲁森（Anne Russon）和贝鲁特·高尔迪卡记录了猩猩的模仿行为。在丹戎普丁的再引入中心，猩猩有时甚至会模仿古怪的人类行为。一只名叫苏皮那（Supinah）的猩猩对于人们点燃和控制火的能力尤其感兴趣，它就像是迪斯尼根据《丛林之书》（*The Jungle Book*）改编的电影中的“路易王”。使用煤油的一系列实验可想而知地引起了一些顾虑，实验最终也未能成功完成。

猩猩有能力解决一系列的其他难题。我曾经观察到一只半成年雄性猩猩从一棵几乎孤立的树上伸长身体去拉旁边一棵树的树枝。这挂在两棵树之间的尴尬姿势持续了较长时间，而且看起来不太舒服。但它坚持这个姿势直到一只大约 3 岁大的幼年猩猩从树干顶端下来，并用它作为桥梁跨过两棵树间的空隙。就这样，这只半成年的猩猩把自己当作工具帮助了那只幼崽。

图示 2.5　在苏门答腊岛的克坦贝，一只猩猩用自己的身体搭成桥。

尽管神秘莫测的红毛猩猩从公众和政府获得了极大的关注，但是它们的现存数量仍在快速减少。最近一次对苏门答腊猩猩数量的估计是7300只。婆罗洲猩猩的数字稍微多一些，据估计在45000只到69000只，但是它们的数量也在减少。持续的栖息地破坏（尤其是油棕种植园的大量扩张）、丛林火灾、猎杀以及宠物交易都直接导致了种群数量的减少。根据世界自然保护联盟（IUCN）的报告，婆罗洲猩猩已处于濒危境地，而苏门答腊猩猩则是极度濒危。也就是说，它们可能在不久的将来完全灭绝。①

大猩猩是类人猿中体型最大的，所以金刚的角色设定为大猩猩也就不足为奇了。尽管银背大猩猩体型巨大并且有着令人印象深刻的捶胸举动，但其实大猩猩是温和的食草动物。我曾经有幸在乌干达参观一群常居的山地大猩猩（这类行程是我极力推荐的，不管是为了获得难忘经历还是出于保护目的），那时它们正在丛林里休息。一只银背大猩猩正侧卧着研究自己的指甲。然后它随意地抓住一边的屁股，稍稍抬起，放了个屁，人类也有类似的举动，不过我们羞于提及。我看到的唯一一次猩猩捶胸的动作是一只一岁的幼崽做出的。

公认的大猩猩种类有两种：西部大猩猩（Gorilla gorilla）和东部大猩猩（Gorilla beringei）。2012年大猩猩的基因组测序首次完成，从中可知两个品种在大约175万年前发生了分化，不过随后出

① 当我写到这里的时候，看到消息称明显是棕油公司所为的大火侵袭了现存苏门答腊猩猩的栖息地之一——赤巴沼泽森林（the Tripa Swamp forest）。有关猩猩保护的更多内容，请查询婆罗洲猩猩保护基金会网站（http://orangutans. or. id）或是猩猩计划网站（http://www. orangutan. org. au）。

现了一些基因流动。

两个品种的大部分个体都生活在低地，不过东部种类包含一些山地大猩猩。现在只剩下几百只山地大猩猩了，大部分东部和西部低地大猩猩都生活在热带雨林，而山地大猩猩的栖息地则截然不同。许多已知的关于野生大猩猩行为的知识都开始于戴安·弗西最早发起的对于山地大猩猩的重点研究。

山地大猩猩生活在规模较小的家庭中，成员包括一只成年雄性，几只雌性，以及它们的后代。当后代成熟后，雌性会离开这个家庭去加入到其他群体中。一只完全成熟的雄性大猩猩的体型大于它的雌性伴侣们，而且它们的背上会长出一块银灰色的毛。"单身"雄性大猩猩常常单独生活直到它们能够接管一个群组。

图示 2.6　乌干达布恩迪密林国家公园，一只山地大猩猩躲在树丛后面偷偷观察我们。

尽管大猩猩的体重非常重，但是它们是非常优秀的攀爬者。在地面上，大猩猩经常是同时使用四肢移动，双手的指关节触地支撑。山地大猩猩主要食用地上的根茎、嫩芽和树叶。而低地大猩猩则食用更多的水果，它们从树上采集这些果实。对它们排泄物的最新分析表明它们偶尔也会食用哺乳类动物的肉。在主要食素的情况下，大猩猩为了保持自己的体型，可想而知需要花费大量的时间进食。有些植物具有自我防御技能，例如长刺，还有一些植物只有很小的核能够作为食物。心理学家迪克·伯恩(Dick Byrne)记录了大猩猩如何为了取得少量美食而谨慎行动避免受到伤害的过程。这些技能有时非常复杂，包含多重步骤，年幼的大猩猩通过观察年长的同类来习得这些技能。

图示 2.7 基加尔(Kigale)，华盛顿史密森尼国家动物园的一只雌性西部大猩猩(艾玛·科里尔贝克摄影)。

我们早已知道圈养的大猩猩能够熟练使用工具，这与猩猩和黑猩猩情况类似。而在野外，它们使用工具的行为最近才被发现。2005年，研究者观察到一只大猩猩使用树枝来挖出植物的块茎，并且在通过一块沼泽之前用树枝来测量水深。大猩猩在野外较少使用工具的一个原因可能是，它们能够通过自己的强大力量来设法解决问题。安德鲁·怀特恩(Andrew Whiten)是有时会与我共事的合作伙伴，他告诉我他曾把一个秘密盒交给一只大猩猩，这个秘密盒之前用于调查黑猩猩模仿操作轮齿和杠杆的能力，他很快发现大猩猩使用了更简单的方法打开盒子取得里面的奖励，这个方法就是：大力捶开盒子。

山地大猩猩处于极度濒危的境地，据估计野外存活数量只有约680只。[①] 东部低地大猩猩仅存几千只。世界自然保护联盟把东部大猩猩列为濒危物种，西部大猩猩列为极度濒危物种。名为克罗斯河大猩猩（Cross River Gorilla）的西部大猩猩亚种数量已减少至250只。西部低地大猩猩的数量曾被估计为超过9万只，但是它们的数量正在急剧减少。2006年，埃博拉病毒杀死了约5千只大猩猩。不过关于野生大猩猩数量也有过令人振奋的消息，2008年研究者在刚果发现了个体数量约达10万的巨大群体，这真是了不起的发现。唉！未来再次发现未知栖息地的希望非常渺茫。

黑猩猩属细分为两个物种：黑猩猩（Pan troglodytes）和倭黑猩猩（Pan paniscus），又称巴诺布猿（Bonobo）。由于黑猩猩是人类的现存近亲，而倭黑猩猩在一些方面完全区别于黑猩猩，所以我会分别介绍它们。

黑猩猩生活在非洲中部撒哈拉以南的森林中，它们通常被细分为四个亚种（西部黑猩猩、东部黑猩猩、中部黑猩猩和尼日利亚黑猩猩）。年轻的黑猩猩频繁出现在各种电影中（从"泰山"系列的奇塔到罗纳德·里根的邦佐）[②]，这些角色让民众认为黑猩猩都是小巧又可爱的。事实上，成年雄性黑猩猩体型很大而且很凶猛。它们比大

---

① 了解更多关于保护大猩猩的内容，请查看国际大猩猩保护项目（International Gorilla Conservation Program）网站：http://www.igcp.org

② 《人猿泰山》系列电影多部均有黑猩猩参演，其中最著名者名为"奇塔"（Cheetah）；里根1951年主演的电影《君子红颜》（Bedtime for Bonzo）中主要角色是一只名为"邦佐"（Bonzo）的黑猩猩。——译者注

部分的人类更强壮,当它们兴奋时靠近它们是非常危险的。它们喜怒无常。我们有时与澳大利亚罗克汉普顿动物园(Rockhampton Zoo)的两只雄性黑猩猩一起进行试验,它们通常十分友好地坐在防护网的另一边接受我们的心理测试。但是,一台吵闹的割草机、一辆巴士或者是其他可以触发它们神经的东西会让它们迅速变成暴怒的状态。它们会尖叫,拍打防护网,跳来跳去,歇斯底里冲向围墙,还会吐口水。换句话说,它们会大发飙。你绝对不会想要像泰山那样扛起它们放在肩上。

在野外,黑猩猩是目前所有猿类中被研究得最为透彻的。现在我们有来自不同研究基地的数据,这些基地研究固定群体长达几十年。黑猩猩生活的群体较大,通常包括 40 到 60 只成员(有时甚至超过 100 只),但是它们通常以小团体为单位行动和觅食。这些小组的成员会发生变化,整个群体偶尔才会全部聚集在一起。这种灵活的系统被称作分离与融合——很多个体来来往往。这种形式为它们带来与不同个体相处的机会,但同时也造成了涉及不同关系和社会等级的特别的社会认知难题。

雌性黑猩猩在性成熟后会移居到其他族群,而雄性则常常留在它出生和成长所在的群体内。在群体中取得较高的地位对于雄性来说非常重要,因为这会带来更多的与雌性交配的机会。雌性黑猩猩通过粉色生殖器隆起的特殊表征来表达它们已准备好进行性行为,在此期间它们一天中的交配次数从 5 次到令人震惊的 50 次。这里要提醒的是,它们的交配过程通常只持续 7 秒钟。雌性频繁地与雄性进行交配,甚至在怀孕期间也是如此,这也许是一种降低雄性杀害幼崽可能性的策略。黑猩猩不像银背大猩猩那样独享它们的雌性配偶,雄性黑猩猩无法确定与它们后代的血缘关系。

图示 2.8 黑猩猩奥基(Ockie)在洛坎普顿动物园。

在珍妮·古德尔著名的研究记录中可以了解到,黑猩猩的社会生活是复杂和耐人寻味的。比如,取得群体中雌性首领的支持能够让雄性提高地位。结成联盟可以让地位较低的雄性有机会推翻在位的雄性首领。反过来,其他联盟也可能报复这些篡位的个体和它们的同伙。灵长类动物学家弗兰斯·德·瓦尔(Frans de Waal)在经过充分观察后认为,“黑猩猩政治”的说法有着充分的理由——《黑猩猩的政治》(Chimpanzee Politics)也被他用来命名那本影响巨大的相关主题的著作。亚里士多德(Aristotle)曾提出人类是唯一的政治动物,这种说法只有在恰当限定术语含义的情况下才能成立。

战争常被认为是政治的衍生物。每一个黑猩猩群体社区都有着明确的边界,雄性黑猩猩会结队巡逻。古德尔曾观察到巡逻的黑猩猩杀死来自邻近群体的成员的过程。曾经,大家相信合作谋杀同类的糟糕行为是人类特有的。黑猩猩杀害同类时的残暴行径让很多人震惊。寡不敌众的一方被攻击者击倒,同时被不停地狠揍和殴打,攻击者把它们在地上来来回回地拖动,而且在它们早已停止防御的情况下继续攻击。研究者记录了众多黑猩猩袭击邻近组群并施以暴力的例子。考虑到人类和黑猩猩都有着残暴的潜质,这可能是一个存在已久的特征,这一本性很可能在鸿沟的产生过程中扮演了重要角色。

黑猩猩也和人类一样有狩猎的喜好。有些群体会用小动物甚至狒狒补充自己的饮食。猎杀灵长类动物，如敏捷的疣猴，似乎需要非常复杂的协作。比如，一只黑猩猩会把猎物赶向其他埋伏着的同类。这个过程中具体涉及的心智能力仍是众多辩题的中心。（很多群居动物，如狮子和狼，都会合作狩猎。）2007 年，研究者记录下塞内加尔东南部大草原上的黑猩猩削尖树枝并用它来刺杀躲在树洞里的夜猴（夜间活动的小型灵长类动物）。

虽然食肉的行为很值得我们注意，但肉食绝不是黑猩猩的主要食物来源。通常它们的食物中一半是水果，蔬菜类如叶子和树皮也是它们常吃的食物。我们也发现有些群体挖植物块茎来吃。甚至还有记录称黑猩猩在生病的时候会寻找药用植物。许多黑猩猩通过食用蚂蚁和白蚁来补充蛋白质，它们发明了巧妙的方法来把蚁类从洞穴里钓出来。它们把小树枝的树叶剥去，把树枝伸到蚁类洞穴里，等这些昆虫爬上树枝时，黑猩猩就把树枝从洞穴中抽出。[①] 蛋白质的补充有时也来源于坚果。比如，在塔伊丛林（Tai Forest）[②]中，黑猩猩花费相当多的时间用石锤或石砧砸开坚果，而且这个地区的黑猩猩似乎很久之前就开始了这一行为。曾有考古发现表明黑猩猩在 4300 年前已经有了使用这类石器的行为——在这个区域，黑猩猩的石器时代早于人类农耕时代。黑猩猩觅食的过程比我们曾经所认为的更复杂和多样化。它们进化出巧妙的获得各种食物的方法，有些技能在长达数千年的历史中通过社会学习传递给后代。

---

① 珍妮·古德尔于 1964 年首次记录下这个使用工具的过程，当时引起了一场轰动。令人好奇的是，这个发现并不像人们所认为的那样新鲜。事实上，一枚 1906 年的利比里亚邮票上就描绘了一个黑猩猩使用树枝钓取白蚁的画面，这远远早于任何有关这一行为的科学记录。

② 塔伊丛林位于科特迪瓦西南部，是西非最后一个完整的原生热带雨林，现为科特迪瓦的国家森林公园，世界遗产。——译者注

不同的群体使用不同的工具，或是用不同的方法来使用同样的工具。它们用树叶来擦拭清洁，用摇动树枝和猛掷石头来表达愤怒，石块和树干被做成锤子和砧木，而长棍被用来获取无法用手取得的东西。它们依照用途打造某些工具（比如，剥光树枝的皮并把它磨尖，再修剪它的长度），同一物品还会具有众多用途（比如，树叶可以作为厕纸、纱布和雨伞）。总而言之，你会发现我们的现存近亲有着非常聪明的大脑。

黑猩猩曾经常见于超过 20 个赤道非洲国家。最近估测黑猩猩的总数处于 17 万只到 30 万只之间。其中有 2 万只西部黑猩猩，9 万只东部黑猩猩，还有 7 万只中部黑猩猩。现存尼日利亚黑猩猩已经少于 6500 只。尽管这些数字高于大部分其他猿类，但如果把它们比作几个城镇的居民，想象它们就是地球上仅存的人类，你就会看到情况的严峻性。数量减少的主要原因是栖息地遭到破坏和减削，其他原因还包括人类因捕食和宠物买卖而对它们进行的猎杀。因此黑猩猩被 IUCN 列为濒危物种。①

巴诺布猿，又称倭黑猩猩。这一物种在 1929 年才被正式发现。倭黑猩猩的体型小于它们更为人熟知的黑猩猩亲戚们，它们长着黑色、相对扁平的脸，粉色的嘴唇，还有高耸的额头，它们总是精心梳理毛发，额头上面的毛发通常被整齐地中分。它们站立时的姿态相对更加挺直，而且在地面时约四分之一的时间里它们都保持直立姿态，尤其是当它们拿着东西时，这样的它们看起来简直就像是早期人类。

---

① 了解更多关于黑猩猩保护，请查看珍妮·古德尔机构网站：www. janegoodall. org. au

倭黑猩猩生活在刚果河南边的一部分区域。也许是河流的阻隔导致了 100 万到 200 万年前它们和黑猩猩的分化。它们主要食用水果，有时补充一些树叶，偶尔吃一些动物蛋白质。2008 年，研究者首次发现倭黑猩猩会合作猎杀猴子并分享战利品。迄今我们尚未掌握倭黑猩猩在野外使用工具的证据，但这也许只是时间问题，我们需要更多的耐心观察。圈养的倭黑猩猩明显有能力高效地使用工具。我们对于野生倭黑猩猩的了解还非常匮乏，目前只有两个长期运行的观察站。

和黑猩猩一样，倭黑猩猩生活在“分裂—融合”的社会中，我们发现它们的小团体成员数通常在 25 只以内。整个群组的个体数则可达 200 只。数量不多的研究结果表明野生倭黑猩猩与黑猩猩有着一些明显不同的特征。它们的攻击性更低，没有明显的雄性主导化趋势，而且它们有着频繁的性生活。它们的性行为存在于不同年龄、性别和等级之间。倭黑猩猩似乎非常享受交配的行为，它们沉迷于不同的体位，包括面对面交配、法式接吻甚至口交。倭黑猩猩

图示 2.9　年轻的成年雄性倭黑猩猩凯文(Kevin)(照片由弗兰斯·德·瓦尔拍摄并提供)。

的性行为和人类一样不只是为了繁殖。在某些情况下，交配行为似乎起到缓解紧张关系的作用。举个例子，在冲突发生后，进行性行为似乎是和解的一种方式。也许我们也应该从中学到些什么。

从弗兰斯·德·瓦尔充满热情的记录中，我们看到倭黑猩猩的社会是很平和的，有些人称之为乌托邦。弗兰斯·德·瓦尔认为倭黑猩猩有同情心、同理心和仁慈的行为，且两性之间的关系是相当平等的。比起常常产生冲突的黑猩猩，倭黑猩猩之间很少产生暴力行为。但是也要考虑到我们对倭黑猩猩的研究要远远少于黑猩猩。我们急需更广泛的研究，也许随着对它们认识的加深，我们会发现两种黑猩猩之间的明显差距会有所减少。珍妮·古德尔曾花费多年观察才发现黑猩猩存在集体合作猎杀的行为。

据估计倭黑猩猩的数量在 3 万到 5 万只之间。倭黑猩猩已被 IUCN 列为濒危物种，它们和其他猿类一样面临来自人类活动的压力。因为它们只生活在刚果民主共和国，当地的政治环境对于这些令人着迷的人科动物的存活至关重要。①

研究这些人类现存近亲的猿类，有助于认识人类和动物心智之间鸿沟的特性和起源。考虑到心智是由大脑产生的，我将在本章最后的部分比较人类和人类近亲的大脑。

托马斯·赫胥黎发现哺乳类动物的大脑在结构上都大致相似，主要的区别在尺寸上。尺寸很重要。就算是人类之间，也有证据表明脑体积较大的人们比脑体积小的人们要聪明一些，至少表现在智

---

① 想要了解更多关于保护倭黑猩猩的知识，请查看"倭黑猩猩计划"网站：http://www.bonobo.org

商测试的结果中。那么,原因是否仅仅因为人类的大脑体积最大呢?

小型猿类的大脑重约 80 克,大型猿类的大脑重约 300 克到 450 克。目前为止人类的大脑是灵长类动物中最大的,通常重量在 1.25 千克到 1.45 千克之间,包含 1,700 亿个脑细胞,其中大约一半是神经元。从新陈代谢角度讲,我们为大脑活动投入巨大能量。人类大脑重量约占人体体重的 2%,但是消耗的能量却高达 25%。(思考也是一种锻炼活动,会消耗 20 到 25 瓦的功率。是的,你此刻正在锻炼。)然而,大脑体积并不能解释鸿沟的存在,唉!我们的大脑又不是最大的。大象的大脑超过 4 千克,而鲸鱼的大脑则更是大得多,高达 9 千克。

不过,如果你把整个身体的体积算进去,通过将人类大脑与身体进行对比得出的相对脑容量要大于这些庞然大物,它们的大脑只占身体不到 1%的比重。然而,尽管这个想法有着直观的吸引力,但是我们并没有完全搞清楚为什么相对脑容量决定一切。也许因为更大的身体需要更多的脑量来进行神经分布和神经管理,但是认知处理不是应该独立于身体尺寸吗?说到底,我们也不会因为减肥或增重而变得更聪明或更愚蠢吧?此外,有些大型动物,比如鳄鱼,它们的大脑虽然小如核桃,但是它们也过得很好啊。那么,如果大体型只需要较小的脑部,为什么人类要根据身体尺寸调整大脑尺寸呢?

无论如何,相对脑容量的大小都不能赋予人类感到优越的特权。有些鼩鼱和老鼠的相对脑容量是我们的五倍。令人惊讶的是,它们的大脑在整个身体中占比可达 10%,而我们的大脑只占身体的 2%。不过道格拉斯·亚当斯(Douglas Adams)的粉丝们听到这个数据可能会感到高兴，因为亚当斯笔下的实验室老鼠就比人类更聪明，这些老鼠利用人类科学家做实验，而这些科学家还以为老鼠是他们的试验品。但是据我所知，尚没有老鼠超级智慧存在的迹象。

我们在上述“比较一”中输给了大型哺乳动物，在“比较二”中输给了小型哺乳动物，“比较三”中我们重新设计的标准为：哺乳动物身体越大，大脑的绝对尺寸就越大，而相对尺寸就越小。心理学家哈里·杰里森（Harry Jerison）计算出了所谓的脑形成商数（encephalization quotients，简称 EQ），即把某个物种的大脑绝对大小与其所属动物分类中该身体尺寸对应的大脑期望平均值进行对比。据计算，哺乳动物中的平均尺寸是猫的尺寸。表格 2.1 列出了一些哺乳动物的 EQ。根据这一影响深远的比较方法，人类出现在了表格顶端，我们的大脑是人类身体对应的哺乳动物大脑期望平均值的七倍多。许多其他动物的排序看起来也符合常见的假设。然而，也有一些发现是我们始料未及的。比如，僧帽猴有着出人意料的高 EQ，这让它们远超黑猩猩。也许你会考虑到比较组的影响。如果不把人类与哺乳动物的平均值进行对比，而是缩小到与灵长类动物的平均值进行对比，或是扩大到与脊椎动物的平均值进行对比，结果会大大不同。所以不出所料，使用哪个对比标准更为有效成了科学家争论不休的命题。①

---

① 其他对比方法也曾被提出，例如比较大脑不同部分所占比例。举一个例子，我们计算过新皮质和脑部其他部分的比重，罗宾·邓巴在把灵长类组群大小与心智能力做关联时使用了这些数据。但是，区分不同物种大脑的不同区域存在困难，所以这个方法并没有被广泛采用。只是考虑比例或商数而完全忽略大脑绝对容量的方法也引起了科学家的一些忧虑。神经元的绝对数量一定或多或少地激发或限制认知能力。如果你只有一千个神经元，那么不用考虑 EQ 高低和相对脑容量大小，你只能做出有限的计算。据分析，在灵长类动物中，绝对脑容量确实更能反映能力的高低。但是考虑到身体尺寸会影响大脑尺寸，我们也不能完全忽略这个因素。

图表 2.1　部分物种脑形成商数类比

物种	EQ	物种	EQ
人类	7.4—7.8	狗	1.2
海豚	5.3	猫	1
白面僧帽猴	4.8	马	0.9
黑猩猩	2.2—2.5	羊	0.8
长臂猿	1.9—2.7	狮子	0.6
旧世界猴	1.7—2.7	牛	0.5
鲸鱼	1.8	大鼠	0.5
大猩猩	1.5—1.8	兔子	0.4
狐狸	1.6	小鼠	0.4
大象	1.3	刺猬	0.3

考虑到绝对和相对数据都存在的局限性，我和安德鲁·怀特恩把两种方法进行了结合。我们使用了杰里森用于灵长类动物的 EQ 值，计算出了哺乳动物绝对脑量超出该体型对应的大脑期望平均值的数值（参考图示 2.10）。你瞧，人类的确位于顶端，我们其他近亲的排序也符合直觉判断。猿类有着多于其他体型相似的哺乳动物的神经元，它们的神经元也远远多于猴子。在这一比较中，人类仍然有着不相称的强大计算能力。

这让我们感觉不错，但也许还有些不安。我们是否只是在计算我们想要的结果？我们花费了大量的笔墨来争论各种比较大脑的方法的利与弊，但仍不能确定的是，这其中是否有任何方法能够揭露隐藏的真相，或者我们仅仅在使用数据来确认我们的先入之见。

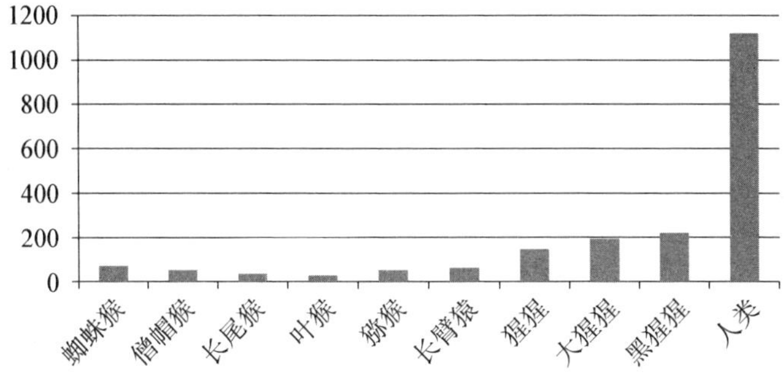

图示 2.10　超出体型对应大脑期望值的绝对脑量平均数值(计量单位：克)

执迷于尺寸大小或许本身是错误的。当神经学家科比尼安·布罗德曼(Korbinian Brodmann)在二十世纪初完成了影响深远的大脑比较分区图,赫胥黎有关哺乳动物的大脑结构存在相似性的宣称也随之得到证实。尽管如此,布罗德曼仍希望最终能出现更尖端的方法来发现大脑内部组织的不同。

研究者的确借助新的方法开始发现一些细微的差别。比如说,借助估算哺乳动物脑细胞数量的新方法,研究者发现啮齿类动物、食虫动物和灵长类动物的大脑尺寸和神经元数量之间存在不同的比例法则。结果表明十克的猴子大脑比十克老鼠大脑中包含更多的神经元数量。不过,这些数据也表明人类大脑只是脑细胞数量呈线性增加的灵长类动物大脑。

也许是大脑特征而非细胞数量或总体大小决定了我们奇特的心智。人类的嗅球(处理气味的大脑区域)和大脑后部的初级视觉区都小于我们近亲的该部位。这些变化也许反映了人类在进化过程中存在一些大脑重组。[①]

现代神经科学已经开始发现更准确的差别。首例被记录下的猿类和人类大脑的显微镜可见区别是存在于人类大脑初级视觉区的一种特殊细胞组织，这个区域通常并不参与更高的认知功能。也有说法称人类在前额皮质的神经连接处存在不同，这个区域则与更高的认知功能紧密相关。大脑后部的细胞之间的连接相对较少，人类和其他灵长类动物在这一点上基本相似，但是人类大脑的前额皮质有着非常多的神经连接。据目前的研究可见，人类大脑该部分的密度要远远高于其他灵长类动物。我们需要更多的细粒度计算来决定精确的数量差异。

未来研究也许能更好地区分不同哺乳动物大脑的特征。有证据表明有些物种甚至在构成大脑的细胞种类上有所区别。比如说，大型猿类和人类的大脑包含一种独特的大细胞，这在其他物种大脑中十分罕见。[②] 我们才刚刚开始揭开大脑之谜，所以我们仍要坚持不懈去发现更多人类大脑异于其他动物的关键特征。

然而就目前来看，我们仍不明确是什么让我们的大脑如此特殊。对于不同灵长类动物大脑的研究还未能解释它们的心智能力及其局限。要发现鸿沟的本性，我们就要回到行为研究，因为行为正是心智的反映。长期的实地研究逐渐为我们提供更多关于人类动物近亲的生态学和自然行为的细节信息。对照实验旨在推断它们的心智能力。所以接下来我们来探讨比较心理学和其他研究心智的方法。

---

① 有观点认为人类大脑中信息流动的主要方向是从大脑前部到后部，这与典型的从后向前的方向相反。

② 这些纺锤体神经元曾一度被认为只是存在于大型猿类和人类大脑中，但是最近的研究成果表明在大象、鲸鱼和猕猴的大脑中也存在纺锤体神经元。

第三章 心智对比

心智是一个微妙的概念。我认为自己知道什么是心智，因为我有，或者说我就是。你也许会有同样的感觉。但是他人的心智通常不能被直接观察到。我们只能假设其他人有着和我们类似的心智——充满信念和欲望，我们只能靠推断来猜测这些思想状态。我们看不到它们，也无法感觉或是触摸它们。我们大量地依靠语言来向他人表达我们的想法。但就算有人告诉你他的感受，比如说抱歉或是高兴，你可能还是会怀疑他是否在讲实话。尽管如此，当语言和行为一致时，我们基本相信自己能够了解别人的思想。

类似地，我们可以依靠行为来推断动物的心智。但是由于它们缺少语言自述能力，我们无法完全确定对它们想法的推测，因为它们没有能力确认我们的结论或是纠正我们。所以人们有时候对于动物心智坚持截然相反的看法。一种极端的情况是，人们把自己的思想特征强加在自己宠物身上，把它们看作穿着毛绒外衣的小人儿。而另一个极端则是，认为动物是没有思想的生物机器——参考食品产业动物有时被对待的方式。也有许多人的想法在两个极端之间不停摇摆，视具体情况而变。

科学家应当提防那些会影响他们实验准确性的先入之见。不过，哲学家丹尼尔·丹尼特(Daniel Dennett)注意到比较心理学家也会因受到两个极端的吸引而分成两派：把复杂的人类能力投射到动物身上的"浪漫主义者"(romantics)和持相反意见的"扫兴者"(killjoys)。[①] 换句话说，有些研究者倾向使用我所谓的"丰富式"(rich)解读，但另外一些则喜欢"精简式"(lean)描述。你也许和丹尼特一样认为真相存在于两者中间。但是当科学家们有了这样的偏见，我们就有了麻烦，这也许导致了研究人类和其他动物相似及相异之处的进展缓慢。

为了获得真相，我们需要抛开成见，采用可以令人信服的研究动物心智能力的方法和标准。在这一章中，我会总结猿类和人类存在类似心智能力的证据，并借此阐述现代比较心理学所使用的方法。唯有谨慎和细心的研究分析才能够帮助我们在认识鸿沟方面取得系统化的进步。我们确实需要取得更多的进步了。如果我们能够使用科学方法确认人类和其他动物具有的共同点，这将具有重

① 很多原因造成了研究者的这些倾向。举一个例子，假设你足够投入地与一只动物一起工作或是生活很多年，那么你开始依恋这只动物，并且希望看到成功而非失败的试验结果也就不足为奇了。我曾经看到过一位多产的研究者为了一只生病的动物哭泣，并声称这只动物的生命比人的生命更有价值。而在这个容易被浪漫主义和充满希望的想法所影响的世界里，有一些研究者则倾向于扮演冷漠顽固的精简辩护者。

大意义，比如能为心智能力研究提供基因和神经学的基础，也有可能益于动物福利事业。而对我们人类而言，没有什么比弄清楚自己在自然中的位置更紧要的了。

达尔文为了支持自己的连续性理论，曾引用一些有关动物行为的奇闻逸事，这些故事中的动物们表现出了人类心智诸多方面的初级阶段。他写道："那些人们引以为傲的感觉和直觉，各种各样的情绪和能力，比如爱、记忆、关注、好奇、模仿、动机等，在低等的动物身上也存在萌芽状态，有时甚至表现出相当成熟的状态。"

然而，我们很难去核实这些奇闻逸事，而且这些故事也可能受到讲述者主观想法的影响。比如说，一位 19 世纪的学者曾引用了一则轶闻，故事称一条狗埋葬了一只鸭子的遗骸，他以此认为那条狗明白谋杀这只鸭子是犯罪，所以它试图隐藏犯罪证据。也许他是对的。但是我们不必猜想这条狗想要密谋妨碍执法，因为也有别的解释来说明这个行为。赫胥黎的学生康韦・劳埃德・摩根（Conway Lloyd Morgan）认为，如果动物行为可以通过等级较低的心理功能来解释，我们就不应该把其解释为高级心理功能的表现。这一原则被称作摩根法则（Lloyd Morgan's canon），也是"扫兴者"的最爱法则。

就算是令人印象深刻的非同寻常的动物行为通常也有着简单的解释。20 世纪初曾发生了一件经典的警世事件。德国一位名叫威廉・冯・奥斯顿（Wilhelm von Osten）的老师把他的马训练到可以聪明地回答各种各样的问题。这匹马一时引起轰动，并以"聪明的汉斯"（Der Kluge Hans）为人熟知。对于简单的问题（例如，5 加 7 等于几？），它通过跺脚的次数来给出正确答案。汉斯也能够准确地回答日期(如果周一是 8 号,那么周五是几号?)。不止这些,冯·奥斯顿先生还设计了一个表格,可以把马踩脚翻译成字母,这样“聪明的汉斯”就可以回答由字母组成的答案了。这匹马听得懂德语而且会算术的能力似乎过于“丰富”,但没有人能够使用其他解释来说明这些行为。由著名心理学家卡尔·斯图姆夫(Carl Stumpf)带领的科学委员会对这匹马的能力进行了验证,他们最终没能找出更精简的解释,汉斯的天才智慧得到了认可。

斯图姆夫的一位学生奥斯卡·芬斯特(Oskar Pfungst)更进一步研究了这个课题。他最终发现汉斯能够正确回答的问题仅限于提问者也知道答案的范围内。他还发现当让冯·奥斯顿身处于马看不到的地方提问时,表演也无法成功进行。芬斯特总结认为这匹马会因为一些细微的线索停止踩脚,比如头部的颤动。这匹马能够感受到这些线索,并且很聪明地学会了将其与奖励联系在一起,它并不能听懂德语也不会做算术。很早以前就开始有人,比如马戏团工作人员,训练动物用特定的方式回应一些细微的信号。这个事件中引人注意的是,冯·奥斯顿先生很明显不知道自己在暗示动物按照他的期望进行行动。

无意地提供线索对于研究动物心智能力的工作来说是一个严重的问题。上文提到的故事也对比较心理学的发展起到了极大的影响,它强调了研究者仅仅试着不提供线索还不够,还需要积极地警惕这些线索。想要得到一个不含偏见的结果,有一个办法是保证实验者不知道(“看不到”)所期望的动物反应。“聪明汉斯”效应不仅展示了加强研究方法准确度的重要性,而且还揭示了一个真相,那就是,看起来具有智慧的行为很可能只是通过简单的练习而习得的。这有力地诠释了摩根法则。当遇到一个涉及复杂心智能力的解读时，我们需要仔细考虑是否更加简洁的解释就能揭开谜底。

讲述轶事的方法和内容丰富的判读随后开始显得过时。行为主义在20世纪大部分的心理学研究中占据统治地位，它主要通过综合联想学习准则来解释行为，而不把这些行为联系到物种特有的心智能力。举一个例子，爱德华·桑代克(Edward Thorndike)曾做了一些计算动物逃出迷箱所用时间的研究，这些研究帮助他提出了“效果律”(Law of Effect)的概念：一个行为的后果决定了未来类似情况下的可能性。当时人们倾向于精简的解释，任何归因于动物心智的说法都会被怀疑，甚至被认为是荒谬的。时代思潮的钟摆已从浪漫拟人论的极端摆向了“无心智”(mindless)论。尽管摩根保持着开放的态度来寻找证据，但是许多行为主义者先入为主地排斥动物心智能力的说法，就像是不假思索地把婴儿从澡盆中扔出去。

今天，更多的浪漫主义说法重新被人们接受。比较心理学家试图确立有关动物心智能力的研究成果，他们记录下了更多曾经被认为是人类独有的奇妙行为。不过，“浪漫主义者”和“扫兴者”之间的学术辩论仍然是老生常谈。双方对于更加精确地理解动物心智都有着重要贡献。“浪漫主义者”通过展示动物丰富的能力来证明自己的立场，“扫兴者”则针对丰富的动物能力提出简明的解释。希望这些争论能够带领我们走近真相。

事实上，居中的解释正在慢慢成形，这一点也将在本书中呈现。有时，陈旧的二分法和极端观点之间的差距已经比它们刚刚出现时缩小了许多。比如说，很有可能动物和人类之间有着不可逾越的巨大鸿沟，但同时动物也有着比通常人们所认为的更丰富多样的心智活动。[①] 甚至是定性和定量之间的清晰区别，以及人类与动物存在本质区别的想法和达尔文的人类与动物心智只在程度上有区别的主张之间的明确差别，也都有可能被模糊界限。我们知道程度上的变化常常会导致产生一些不同的属性，而这些属性很可能被认定为种类上的差异。当温度逐渐上升时，H_2O 的属性会发生彻底变化，从冰变成水，再变成气。同样，处理信息的能力的逐渐变化可能造成彻底不同的思考方式。

关于鸿沟的显著不同的看法有时仅仅反映了相关标准之间的差异，而非有关真相本身。举一个例子，如果要讨论语言，更充分的做法到底是证明动物之间能够交流，还是要弄清楚它们是否能给我们讲故事呢？只要我们能够确认动物具有哪些能力以及不具有哪些能力，使用什么样的修辞描述就不重要了。在本书中，我会把重点放在寻找科学的答案，而不会去强调人类的优越性或是抑制人类的自大态度。[②]

我们需要回答的问题是：人类心智中的哪些特质，不管是一些独有的特征或是逐渐产生的差别，使我们有能力并激励我们做出其他动物无法做到的各种各样的事情？是什么让我们成为人类？就表面来看，人类行为和动物行为在众多方面都存在差异。比如说，

---

① 反之亦然。那就是，也许鸿沟比很多人认为的要小，但是动物的心智仍然可以用精简的方式来解释。这种说法的依据是，我们可能过高估计了人类的心智能力，大部分的人类行为很有可能建立在与其他动物类似的精简关联机制之上。

② 本书的书名也许会让人疑惑，你可能会怀疑我怀有偏见地夸大了动物和人类之间的差异。我在该学科中为人所知（至少有一部分人知道）的理论是，人类的一个重要的优势是我们能够进行心理时间旅行（相关内容见第五章）。然而，我对于创建或是守卫过大或过小的鸿沟并不感兴趣。我提出过一些“扫兴者”的解释，用来取代浪漫主义的观点，但我也曾论述过灵长类动物拥有比之前所知更丰富的能力。举一个例子，我和我的同事曾提供了黑猩猩知道人们在模仿它们的首批证据，下次你在动物园里模仿猩猩的时候，可要记得这一点哦。

我们踢足球、卖保险、上学、制造自行车，还会做烧烤。这么多独特行为的根基到底是什么？这个问题的答案也能够在一些相关问题上为我们带来启示，比如：是什么允许我们主宰这个星球？我们又为什么会提出并思索这些问题？

在接下来的章节里，我会讨论最常被认为是或者说包括人类独有特征的领域，也许正是它们导致人类行为产生了巨大变化，这些领域包括：语言、心理时间旅行、心灵感应、智慧、文化和道德。这其中的每一个话题都涉及多个层面，需要非常仔细地审视。因此，每一章节约有一半内容谈论的是针对意识的科学探索在人类能力的研究领域的进展。我尤其会着重讨论哪些心理特征在这些领域起到了基础作用，并且对我们的成功起着至关重要的作用。要想了解人类意识的基石，一个有用的方法就是探讨婴儿和儿童最早是如何获得这些能力的。[①] 因此在认知鸿沟的过程中我会花费大量的精力来讨论其发展过程。

在每一章节的另一半篇幅里，我会检验在这些领域里挑战人类独特性的动物能力。我们会发现许多和人类行为类似的复杂行为，还有一些特定物种拥有的特定能力。动物们具有丰富多样的各种机制，而我们对它们的认知才刚刚开始触及皮毛。不断地比较人类与其他动物的能力，我们就会对人类意识的独特之处形成更清晰的观点。不过，在开始分析之前，我要先说明一下如何推断动物具有或不具有某种心智能力。

---

① 尚不会说话的婴儿的意识也很难被确认，在这个领域中，研究者有时也会分化为两个阵营：倾向接受婴儿拥有复杂心理能力的“浪漫主义者”，以及倾向不予理会这些说法的“扫兴者”。比如说，有证据认为婴儿通过观察人们帮助或是阻碍他人来对这些被观察者进行评估，“扫兴者”则怀疑这种说法，他们认为“关联学习”是更简单有力的解释。

思考一下人类意识中最基础的方面吧：我们可以想象那些感官无法触及的事物。我们可以描绘过去、未来，或是一个完全虚构的世界，并且对其进行思考。威廉·詹姆斯曾提出，正是思考其他可能性的能力让我们就事物的存在方式发问。人类常提出非常深奥的问题，如：我们是什么？我们从哪里来？我们要到哪里去？在大部分的文化中，人们精心编造关于创世的神话，并以此来应付孩子们的追问。其中一些最古老的故事来自于澳大利亚土著居民，在他们的梦幻时空中，巨大的彩虹蛇创造了这个世界。这些故事，或者说"梦境"，属于特定个体或是部落，是他们赋予了这些故事含义。发问和寻找含义对人类意识来说至关重要。(否则你为什么要读这本书呢?)但是动物们呢？它们会思考过去、未来，或是虚构的事件吗？它们会寻找生活的意义吗？除了此时此刻的感知，它们还能够想象其他世界吗？它们是否拥有最基本的想象力呢？怎么才能揭开这些谜底？

达尔文提出各种各样的动物都会做梦(这里指的是梦的本意，而非梦想)，所以它们一定拥有想象力。也许达尔文是正确的：当在快速眼球运动(REM)睡眠阶段被叫醒时，我们通常体会到自己刚刚正在做梦，许多动物都表现出 REM 睡眠阶段。不过，扫兴怀疑论者会认为 REM 不能证明其它动物有做梦的能力，就算它们的确能够做梦，这也不能证明该物种具有在清醒状态下进行想象的能力。[①] 时至今日，尚无任何动物告知我们它们的梦境(或梦想)。

在人类的发展过程中，假扮游戏表现出最明显的超越此时此地

---

① 关于人类大脑为什么会产生精彩的梦境，答案仍然未知。有些证据表明做梦能帮助巩固记忆以及重新组织近期发生的事件。

的想象力。学步期儿童通常在两岁时开始表现出假扮游戏的行为，很多小孩花费大量的清醒时间来扮演他们想象中的角色。当孩子们把一件事物假装成另外一件时，他们正在经历两个世界：周围能够被感知的世界，以及被他们创造出的想象场景。一块积木变成了一匹马，一条香蕉变成了一台电话，一支笔变成了一把梳子，手变成了枪，靠垫变成了一堵无法穿透的墙。通常孩子们不会混淆想象赋予事物的身份和它们的本质特性，不过他们偶尔也会经不住诱惑去吃自己做的泥巴饼。所以他们一定可以在心中清晰划分现实和与之平行的假扮情景。因此，如果我们可以证明其他动物也能进行假扮游戏，那么我们就能有力地证明动物也拥有基本的想象力。

唉，可惜动物学领域几乎没有任何有关野外假扮游戏的证据。你也许会合理地怀疑我们怎么能确切地知道，一匹突然冲向远方的狼，到底是在假装追赶一只兔子，还是仅仅单纯地在奔跑呢？的确，如果缺少人类儿童使用的道具，如娃娃和玩具（这本身也暗示了一些差异），那么要把想象游戏和其他类型的游戏区分开来是极其困难的。在一篇已发表的报告中，有一只被研究员称作卡卡玛（Kakama）的黑猩猩，据说它借用一件被自己当成玩具的东西进行假扮游戏。当卡卡玛与怀孕的妈妈一起前行时，它持续几个小时抱着一段木头，据研究者所述，现场画面很容易让人猜测它是把木头当作了一个小宝宝。它的可疑行为包括做了一个窝，还把木头放进窝里。两位对此并不知情的研究助理几个月后发现卡卡玛再次出现了类似的举动，他们取到那块木头（新的一块），并把这块木头贴上标签称之为卡卡玛的“玩具宝宝”。虽然这样讲可能有诱导性，但我必须要说对于这则轶事中被观察到的行为，也许存在其他的原因，答案不一定是假装游戏。

当许多奇闻逸事汇集时，研究者可能会更加自信地使用更丰富的解释。安德鲁·怀特恩和迪克·伯恩系统化地收集了许多报告并将其分类，这些报告都涉及被他们称之为战术欺骗（tactical deception）的灵长类动物行为。有些实例中出现了直观的社交操纵行为，这表明灵长类动物有时会通过假装行为来取得好处或是躲过惩罚。例如，一只级别较低的雄性黑猩猩在与一只雌性进行性行为时差一点被雄性首领发现，这时它快速用手遮盖自己勃起的生殖器，就像是要隐藏证据。还有一些报告显示它们不只存在掩盖行为，还有主动误导的举动。举一个例子，一只正在被追赶的狒狒会突然停下，用后腿站立，专心地凝视远方，看起来就像是发现了一只捕食者。追赶它的狒狒也随之停下，朝着同样的方向看去，不再追赶。那只被追赶的动物是不是假装远处有危险，并以此来结束追逐呢？这样的例子确实让人觉得像是这些动物明知实际情况却故意假装。在怀特恩和伯恩的调查中，复杂的战术欺骗在猿类群体中尤为频繁。比如说，仅仅大猩猩和黑猩猩曾被观察到这样的行为：一只个体发现了半遮掩的自己最爱的食物，它会忽视这些食物直到身边竞争者消失之后才开始安全地享用。甚至还有反欺骗的实例，竞争者没有完全离开现场，而是快速折返，从未得逞的骗子手里抢到食物。很显然灵长类动物需要一些智慧来做到这些社交生活中的操纵行为，这让我们不禁相信猿类的心智具有假扮能力。

然而，“扫兴者”会提醒我们这些都只是逸闻趣事而已。我们不能确定是什么在驱动这些看似蓄意的行为。也许那些反欺诈行为只是巧合。那个折返的猿类很幸运地正好看到另一只猿类在准备食用之前“藏起来”的食物。类似地，那只被追赶的狒狒可能确实误以为远处有捕猎者，所以才突然停下。也可能它曾经遇到过类似的情况，它发现突然停下并且注视远方这个动作能够终止一场烦人的追逐。以上提到的几种情况，都说明这些灵长类动物不一定必须通过故意假装来达到目的。和“聪明的汉斯”的案例一样，有些看似复杂和高深的行为背后存在着更为简单的原因和动机。

关于被圈养猿类的假扮行为曾有过一些著名的报告。养育幼年猿类的研究者对于这些猿类玩弄娃娃或者动物玩偶的行为作出了丰富的解读。比如，苏·萨维奇-鲁姆博夫(Sue Savage-Rumbaugh)就记录了黑猩猩为玩具娃娃洗澡的行为，有时它们还会让一个动物玩具去“咬”另外一个玩具。大猩猩可可(Koko)曾经还拿着一只橡胶小蛇满屋子追着人们来恐吓。我自己也亲眼目睹过一些趣事，黑猩猩奥基(Ockie)和卡西(Cassie)是我们在罗克汉普顿动物园的研究对象，有一次我给两只黑猩猩带了一个小橡胶鳄鱼玩具，它们对这个玩具很感兴趣。当我假装用手里的鳄鱼去咬我的合作研究员艾玛·科利尔·贝克(Emma Collier-Baker)时，它们马上跳到她的身边，看上去就像是在参与这场恶作剧——它们甚至还在“危险”消失之后，做出安慰她的举动。至少这是从我的眼中看到的事件过程，尽管坦白来讲，我并不能确定这些看似假装的行为是否出于两只黑猩猩的本意。

最常被引用的例子是一只名叫维基(Viki)的黑猩猩的行为，它常常牵着一个想象出来的玩具。有时维基还会假装那想象出的丝线缠绕在障碍物上，它用两个拳头一前一后握紧“丝线”，不停往后拉，接着会有一个猛扯的动作，这样它就解救出了那个想象中的玩具，然后它继续拉着“玩具”往前走。这至少是观察者所看到的画面。这则轶事或许提供了更明显的行为证据，因为这只猿类似乎在一个想象的场景中加入了合理的情节。这种情况在小孩子的行为中十分常见。比如说，如果一杯装着想象出来的果汁的杯子打翻了，他们会假装清理这个想象情节中打翻在地的果汁。我还在一个讨论会上了解到另外一个类似的例证，一只黑猩猩看起来像是在玩想象出的积木，并在玩耍过程中加入了假想的情节。

当然，人类的儿童能够通过语言来表达和分享他们的假扮游戏。大猩猩可可通过训练习得了一些人类手语（下一章会有更详细的解释），有记录称它在看似明显的假扮游戏中使用恰当的手语表达自己的想法。举个例子，研究人员给了它一只猩猩玩偶，它抱起这个玩偶，然后做出了“喝水”的手语，接着它把玩偶的拇指放进玩偶的嘴里，这样就让玩偶也做出了“喝水”的手语。当然，对于这一行为的解释仍存在着显著的困难。大猩猩可可确实是想让玩偶做出“喝水”的手语呢？或者它单纯只是把玩偶的手放进了嘴里呢？

那么我们应该得出怎样的结论呢？究竟是类人猿做出了一些假扮游戏的行为呢，或者它们只是单纯在模仿周围的人类行为？浪漫主义观点认为，我们应当满意地接受许多轶事提供的关于动物假扮游戏的证据，这些假扮行为同人类小孩的行为一样。扫兴主义观点则会质疑这些看似假扮的行为中哪些部分出自猿类的意图，又有哪些部分掺杂了观察者自己的解释。显然，我们仍然缺乏足够的有力证据来证明用于玩耍或是欺诈的假扮行为。

中立者会认为两种极端看法都不应该忽略某些确实存在的真相。一方面，尽管存在一些类人猿假扮行为的记录，但是数量相对较少。而且被记录下的这些行为就算从表面来看，其复杂程度和频率也完全不能和人类儿童的行为相比。儿童们经常一起开动脑筋，创造一幕接一幕的假扮场景。另一方面，虽然几乎各种类人猿都被观察到曾有过看似明显的假扮行为，但是就算是在人类亲密饲养环境下的猴子和其他动物，都没有出现类似行为。根据目前的数据来看，我们只能认为人类动物近亲也许具有在大脑中通过转换场景来自娱的能力。如果要明确证实类人猿能够在未直接感知的情况下想象事物，我们需要更有力的证据和更严格控制的实验。

近些年来，人类发展心理学的知识逐渐被实验性地用于动物研究。大部分儿童获取复杂心智能力的步骤都是可预测的，发展心理学家也发明了一些非语言测试方法。这些测试中的表现能够被用来预测研究对象随后可能获取的能力，并且能被用来预测其他测试的结果（比如不能运用在动物身上的语言类测试）。假扮游戏能力的产生与众多其他能力的发展有着密切关系，包括对隐藏物品的推理，以及对镜子中自我形象的认知。研究者已经在这两个领域对类人猿进行了系统化的实验，测试结果被用于研究类人猿的想象能力。

瑞士心理学家让·皮亚杰（Jean Piaget）曾总结出人类心智发展的步骤和阶段，这些理论至今仍然是该领域最全面和最有影响力的。他涉及了一系列循序渐进的简单搜查任务，并以此来测试儿童逐渐提高的推理不再直接感知的物体的能力。

对于幼儿来说，“眼不见”就“心不烦”。一个小小的干扰就能转移他们正在寻找东西的注意力。儿童随着年龄增长，才逐渐认识到物体的客观存在不受自己感知的影响。就连成年哲学家也会发问：如果森林里的一棵树倒下了，而现场并没有人听到或者看到，那么树倒下时到底发出声音了吗？[①] 当然，撇开哲学家，一般成年人普遍

① 这个辩题不仅被用来探讨未被感知的现实，也常常被用来讨论声波和声音感知的区别。

相信人和物体的存在不受人类感知的影响。

皮亚杰将此称为"物体恒存性"(object permanence),他提出了儿童在两岁前认知发展的几个阶段①。如果当着一岁左右大婴儿的面把物品藏在盒子下面时,他们能够找到被藏物品。他们看到并记得物体存放的地方,这个阶段被皮亚杰称为物体恒存认知第5阶段。但是,如果先把目标物体放入一个小容器中,然后将容器移到另外的地方(所谓的"隐蔽位移"),婴儿们就会一头雾水。想象一下,你把一个小玩具放在手里,握紧,接着把玩具放进自己的夹克口袋里,然后把手从口袋伸出来,向婴儿展示你展开的手掌。很明显,只要不是在变魔术,那么玩具就一定在口袋里面。但是幼儿和许多

图示3.1 标准隐蔽位移实验装置;黑猩猩奥基在选择盒子。

① 发展心理学家们花费大量精力历经多年想要找到皮亚杰理论中的漏洞。尽管他的理论中关于物体恒存认知阶段的大部分内容已被证实,但是研究发现婴儿们进入某些阶段的年龄早于原始理论中的预期。不过,当今争论的重点是最后一个阶段,但根据目前的观察,这一阶段仍然是满两岁的儿童才能达到。

动物都不知道此刻的玩具去了哪里。只要没有其他的线索，例如玩具散发的气味或是有人指着藏玩具的口袋，那么被观察对象就无从得知玩具的去向。他们要么无法记起刚才的场景，要么无法把刚才的记忆和现在的情况联系起来。大部分的婴儿在18到24四个月大的时候才能完成这种任务。进入物体恒存认知阶段6，孩子们开始有能力推理未被直接感知的物体移动。

由于皮亚杰的检测方法不涉及语言，也较易通过调整用于研究不同物种，所以成了使用最为广泛的比较试验方法。你只需要几个盒子和一些研究对象感兴趣的奖励食物。持续多年的研究表明，有些物种能够达到物体恒存认知第五阶段。正式通过这些测试的物种包括猫、黑猩猩、狗、海豚、大猩猩、喜鹊、猩猩、鹦鹉和各种猴类。然而，涉及隐蔽位移和严格控制的第6阶段却鲜有通过者。猴类基本都没有通过，但是几乎所有猿类都能重复通过这个阶段的测试。

你也许想要在自己的宠物身上尝试隐蔽位移的实验。事实上，家养狗是少数经记录通过这些测试的物种。但是，你要当心。当我们的研究小组仔细观察时，发现狗会“作弊”。它们只有在特定的情况下才能找到隐藏的物品。比如容器（转移装置）靠近隐藏地点时，它们能够稳定地重复通过测试。但是当这一条件不满足的时候，它们通常表现失败。举一个例子，你把食物藏到了四个口袋中的一个里面，只有当你把装过食物的手放在那个口袋旁边，它们才能找到食物。这说明狗只是学会了手放的位置和装食物的口袋之间的关系，并依赖这个线索来通过测试。当我们把测试设计成“搜索转移装置周围”并不能找到食物时，狗的表现就十分随机了。但是当我们在黑猩猩和24个月大的儿童身上施行这些严格控制的测试时，被观察对象仍然能够持续完成任务。[①]

就算你多次隐蔽移动物品，黑猩猩仍然能够找到它们，且表现稳定。想象一下你把食物握在手里，然后在多个口袋中的两个口袋里不停进出，然后伸出空的手掌。我们通过推理可知物品一定在这两个口袋中的一个口袋内，而肯定不会在手没有伸进过的口袋内。在一个正式的测试中，如果测试对象在选择了可能隐藏物品的地方之一而发现是空的之后，它们会被给予第二次机会。当我和艾玛·科利尔·贝克让黑猩猩来执行这个任务时，它们在第二次机会时选择了物品可能隐藏的第二个位置，而没有选择其他不相关的位置，这样它们就通过了皮亚杰物体恒存认知的所有阶段（这一最后阶段被称作 6b）。

为了确保这些测试能够检测我们希望研究的内容，我们也对一些儿童进行了同样的物体恒存测试，不出所料，他们都能在两岁及两岁前通过测试。艾玛也测试了猩猩和大猩猩，数据表明它们也能够成功完成这些任务。类人猿和人类的两岁儿童一样可以推理无法直接感知的物体状况，在这一点上它们不同于其他灵长类动物。这些研究结果与比较心理学家何塞普·卡尔（Josep Call）和其他研究者近几年"解决问题实验"所得的结果是一致的。比如说，类人猿可以通过排除法等线索来推断食物藏在哪里。

尽管我们已经证实动物能够解决一些难题，但是相关行为涉及哪些心智能力是引发大家争论的重点。下面我们来了解一下有关镜像自我认知（mirror self-recognition）的研究。成年人花费大量时

---

① 这引发了对某些动物，如狨猴和长臂猿的能力的质疑。对于它们的研究需要更精确控制的测试方法。

间照镜子来整理自己的外形。利润巨大的化妆品行业就是最好的例证。尽管很多动物在不同状况下会调整自己的姿态或者外貌，比如说通过膨胀身体或毛发来增加体积，以此恐吓捕食者，但我们并不能确定它们是否知道自己膨胀后的样貌。当我们的宠物看到镜子中的自己时，不管是猫、狗、鱼、蜥蜴或者鸟，它们都不会停下来对着镜子整理自己的仪容。相反地，就算它们学会使用镜子来寻找东西或者避开危险，它们看起来仍然对镜中的自己感到迷惑。它们会把自己的映像当成别的动物个体，或者完全忽略镜子中的自己。猫咪有时会到镜子后面去确认情况。甚至连猴子似乎也对镜子里的自己一头雾水。但是，类人猿经常会对镜子中的自己充满兴趣，它们还会使用镜面来检查平时自己看不到的身体部位，比如观察脸部的皮肤畸变或是研究自己的下体。

达尔文曾经概括地提到了猿类和人类儿童对于自我映像的反应，1970 年戈登·盖洛普（Gordon Gallup）设计出的关于镜像自我认知的实物测试让该领域的研究从简单地收集趣闻轶事发展到系统化的实验研究。盖洛普先将黑猩猩麻醉，然后在它们脸上画上无味的红色标记。当黑猩猩从麻醉中苏醒之后，他把一面镜子放在黑猩猩面前，他观察到黑猩猩会仔细研究镜子中自己脸上的奇怪标记。因此他总结认为黑猩猩从镜子中认出了自己。随后的研究者重复使用这个实验方法来研究不同对象，不过一个重要改进是取消了麻醉这个环节，他们在被研究对象不注意的时候在它们脸上做标记。猩猩和大猩猩都能重复通过这个测试。[①] 这个简单的实验方法

---

① 最初大猩猩未能通过测试，当时研究者推测大猩猩可能是类人猿中唯一丧失了这个原始能力的种群。然而，随后的一系列研究发现大猩猩是有能力通过测试的。

延伸出的其他版本也被广泛用于测试其他动物以及人类儿童。

下面我教你一个可以和婴儿一起玩的小游戏。你可以在假装为婴儿擦脸的时候把口红画在他们脸上,或者是你在轻拍抚摸他们头部的时候偷偷把一大张贴纸粘在他们头上。稍等片刻确保他们没有注意到你刚才的举动,然后把一面镜子放在他们面前。虽然你会发现婴儿对镜子里的映像充满兴趣,但是 15 个月以下的婴儿不会看着镜子并试图触摸自己脸上的标记。尽管他们已经盯着镜子中的贴纸看了很久,但是如果这时你把他们头上的贴纸拿下,他们会显得十分惊讶。只有从一岁半开始,幼儿才逐渐学会看着镜子研究自己的面部。到两岁时,几乎所有的儿童一照镜子就能马上意识到自己脸上的标记。[①] 他们知道镜中的映像就是自己,而且可能会试图和你讨论镜子中的自己。近期的比较研究发现人类和黑猩猩的幼儿在相似的年龄阶段产生通过盖洛普测试的能力。

图示 3.2　黑猩猩卡西在观察镜子中的自己。

① 不同的文化环境下的儿童通过测试的情况略有差异,但就算是之前没有使用过镜子的贝都因(Bedouin,一支居无定所的阿拉伯游牧民族)儿童,也能在将满两岁时通过测试。

但是，如果你想在宠物身上尝试这个测试的话，你会发现它们完全搞不清楚状况。它们不会利用镜子来研究自己外貌上的变化，因此，就像许多其他参与实验的物种一样，它们都不能通过镜子标记测试。猴类包括狒狒、僧帽猴和猕猴都未能通过测试。然而，时不时总会有一些夺人眼球的研究成果声称有类人猿以外的其他物种通过了镜子测试。举一个例子，富有影响力的行为学家斯金纳（B. F. Skinner，他以研究奖惩机制的影响而闻名，研究中所用的装置以他的名字被命名为斯金纳箱）和他的同事们成功训练鸽子通过镜子来啄自己身上的斑点。这种看着镜子啄自己的行为是经过了几百次密集训练和测试的结果[①]，它们并不会自发使用镜子来探索自己的身体。

曾经有大量媒体版面报道过两只海豚通过了镜面自我认知测试。但是，我们要注意的是，海豚没有可以触碰标记的手，所以标准测试不可能用于测试海豚。的确，做了标记的海豚比不做标记时花更多的时间观察镜子中的自己。但这个行为是否能够说明它们具有镜面自我认知的能力呢？如果说海豚确实能够识别自己的映像，那也不足为奇，毕竟它们的脑容量非常大，而且很可能在频繁跃出水面时已经无数次看到过自己的倒影，这个几率比其他哺乳类动物都要高。但不管怎样，现有的关于海豚镜面自我认知的证据仍有漏洞，而且至少研究对象也需要重复多次通过测试。不能重复通过测试也是另外两则研究报告的问题所在。近期有两只喜鹊和一头大象也被宣称通过了镜子测试。然而，在其他的研究项目中，所有的大象都无法通过测试。迄今为止，存在有力证据证明有能力通过镜

---

① 大量的训练和测试仍然无法让僧帽猴通过测试。

子测试的物种是类人猿，在不同的实验室里它们都能重复通过测试。它们能够像人类一样使用镜子来检查自己的身体。①

尽管这个测试方法有着直观的吸引力，而且被广泛应用，但是人们对于测试结果的解读却一直存在争议。毕竟，许多动物都有不同程度的自我认知能力。大部分动物，都不会追逐自己的尾巴，除了狗。许多动物会在特定的环境下伪装自己的外形。短尾鱿鱼的下腹部甚至可以发光，以此来照亮自己身下的阴影区域。还有很多动物，包括狗，会使用尿液来标记地盘，它们一定可以区分出自己和其他动物气味的区别。那么，为什么大部分动物都无法通过镜子测试呢？而类人猿和人类可以通过测试又意味着什么呢？

一如往常，对于这个结果的解读分为丰富深入和精简扼要两种。盖洛普倾向于使用丰富解读，他认为想要通过测试，个体需要有能力把自己作为被注意的对象：也就是说要有自我意识（self-aware）。“自我意识”绝对不只是了解自己的外貌（就算是极其在意自己仪容的人也不例外）。它包括意识到自己从何而来，去往何处，自己的长处和短处，自己的人格，自己的好恶，自己的价值观，诸如此类。我们是否能从镜子实验中看出这些能力呢？盖洛普认为是可以的。他相信通过测试就意味着个体有能力进行内省，思考自我，甚至明白自己终将死去。事实上研究者已经发现，儿

---

① 事实上在被测试的类人猿中，并不是所有个体都通过了测试。目前正式发表的研究结果中只有43%的黑猩猩（97只中的42只）、33%的大猩猩（15只中的5只）、50%的猩猩（6只中的3只）通过了测试。那我们该如何理解那些没有通过的猿类个体呢？也许只是因为有些个体不能理解测试要求。比如说，可能有些测试对象年龄太小，就像小于18个月的人类幼儿一样，他们因为年纪太小也无法通过测试。当然也有其他的原因导致测试失败，我们要考虑到不同研究小组会有不同标准（例如，通过次数和触摸标记的准确度）。甚至有些研究对象只是没有足够驱动力去触碰标记，也有可能注意力不够集中，诸如此类。但是，我们可以明确的是，这些物种具有镜面自我认知的能力。

童完成镜子测试的能力与一些自我意识情绪紧密相关，比如尴尬，以及对于人称代词的使用。然而，扫兴的怀疑论者则提问：除了我们不停提到“镜面映像”这个词之外，这个测试是否真正涉及任何形式的“内省”？[①] 你在照着镜子刮胡子时是否一定会进行深刻内省呢？

同时也有研究者相信对于这个测试我们可以使用更简单的解释方法。比较心理学家西莉亚·海耶斯(Celia Heyes)怀疑我们对于这个测试进行了过度解读。她对于镜子测试是否涉及特殊心智能力提出了疑问，她认为想要通过镜子测试，研究对象只需要有能力对其他形式的感官输入做出反应。她提出，任何学会避开障碍，或者在打斗中能够躲避进攻的动物都具有这些基本的反应能力。不过，她的观点无法解释为什么只有少数物种能够通过测试(或者说为什么婴儿和幼兽无法通过测试)，而那些未能通过测试的物种在其他情况下对于外界都有着灵敏的反应。

在过度精简和过度丰富的解读观点之间也存在一些中立的看法。比如，认知心理学家乌瑞克·奈塞尔(Ulric Neisser)认为，当婴儿认识到他们的脸部特征和神态会引起大人的注意时，他们就开始逐渐对镜子中的自己产生兴趣。所以，镜子标记测试也许显示了人类婴儿(和猿类)对于脸部的注意力的变化。

发展心理学家约瑟夫·佩尔奈(Josef Perner)也就此提出了假想，他认为镜子测试反映了一个更为综合的心智能力，那就是如何在同一事物引发的不同看法之间进行转换。就像是假扮游戏那样，儿童会对同一个物体同时产生两种不同的认知(比如香蕉被同时当

---

① 此处的“镜面反射”和“内省”，在原文中使用了同一个词 reflection。——译者注

作水果和电话)，并能清楚地对两者进行区分。在镜子测试中，研究对象需要对镜子中的映像和想象中的自己进行比较，同时去发现可能存在的异常——比如说脸上那奇怪的标记。

那么如何通过实证检验来区分这些不同的认知呢？我和同事们设计了一些改良的测试方法来检测儿童的能力，并从中发现了一些线索。首先我们偷偷在被测对象的腿上做了标记，而没有把标记做在脸上。参与实验的儿童坐在高脚儿童椅上，小桌板可以阻止他们直接看到自己的腿部。然后我们在他们面前放置一面镜子，通过镜子他们只能看到自己的下半身。该改良测试和经典测试中的儿童反应相同，他们看到镜子中的标记之后会伸手去摸自己的腿部，不同反应对应的年龄段和面部标记测试结果一致。由此可知，这个测试反映的并非奈塞尔所提出的面部认知的能力。

获得了这个初步发现之后，我们开始进入主体实验部分。我们在高脚椅上缝了宽松的运动裤，然后把一批新的测试儿童放进高脚椅里，借着小桌板的遮挡，在他们不注意的情况下把他们的腿滑进宽松的裤腿里。接着我们在他们穿着的裤子外面做标记，然后把一面镜子放在他们腿前，这批测试对象并未对镜子中的映像做出任何特别反应。他们没有认出镜子中穿着裤子的是自己的腿。但是对另一组被测试儿童，我们首先允许他们用 30 秒的时间观察自己穿着裤子的腿，然后装上小桌板遮挡他们的视线，接着进行与上一组相同的后续实验步骤。这批测试对象反应良好——和我们的初始测试以及经典实验中被测儿童的反应一致。我们可以得出的结论是，幼龄儿童能够想象自己的样子，而这个想象的样子可以及时更新。30 秒的提前熟悉时间已经足够了。

由此可见，过度精简的解释并不能概括镜子测试中反映的能力，[①]但这也不意味着过度丰富的解读中提到的高级认知能力都有所涉及。[②] 上述实验的结果表明通过测试反映了测试对象对于自己的外貌有着某种预期——他们可以认出自己，同时能够注意到预期的样子和实际的差别，比如那个奇怪的标记。

佩尔奈等所持有的中立观点，是目前已有证据最为支持的看法。他的观点中并没有特别描述自我认知的部分，而是提出了更为概括的识别世界多种呈现方式并将其联系起来的能力，这里特指对自我形象的预期和实际感知进行的识别和比较。当婴儿们开始在镜子中识别自己映像时，他们差不多也正好拥有了阶段 6 物体恒存测试通过能力以及假扮游戏的能力。尽管表面看来，这三种能力存在差异，但是它们都包含了直接感官体验以外的感知能力：预想自己的样子，推断隐藏物体的移动，以及想象物体和动作的假扮身份。[③] 比较研究的结果证明猿类同样拥有超越此时此地的感知能力，不过它们的这种能力在诸多方面仍然受限。

这些例子告诉我们，通过系统的实验我们可以确定动物拥有哪些能力。虽然我们仍然会面对一些不确定因素以及不同的解释，但

① 上文两种测试情况的信息反馈方式是一样的，但是测试儿童只在一种情况下伸手去触摸标记。这说明想要通过测试不只需要接收其他感官输入的能力。

② 通过测试也许说明了测试对象对于镜中的自我映像具有认知，但是我们并不能肯定他们能够意识到有关自我的其他方面。研究表明，就算是对于外貌的自知情况也取决于周围环境。对于儿童来说，认知直播视频中的自我形象比镜中的映像要更加困难。而要识别延迟播放的视频中的自我形象需要儿童的年龄达到三到四岁。在最新的实验结果中，我们发现成年人分别面对镜子和照片进行的自我识别涉及不同的大脑活动。

③ 一岁半是儿童认知发展的一个分水岭。事实上，在这个年龄，认知能力在诸多领域有着各种各样的表现形式。我和安德鲁·怀特恩在相关文献的一篇研究报告中发现，猿类不同于其他动物，它们在上述诸多领域中都或多或少表现出了认知能力。

是通过适当控制、重复实验和细致比较，我们可以逐渐明确动物的心智能力。很明显，想要弄明白动物具有什么能力不是一个简单的任务，但是要搞清楚它们不具有哪些人类特有的能力，似乎更是难上加难。我们如何能够确定人类的某种心智能力不被动物所拥有呢？当动物行为呈现出有争议的特征时，我们就会同时面临上文提到的过度精简和过度丰富的解读，要区分谁对谁错并非易事。但就算缺乏明显展示某种动物能力的行为表现，我们也不能简单地认为那些能力是人类特有的。缺少证明某一事实的证据（absence of evidence）不等于拥有了证明这一事实不存在的证据（evidence of absence）。很有可能是我们看得不够仔细。

当我们下断言说其他动物都没有某种能力，比方说下象棋，那我们就是在做"全称否定"[①]。理论上来说，只要有一个可以反驳的例子就可以推翻整个论断，比如说我们只需要一只能够像模像样地和你下半局象棋的章鱼。那么，如果要证实这个命题的话，理论上你需要测试所有活着的动物来证明它们都没有这项能力。即使你想要测试所有的动物，那前提也需要有一种万无一失的方法可以确定某种动物不具有某种能力。举个例子，那个天才章鱼很有可能只是累了或者在我们测试它的时候没有足够的动力想要完成象棋比赛。总之，想要测定个体不具有完成某项任务的能力是相当困难的。通常测试对象表现不好存在各种各样的原因，不仅仅是因为它们没有能力，这就是为什么否定性的研究成果很少被正式发表。那是不是因为我们无法确定某些动物不具有某些能力，所以就只能放

---

① universal negative，断定一类事物全部都不具有某种属性的判断。——译者注

弃呢？

情况并非如此悲观。尽管想要证明某种能力的缺失是相当麻烦的，但是经过大量的尝试之后我们还是可以合理地得出一些结论的。比如说，一旦我们测试了30只章鱼，然后发现没有一只能够完成任务，那么（至少目前）就可以合理地假设其他章鱼也做不到。事实上，我们时不时会就全称否定达成共识。除非有反例出现，否则我们可以继续声称渡渡鸟①已经灭绝；除非有反例出现，否则我们同样可以继续坚持认为只有人类能够学会象棋。虽然我们无法直接证明某种心智能力的缺失，但是随着人们试图找到反例却屡屡失败，我们可以越来越坚信已有的观点。越多探索世界的人们没能发现活的渡渡鸟，我们就越能确定这种鸟类已经灭绝。

想要充分证实能力缺失的观点，我们需要给予动物机会来展示自己的能力，为反例的出现创造可能。让我们再来回想一下镜中自我形象认知测试。考虑到人类和类人猿都已经表现出了通过测试的能力，所以现在吸引我们注意力的是距离人类稍远一些的亲戚——小型猿类。之前的三组对于长臂猿自我认知的小规模研究产生了模棱两可的结果。没有明确的证据可以证明它们具有自我认知的能力，但是研究者仍然对于各种可能性持有开放态度。所以我和艾玛·科利尔·贝克开始测试更多的对象，其中包括之前研究没有涉及的其他小型猿类种类。

在这个为期两年的研究项目中，我们测试了澳大利亚和美国动物园中的17只长臂猿（其中包括7只合趾猿，3只克氏长臂猿和7

---

① Raphus cucullatus，又称Dodo。是仅产于毛里求斯的一种不会飞的鸟。这种鸟目前被认定为已灭绝。

只黑冠长臂猿)。我们首先允许每个测试对象在镜子前面活动 5 个小时。接下来我们测试和激发它们的动力,每只长臂猿都获得了一些蛋糕糖霜,每只个体对应的糖霜颜色就是接下来用于它们脸部标记的颜色。所有的长臂猿都非常急切地吃掉了分发给它们的糖霜。然后我们偷偷把一些糖霜涂在它们的四肢上。测试对象一发现自己手臂或者腿上的糖霜,就马上确认那是什么,然后全部舔舐干净。长臂猿的理毛频率低于类人猿,所以我们可以看出它们有足够的动力去取得涂在身上的糖霜。我们由此推断,如果把和糖霜一样颜色的标记在它们头上,在面前有镜子的情况下,它们应该会非常想要去探索那个标记。然而,我们的研究对象中没有一个能够通过测试。它们中大多数反而把头或手伸向镜子后面,在大部分人类观察者看来,这个动作表明它们试图寻找镜子后面的那只头上有标记的长臂猿。

图示 3.3　几只白颊长臂猿在研究一面镜子(艾玛·科里尔贝克摄影)。

考虑到失败的原因可能是多种多样的，我们又进行了一系列的后续测试，以便弄清长臂猿最终是否能够通过测试。我们重复进行实验，这一次冒着相当大的风险把真实的糖霜涂在了它们的头顶，风险在于这样做可能会造成“假阳性结果”——也就是说，长臂猿可能会闻到头上的糖霜，而不是通过照镜子推测出来。我们尝试了各种辅助的办法，比如在它们身后跳上跳下希望能提醒它们面前镜子的存在，或是把大的贴纸黏在它们头上，等等。但这些都没有奏效，它们仍然无法通过测试。也许我们把糖霜直接涂在镜子上，效果反而更加显著，它们会把糖霜全部刮掉舔光；然而，它们对于镜子中自己头上明显的一大团糖霜却视而不见。至此可以总结说我们不再缺少证据：这些试验结果已经可以作为“能力缺乏”的证据。除非有新的例证可以反驳这一观点，否则我们可以得出结论称小型猿类——比如猴类——不能识别镜子中的自己。系统化的研究不仅可以让我们了解动物具有哪些能力，也可以让我们知道它们的心智能力存在哪些局限。

比起关于动物无法完成某些任务的实验结果，有关动物做到出乎人类预料的行为的研究发现往往更能让人感到兴奋。而且，通常情况下要发表否定性的研究成果也难于肯定性的研究成果（但也并非不能做到）。这一点也很容易理解，因为失败的结果经常是很难解释的，就像上文提到的，失败的原因可能存在多种可能。但我们要注意的一点是，长期大量发表肯定结论的研究成果，再加上缺少涉及否定结论的研究报告，会导致我们认知动物能力的天平产生严重倾斜。

通过确定不同动物具有和缺乏某些心智能力，我们可以更好地了解心智的进化过程。某个特征在相近物种间的分布能够帮助我们理清有关这一特征进化的情况，比如这一进化是何时从家谱树上的哪个或哪些分支开始的。

通常来讲，不同物种具有相似特征的原因分为两大类：趋同进化（convergent evolution，导致产生同功构造），以及共同祖先（common descent，导致产生同源特征）。举个例子，鸟类和昆虫的翅膀都是用来飞翔的。然而仔细观察两类翅膀，你会发现它们截然不同——它们只是为了适应类似环境而产生的相似解决方案。我们没有理由认为这两种翅膀最初是由相同的身体结构进化而来，也不能误以为生命树上昆虫和鸟类之间没有翅膀的生物都只是丧失了这一共同祖先具有的特征。这种趋同进化的例子还有很多。比如，蝙蝠的翅膀和昆虫与鸟类的翅膀都是同功的。趋同进化的例子告诉我们“选择压力”（selection pressures）可能促进了某些特征的进化过程。而那些由于共同祖先造成的同源特征则可以帮助我们了解这些特征在生命树上的源头。鸟类有着类似的翅膀因为它们有着共同的祖先。尽管有些鸟类，比如企鹅，已经不能飞翔；还有其他的，比如几维鸟，翅膀几乎完全退化，但是它们都由同一个长着羽毛翅膀的祖先进化而来。这一结论是生物学家通过比较各种解释这个特征分布的观点而得出的。我们要认识到简约法（parsimony）的重要性：涉及最少假设的最简单的解释，通常可能是最正确的解释。相比认为每种鸟类都独立不相关地进化出翅膀来应对飞行的观点，认为它们是从同一个学会飞行的祖先进化而来的观点要更为简约。

黑猩猩、大猩猩和猩猩都能重复不断地通过镜子自我认知测试，这让我们不禁好奇这个能力是如何在生命树上进化出来的。如果这个特征是通过独立进化而来，那么至少需要出现在4个阶段：

三种类人猿和人类的祖先各自在生命树上分离开来的时候。但是,如果认为今天的类人猿和人类都有这个能力是因为它们有着共同的祖先,我们就只需要假设唯一发生的变化事件:大约在1400万年前,在猩猩从进化树上分支出去之前,类人猿和人类的共同祖先获得了这一能力,并且将其传递给了所有后代。这样一来,比起同功进化理论,同源论需要的假设更少,也就是说同源论是更为简约的理论。

考虑到小型猿类和猴类表现出不具有通过镜子识别自己的能力,我们可以把这一特征出现的时间范围加以缩小。约1800万年前,长臂猿从进化树上分支出去,很可能在这之后类人猿和人类的祖先开始进化出这一能力(参见图示3.4.)。据目前已有的证据可知,镜面自我认知能力可能是在1800万年前到1400万千前在人科祖先的身上进化产生的。我们并不需要亲眼看到最初进化出这一能力的祖先的化石才得出结论。我们不知道那些生物长什么样,但是它们很可能知道自己的样貌。

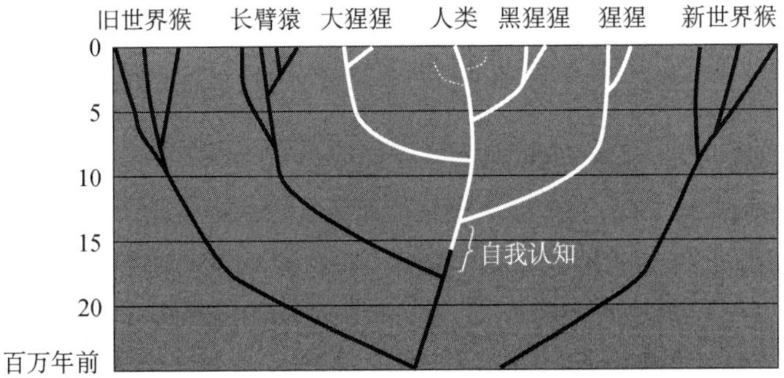

图示3.4 人科动物视觉自我认知能力可能的起源点。

同源论是进行推论的有力工具,这能够帮助我们推理出早已灭绝的祖先物种的心智能力。[①] 根据上文提到的各种分析可知，大型猿类的共同祖先及其后代很有可能具备推理直接感官以外的事物的能力。随着明确更多物种的能力和局限，心智能力如何在生命树上进化的画面也逐渐清晰起来。当然，上述的方法只适用于物种间存在共同特征的情况下。想要弄清人类独有特征的进化问题，我们需要研究化石记录——我将在第十一章对这部分内容进行解释。

我们现在已经准备好去探索是哪些心智特征造成了鸿沟的产生。到底是哪些终极心智能力导致了人类特有的各种行为，从而使我们变得与众不同？当我向学生提出这个问题时，最常见的答案是语言。这也是众多文献中最著名的论点。那么我们就从这个出发点开始吧。

① 要注意的是，某些继承自同一祖先的特征有可能在随后的进化过程中消失，这时关于特征分布的推论可能会有不同的结果，而这些不同观点会涉及类似数量的假设论点，这时简约法就无法从中判断哪种理论的可能性更高。

第四章 会说话的猿类

“感谢语言，让我们脱离野兽的阵营。”①

——奥尔德斯·赫胥黎(Aldous Huxley)

据记载，18 世纪早期巴黎的波利尼亚克主教在看到一只活着的大猩猩时，曾说过：“只要你开口说话，我就为你施洗。”人们普遍认为语言是人类特有的，诸多富有影响力的科学家的著作中都有类似的说法，这些科学家包括诺姆·乔姆斯基(Noam Chomsky)、迈克尔·柯博利(Michael Corballis)、特伦斯·迪肯(Terrance Deacon)、

① 赫胥黎继续写道：“同样由于语言，我们时常沦为魔鬼。”

史蒂文·平克等。但真的是语言让我们成了人类(继而——至少按照那位主教的说法——让我们拥有了值得救赎的灵魂)吗?

语言在人类生活中普遍存在。每一个人类群体至少使用一种,多则几种语言进行交流,语言渗透在我们的思考和行动中。如果你丧失了语言能力,就会陷入非常困难的境地;如果你是初学者,那么就无法读懂这本书。19 世纪对于丧失语言能力的人体尸检研究表明,大脑左侧皮层对语言能力有着决定性的作用。[①] 我们的大脑有着分管制造和理解语言的不同部位,就像是内置的精准电路板,这样不同个体的大脑就能通过互相交换大量的信息而联结在一起。这种信息流动对于人类合作和文化来说是至关重要的,如此也就不难理解,许多学者认为是语言决定了人类心智的特殊性。

然而,动物也有——有时甚至是非常复杂的——各种交流方式。一只蜜蜂可以告知自己的蜂群丰富的食物位于何处,站岗的猫鼬守卫能够警告同伴猎食者的到来,鸟类通过舞蹈信号来选择配偶,大部分哺乳动物的母亲和后代之间都能互相告知自己的去向。一个物种的个体间能够传达可靠的信息是非常重要的,因此动物们进化出了听觉、触觉(基于肢体接触)、视觉或是化学方式的交流方法。这些就不是语言吗?是不是因为我们无法理解鸟类、猴子和鲸鱼在说什么,就偏见地认为它们没有语言呢?

想要弄清楚人类交流系统的特殊性,我们需要先了解是什么成就了人类语言。首先要注意的是,人类不止有一种语言,而是超过

① 这一发现适用于几乎所有的右撇子和约三分之二的左撇子。保罗·布罗卡(Paul Broca)进一步发现丧失说话能力的人们的大脑左前额叶有损伤,这一区域现在被命名为"布罗卡区"。卡尔·韦尼克(Carl Wernicke)发现对于理解语言有困难的人们的左侧皮层稍后的区域有损伤,该区域被命名为"韦尼克区"。

六千种语言。不仅如此，还有很多人不能说话，但是他们可以通过手势表达出一样丰富的信息量。还有一些人通过指尖就能阅读盲文书。我们的语言功能有着各种各样的表现形式。要找到人类语言的最本质特征，我们需要进行更深的研究，不能仅仅停留在说出字句的能力——这一点，鹦鹉也做得到。

语言的最基本特征就是帮助我们交换想法。通过对话，我们把自己的想法和他人的想法联系起来，以此来交流态度、信仰、知识、感受、记忆和期望。这本书就是通过书写文字的方式把我对于这个话题的想法传递到你的大脑中。在你的词汇表中有着成千上万的单词。这些单词只是约定俗成的表达。“走路”这个词本身并没有任何表示“移动”的意思，我们可以像德国人那样用“gehen”这个词来表达同样的意思。人类语言的不同之处就在于使用不同的符号来表达同样的意思，所以如果你想要学习一门外语，你需要学习那门语言中哪些符号被用来表达对应的概念。

图示 4.1　黑猩猩奥基所作的一幅画。

符号，不管是声音、图画或手势，都是用来表达它本身以外的意思。语言能够被使用就是因为人们就一些符号表达的意思和使用方法达成了共识。符号是用来传达意义的。所有表达方式的关键就是：符号表达了自身以外的含义。我们来看一下这几幅画吧。

黑猩猩奥基在画第一幅画（图示 4.1）的时候，我就坐在它的旁边为他提供作画需要的材料。奥基对于涂颜料和吃颜料有着同样的热情。我也可以随意地从我的女儿妮娜（Nina）一岁时的画作中随便挑出几幅，我要说的是：这些画作的本质就是它们看上去的样子——一张涂着颜料的纸。它们可能很好看，但是并没有更深层的含义。奥基的画作可能会让你想起抽象画。实际上，这些随意涂抹的图画有时确实很难和真正的抽象艺术区别开来，甚至有些还可以作为抽象画出售。不过，艺术家能够向你解释他们作品的含义——哪怕是荒谬可笑或者牵强附会的——但是据我所知，黑猩猩的画，和我女儿的画一样，除了你从表面看到的图像之外别无其他深义。①

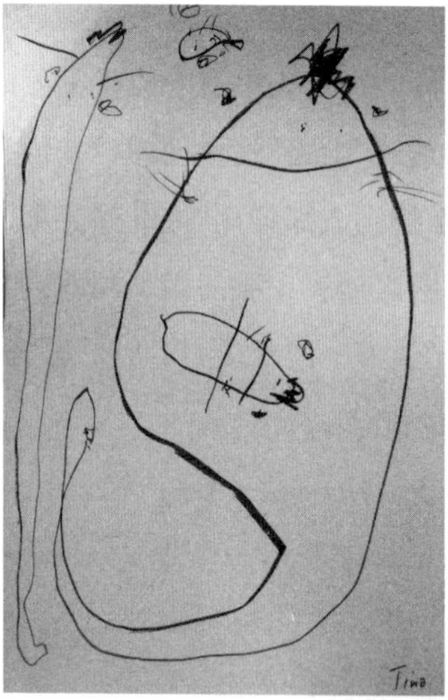

图示 4.2　我的儿子蒂莫（两岁半时）画的一幅关于 4 只鲸鱼的画。

我的儿子蒂莫（Timo）两岁半时画出了第一批有含义的画作，第二幅图画（图示 4.2）是其

---

① 动物可以被训练到按照人类艺术的风格来作画。比如说，我就听到过在泰国有些大象会为游客画出花朵的图形。但是这些行为都是被训练者所操控的，所以并不能表明动物想要通过图画来表达什么含义。

中的一幅。他向我解释画中有一群鲸鱼。你大概可以看出画中的鲸鱼爸爸和鲸鱼妈妈，他告诉我鲸鱼爸爸的上面有一只蒂莫鲸鱼，图画最上方还有一只鲸鱼小宝宝。那么，这就是有表达的画作，是具有符号性的。先不考虑画面的写实程度，这幅画不仅仅是涂在纸上的颜料，还传达了其他含义——一个鲸鱼之家。

语言就是建立在这些"具象的洞察"(representational insight)之上。小婴儿不会介意你把讲给他们听的图画书上下颠倒。(如果身边有小于18个月的儿童，你可以试一下。)他们不介意是因为他们不能像我们一样解读图画中的意思。有一个简单的方法可以检验儿童是否能够理解符号化，那就是看他们能不能从一张图画中读懂其表达的内容。比如，你可以在画着一个房间布局的纸上向小孩指出一个东西藏在哪里，然后观察他们是否能够根据这个线索来找到那个藏在实际房间里的物品。通过长期的类似观察，我们惊讶地发现孩子们在较晚的时间才发展出这种具象洞察力，差不多是在两岁半到三岁之间——这也几乎是他们可以画出有含义的图像的年龄。然而，在经过一些研究后，我发现甚至两岁大的小孩也可以，或者至少开始，使用图画来帮助自己寻找物品。[①] 他们已经可以读懂有含义的图像来——所以你要注意自己的小宝宝看到的那些画面。

第三幅画(图示4.3)是4岁的罗里(Rory)画的，她是我的一位同事——发展心理学家弗吉尼亚·斯劳特(Virginia Slaughter)的

① 结果表明，之前的实验中，孩子们的问题不是在于无法理解图片和实际房间的关系，而是他们无法坚持完成多次测试。通常他们在第一测试中表现良好，然后在接下来的测试中，他们倾向于再次走到上一次测试中认定的房间区域。我的研究没有按照通常采用的在一个房间测试4次的方法，而是在4个不同的房间里各测试一次，使用这样的方法，我发现甚至两岁大的儿童也可以完成任务。

图示 4.3 罗里(4 岁时)画的一幅画,画面中的她正在画自画像。

女儿。画面中的她似乎正在画自画像。这幅画中画表明了一项重要的能力:为模型建立模型的能力。这幅画说明了罗里可以洞察一个符号和它代表的含义之间的关系。这在心理学的术语中被称为“元表征”(meta-representation)[①],这一能力的用途非常广,我会在下文做更多解释。对于任何由随机符号组成的语言的进化过程来说,这一能力都是至关重要的。毕竟,想要提出、理解和认同一个随机符号具有某个特定的含义,人们首先要有能力可以思考符号和被指代物之间的关系。

那么,在我们的语言体系中,人类最初是如何决定使用哪些文字来符号化那些对应的含义呢?有些情况下,比如说钟表的“嘀嗒”声,是根据声音而来。这就是“拟声法”(onomatopoeia)。这些词语就像是画作,它们表达了被指代物的某些明显特征。因此,这些词语也相对容易被大家认同[②],所以有人认为口语词汇的产生最早是

① 表征是信息在大脑中的呈现形式,既反映客观事物,又是被加工的客体。元表征就是将表征结果再次重现。——译者注

② 一部分研究者正在使用类似看图猜字游戏里的方法,来研究我们如何把图像转换成约定俗成的抽象符号。

介于语音和语义之间。但是，为什么不同语言表达同样意思的词语相差如此之大呢？大部分词语的发音听起来一点也不像它们代表的物体。尤其是一些表示抽象意义的词，如“平等”和“进化”，就更是让我们一头雾水了。

为表达看得到的物体达成共识是相对简单的，因为你可以指着一个物体或者一个动作，然后提议一个声音或者画出一个符号。就算那个声音和物体根本没有关系，但是你可以通过不断回想那个指着物体的动作，以及伴随那个动作发出的声音，这样就能帮助一群人建立符号和被指代物的关系。但是，我们的祖先如何为无法直接观察到的各种概念发明词汇呢？我们发现，这些词汇中的大部分都是通过给一些实物或动作命名的时候被顺带发明的。这一点很重要，你需要掌握(grasp)。我们在具体的语境中进行提取(milk)，就像发生在厨房里的动作一样，通过这样的方式我们获得了大量的比喻，并以此来描述抽象的概念。你还要把这个想法文火慢炖(simmer)，接着让它发酵(ferment)。不要生搬硬套(regurgitate)那些不成熟(half-baked)的想法。认真地进行消化(digest)是非常重要的。这些是引人沉思的精神食粮(food for thought)。你也可以自己捏造(cook up)一些类似这样的修辞手法。但也不要火力过猛(stew)，就算你胃口大开(whet your appetite)也不必如此。毕竟，这里摆出的样本(samples)已经足够让你品味(taste)到比喻的真谛了。它们可以是美味(delectable)的，但有时也可能不那么爽口(palatable)，尤其是当你把它们弄混(mixed)的时候。

比喻让我们可以用实物来表达抽象的意思。很多时候，我们太习惯于使用这些比喻以至于忘记了它们是修辞手法。举个例子，在英语中，我们经常使用表示空间关系的词汇来描述时间关系。下面是几个字母 a 开头的例子：大约(about)、经过(across)、之前(against)、沿着(along)、之间(among)、近于(around)和在(at)。字母 b 开头的例子也有一些。我们对于空间的理解就像为理解时间提供了脚手架(scaffolds)似的帮助。

我们也可以通过一些延伸的比喻手法，比如歇后语和寓言，来表达一个不能直接观察到的主题。有些故事可能是个人捏造出来的，但是那些有用的部分被不断传播，最后变成了那种语言文化遗产中不可或缺的一部分。我们的比喻文化中有许多习语，它们大多表示特有的间接含义。英语语言就中有无数的习语表达。我们可以说某人是“瓷器店里的公牛”(a bull in a china shop)，借此来表达笨手笨脚可能会对一个脆弱的环境带来巨大的破坏，我们也把它用在有关社会或情绪的抽象语境之中。想要理解一个类比，你需要把具体的场景(疯狂的公牛撞向珍贵的瓷器)和现实的场景(就算并没有任何大型动物或是瓷器)联系起来。这种发明和理解新比喻的能力再一次说明了对指代与被指代关系进行思考的重要性。

由于使用语言的人需要就词语的意思达成共识，所以语言具有地域性。语言并不是由专家委员会编写的，也不是通过颁布法律实施的，它们是在人们互相交流的过程中逐渐产生的，同时人们想要交流的欲望也对语言的产生起到了影响作用。不管是地域性或是社会性的分离，都会造成新方言的产生。不过只要有互动和交流，语言之间的界限就比语言的不同名称或是国界要模糊得多。比如，我从小在德国长大，我的家离荷兰只有几步之遥。我父母说的德语是一种方言，不是学校里教的标准德语，听起来更像是荷兰的一种方言。德国人也许听不懂标准荷兰语，而荷兰人也听不懂标准德语，[①]但是两国边界的农民们说的几乎是同一门语言。他们毕竟是邻居，他们的语言都属于西日耳曼方言语系。

一千五百年前，一些日耳曼部落成员离开内陆德国迁徙到了不列颠群岛，他们的语言长期受到大量凯尔特语、诺曼第语和其他语言的影响，导致现在已经大大区别于标准德语。不过，英语中仍然存在一些德语词汇。我自言自语说出了这些英语和德语通用的词：手臂（arms）、手（hand）、手指（finger）和戒指（ring），这些都是我随意低头就能从自己身上看得到的例子。两个语言中甚至很多习语也是非常相似的，当然有时也会存在一些莫名其妙的差异。举个例子，德语中用大象代替公牛来形容瓷器店里的破坏行为。令我感到好奇的是，我父母所讲的方言很多时候是介于现代英语和现代德语之间的（例如，Schwester 在德语中是“姐妹”的意思，但是我父母会使用 süster[②] 这个词）——所以当他们来新西兰看我的时候，尽管他们不会说英语，但是有时他们的低地撒克逊方言（低地德语）能让别人听懂他们的意思。这是因为当初入侵不列颠并创造英语语言的部落中有一部分人来自旧萨克森。语言是历史的产物，在人类的社会交流中产生。我们又在社会的发展过程中从祖先那里继承了这些语言。

尽管词典和语言学者会让我们觉得语言像是规定死的，但它们其实是有生命的，存在着持续的变化。很多老式的用词、短语和发

---

① 其实他们中的一些人也听得懂标准德语。掌握多种语言是人们进行跨文化交流的一种解决方案。需要和不同人打交道的商人，像传统荷兰商人那样，往往会受益于自己所说的多种语言。同时也很常见的是，那些母语使用人数较少的人，比如生活在澳大利亚和新几内亚的一些部落居民，也会说多种周围其他部落的语言。而且，最近的研究发现，会说多门语言的人患老年痴呆的可能相对较低——所以，如果你担心会得老年痴呆的话，去吧，学一门外语。

② süster 与英语中表示“姐妹”的 sister 发音相近。——译者注

音都消失了，新式的用法不断产生。英语和德语区分开来之后发生了许多变化，说这两门语言的人也发明了新的表达方法。新的词汇被发明出来，当时是有用又时髦的，接着变成缩写或是和其他词汇融合，再接着被更新的词汇替代。我们可以提出新的词汇或图形来表示相似的关系，然后对比这些相近的表达，思考它们最精确的定义。比如，我们可以就一个新的单词“gappist”达成共识，同意从今天开始用它来表示那些夸大动物和人类之间鸿沟的人，而“gapanier”则表示那些低估动物和人类区别的人。当然，只有当这些流行起来，大家都开始使用了，这些词汇才有用处。

我们可以提出也可以理解新的表达。虽然英语语言对于接受新词的态度是相对严格的，但是很多其他语言都允许人们创造和添加新词。拿德语举例，根本不会有一部词典能够收入所有的德语单词，因为独立的单词不断被人们无缝地融合成更长的新单词。有一次我看到了一个道路标识，上面写着一个单词“Astabbruchgefahr”——直译就是“树枝断裂会造成危险”。我以前从来没有见过这个单词，但是我一下就明白了最好不要去那个标识旁边晃悠。[①] 在英语中，比起通过叠加音节构成新词，更常见的是通过组合和再组合词汇从而产生新的句子。你几乎可以理解所有连贯的句子，比如现在这句，哪怕你之前从来没有听到过或者读到过这个句子。如果你想的话，可以自由组合出各种新的句子。人类语言就是通过这样的方式进行衍生(generative)的。想象一下如果这个世界只允许我们使用

① 有些语言甚至可以制造不受限制的复合词。听听这个长得惊人的毛利地名吧：“Taumatawhakatangihangakoauauotamateaturipukakapikimaungahoronukupokaiwhenuakitanatahu”——翻译过来就是：“长着巨大膝盖征服大山吞噬大地跋山涉水的塔马提亚为爱人吹长笛的山顶。”

十个单词或者十个句子吧。这个情节也许可以成为一个怪诞电影的情节,但是这样的世界很快就因为受限而无法发展了。

所幸的是,语言是开放式的,尽管构成语言的基本材料是有限的。这是怎么做到的呢?语言建立在有限的任意单位(arbitrary units)之上,例如声音和文字等符号。语法规则决定了这些单位如何通过组合、再组合来产生无数的表达方式。音位(phoneme)是能够区分意义的最小语音单位,英语语言中共有 44 个音位。“car”(车)和“bar”(酒吧)的区别就在于音位。所有的人类语言中,只有大约 150 个不同的音位。有些语言,如克拉哈里沙漠中的布希曼族的搭嘴语(click languages),有超过 100 个音位。而其他族群,如新西兰的毛利人,只使用十几个音位。在所有语言中,音位都能根据一系列的语法规则进行组合来表达不同含义,这些语法规则也被称为音位学(phonology)。有着较少音位的语言需要通过更多重复来创造新词(在毛利语中,还有这样的词:“whakawhanaungatanga”),但不管在任何语言中,可以表达的意思都是无穷无尽的。

最小的语义单位被称作词素(morphemes),它们是构成词汇的基础单位。它们包括词干(比如 joy, man),前缀(比如 after, anti)和后缀(比如 - able, - ful),使用它们就可以组合出新词(比如 joyful)。还有一些功能性的词素,它们可以组成词型转换,这些词素具有的更多是语法功能,其本身并没有什么含义。举个例子,在英语中以 s 结尾的名词通常表示复数,而用 ed 结尾的动词通常表示过去时态。英语中的词型转换相对较少,其他语言中有更多的例子。决定这些规则的语法被称作词态学(morphology)。

最后,句法规则决定了我们如何把单词组成短语,再把短语组成句子。你也许会想起在学校里学的一些内容(或者你会想起自己已经把这些忘得一干二净)。就算你不能解释这些规则,但你仍然知道怎样是规则了违反——除非你觉得前半句最后5个字的顺序没有问题。我们使用这些规则在有限的语言单位中发明并解读新的排序。我们没有为每一个可能用到的概念和事物创造几百万的单词,我们只是使用几千个可以自由组合的单词。我们不必为“大桌子”和“小桌子”创造特有的说法,我们只需要“桌子”这个词,然后就能使用“大”和“小”等形容词和它组合,同时这些形容词也可以用来修饰其他词汇。也许通过寻找史上最长的句子,我们可以更好地理解人类语言的衍生能力。不管你想出一个多么有纪念意义的长句子,另一个人都能通过添加一个关系从句而让它变得更长。你可以在开头加上:“你认为最长的句子是……”或者你还可以加得更长:“我虽然不相信,但是你认为最长的句子是……”这还可能引来反驳:“但是我坚持自己的想法,尽管你不相信,但是最长的句子的确是……”这样就有了无数可能,语言的衍生特质让我们可以无穷无尽地进行下去。

寻找最大的数字的尝试也是同样的情况。我记得自己还是个小孩的时候和一个玩伴争论无穷大的问题,这个玩伴不太容易被说服,他轻描淡写地反击我说他知道一个更大的数字:无穷大加一。虽然从学术角度来说,他的回答并不正确,但是这个回答很好地表明了我们创造更大数字的机制。这个花招是嵌套思维(embedding)的一个变体,被称作递归(recursion)。在数学理论中,如果一个公式的下一步建立在上一步的规则之上,那么这个公式就是递归的。在计数系统中,10个阿拉伯数字就是按照简单的递归准则来进行组合、再组合的,这样我们就能组成更大的数字(0,1,2,……9,10,11,12,……99,100,101)。计数的过程没有终点。但是,我们可以推理出无限大(通常我们使用这个符号表示：∞)。你可以根据不同的递归原则创造出其他无穷尽的序列。举个例子，这一序列(1，1，2，3，5，8，13，21……)所依照的递归原则就是新的数字是前面两个数字的和：[$F_n = F_{n-1} + F_{n-2}$]。[①]递归就是输出和输入的数字互相连接的过程，这样就造成了一个首尾相连的圆圈。它可以让我们通过组合有限的资源创造新的产物。

递归也是语法中的一个重要部分。一个关系从句可以是一个关系从句加上另外一个任意的关系从句。所以，关系从句可以串在一起，或者一个嵌在另外一个里面，比如你现在在读的这部分，从而将句子无限延长(尽管实际上，我们在使用语言时还是有所限制的)。语法规则让我们可以联系到之前的句子成分，这些句子成分又可以通过组合构成更长的结构。举一个例子："那只我刚才看到的在湖边嬉闹的猴子试图要偷我的提包。"在插入了湖边嬉闹的内容之后，我们仍然能够把偷盗这个行为和猴子联系起来。短语和句子可以镶嵌在一起组成更长的叙述结构。所以，原则上来说语言是开放的，我们可以根据需要创造出各种复杂度的表达方式。上个世纪最有影响力的语言心理学家诺姆·乔姆斯基认为，这种被人类普遍使用的可衍生语法，是所有语言产生的基础。[②]他和他的同事们认为，递归从最狭义的角度定义了语言机制。

---

① 想要这么做，你要先假设 $F_1 = F_2 = 1$。

② 乔姆斯基认为，不同语言的区别主要在于表面可见的表达方式，而不是深层结构。举一个例子，这个简单的句子"The computer copied over my files(这台电脑复制了我的文件)"可以被看作是由一个名词短语("这台电脑")和一个动词短语("复制了我的文件")组成。这个动词短语由一个动词("复制")，一个介词("over")和一个名词短语("我的文件")组成。英语中的结构通常是主语在前，接着是动词谓语，再后面是宾语名词，而日语的句法顺序则是主语—宾语—动词。

乔姆斯基的原创观点极大地推进了心理学中的所谓认知革命(cognitive revolution),同时也促使了激进行为论(radical behaviorism)的衰败。斯金纳认为语言的产生是基于综合关联学习法则(general associative learning rules)[①],乔姆斯基则相信人类天生具有发展语言的倾向。目前已有无数的证据证明了乔姆斯基的这一论点。就算没有明确的指导,儿童们也可以毫不费力地理解语法规则。他们不会对哪门语言具有先天倾向——一个在意大利家庭中长大的日本小孩会说一口流利的意大利语,反之亦然——他们可以根据对应的语言环境提取适合的语法规则。他们还可以把这些规则用在全新的语境中。举一个例子,我的儿子蒂莫在两岁半的时候,会很自信地说出“一只鞋子”和“两只鞋子”,然后他同样自信地说“一只脚”和“两只脚”(too foots)[②]。尽管我很确定他之前没有听到过谁说“两只脚”,但他自己把英语中常见的名词变复数的规则用在了其他单词上。这样的一些规则以外的特殊情况,就需要我们使用相对较难的方法——牢记。

大部分儿童,就算存在智力、学校和文化的差异,都使用相似的方法学习语言。他们基本都是从发音开始,也就是咿呀学语,这个过程会持续约 8 个月。尽管年幼的婴儿能够辨别各种语言中的不

---

① 在与哲学家怀特海(Alfred North Whitehead)的一次交谈之后,斯金纳被怂恿提出了人类语言行为主义的解释。1934 年,在一场晚宴上,斯金纳发现自己坐在怀特海的旁边,他开始热情地向怀特海宣扬自己的行为主义学习理论。怀特海挑战他说:“让我看看你怎么解释这个行为吧——我坐在这里说‘没有黑蝎子会掉在这桌上’。”斯金纳花了二十三年的时间,终于出版了试图用关联学习来解释语言机制的书。在书的附录部分,他回应了当年那个挑战,令人吃惊的是他竟然引用了弗洛伊德,借此解释怀特海那么说是因为他害怕那化身为黑蝎子的行为主义会被广泛接受。然而,被广泛接受的并非行为主义,而是其他理论。同年,诺姆·乔姆斯基出版了与斯金纳理论截然不同,而且最终造成深远影响的书,其中解释了语言的本质。

② 此处的 foot(脚)正确复数形式应为 feet。但是蒂莫使用了常见的通过在单数后面加 s 变复数的规则,所以他说出“two foots”的错误说法。——译者注

同发音差异，但是他们能够很快地把注意力集中在组成自己语言的发音上。大约满一岁的时候，婴儿会第一次说出一些词语。我的儿子蒂莫说出的第一个词是“干杯”，他总是边说边兴奋地想要和别人碰杯。满两岁的时候，儿童们会以惊人的速度积累词汇，几乎每两个小时就学会一个单词。也差不多同时，他们开始使用两个单词合成的短语。接下来的两年里，他们开始学习递归语法。当然，每个儿童都需要语言输入——周围人们创造的语言环境——小女孩吉妮(Genie)①的悲惨案例就说明了这一点。她的童年在被人忽视中度过，没有人和她讲话，所以她没有发展出正常用语言交流的能力。因此，我们认为儿童在习得母语的过程中有一个至关重要的阶段。

当我们想要学习一门外语的时候，这个关键阶段会表现得更加明显。一个幼儿可以轻松地同时学习两到三门语言。我的哥哥对他的孩子讲英语，他的太太讲德语，因为他们当初住在荷兰，所以周围人都说荷兰语。他的两个小孩不费多少力气就同时掌握了三门语言，直到他们后来搬离荷兰，孩子们才逐渐忘记了荷兰语，只使用英语和德语。奇怪的是，在大部分国家，学习外语的科目总是被学校安排在五年级或者更高的年级——差不多刚好超过不费力气可以学会外语的年龄，也即语言学习开始变得艰辛的年龄。在青春期之后学习外语通常会导致几乎无法消除的口音。唉，不管我多么努力，也不管我住在英语国家多长时间，我的英语发音仍然带着德语口音。如果说语言仅仅是通过关联学习法则习得的，那么就不应该存在所谓的关键时期。不仅如此，规则也不能被笼统概括，不同语

① 小女孩吉妮的故事是 20 世纪轰动一时的新闻，她从 20 个月大时就被父亲单独囚禁起来，其间完全与世隔绝，没有人和她讲话。当她 13 岁被人解救出来的时候，几乎完全没有语言能力。——译者注

言的语法和发展阶段也不应该存在共性。如果斯金纳是正确的，我应该有能力改掉德语口音，因为学语言就如同学习任何其他技能。甚至，我们也可以教会那些具有关联学习能力的动物使用语言。但是乔姆斯基认为人类的语言本能在动物王国里是独一无二的。他提出，仅仅约 100 万年前，可能出现了赋予我们祖先珍贵天赋的基因突变，这个创造使用开放式语言的能力造成了人类进化史中的一次巨大的飞跃。

尽管乔姆斯基关于语言的理论在半个世纪里都占据着主要地位，但是最近几年出现了一些挑战他的语言学信条的看法。比如，有人提出，可以被认定为适用于所有人类语言的规则是非常少的。如今地球上的各种语言之间存在非常大的差异。有些把动词放在前面，有些放在后面；有些只使用短句，有些则充满着复合句。有些语言甚至看上去没有基本的单位，比如介词、形容词、冠词和副词。甚至是被乔姆斯基认为在狭义角度是语言核心的递归语法，似乎也没有出现在所有人类语言中。据说亚马逊的毗拉哈语（Piraha）和澳大利亚阿纳姆地的比尼宁语（Bininj Gun-Wok）都不使用这些语法规则。那么，一个简单的句子“他们站在那里看我们打架”就要被他们拆分为“他们站着；看着我们；我们在打架。”我们还需要对这些报告进行更多的系统化研究，但是它们已经开始动摇我们已知的理论。语言学家越来越多地质疑是否存在真正通用的语法结构和标记。

这个问题的一部分原因也许是，语言研究最初只是检测主流的书面印欧语言。然而，世界上大部分的语言并没有书写体系。澳大利亚、新几内亚和美拉尼西亚共有超过 1000 种口语。仅仅在瓦努阿图，就有超过 100 种语言，每种语言平均约有 2000 个使用者。这些语言中的许多都正在消亡，但比起一小部分欧洲书面语言，也许这些正在消亡的口语更能帮助我们研究人类语言的本质及其产生过程。

任何关于共性的研究都应该基于对人类语言细致的横向比较。近期关于语言多样性的研究开始使用进化生物学的计算模型。举一个例子，一项比较了几百种语言的词语顺序的研究得出结论称，目前存在的语言规则是由文化历史决定的，而非任何先天固有的通用语法。人们根据自己的需求逐渐改进语法规则，随着时间推移，规则会改变、被修改或者被取代。就像单词对应它们的意思那样，语法规则是社会互动的历史产物。不同的后代种群使用自己的独特方式发展出多种多样的语法规则，当种群被隔离时情况更为明显。这种文化进化的很多时候类似生物进化自然选择中的后代渐变。当然，这两者之间的关系也曾引发大量争论（详细内容见第八章）。

尽管当代的一些批评家认为乔姆斯基的观点是错误的，他们认为并不存在先天的通用语法规则，但这不意味着人类在生物学角度没有做好发展语言的准备，而且这些能力是其他动物没有的。仅仅是这个有能力进行嵌套思维，理解元表征和递归的心智，就能够帮助我们确立随机符号意义，以及发明有效的语法规则，从而把有限单位通过组合、再组合转换成开放式的句子。这一切都需要渴望理解和被理解的心智。

语言是误解的源头。

——安东尼·德·圣-埃克苏佩里（Antoine de Saint-Exupéry）

语言涉及合作。在对话过程中，我们依次作为说话者和倾听者来交换信息。如果想要进行一场有效的对话，你就需要注意对方所了解、所期望和所相信的内容。如果只是重复对方已知的内容，那么这场对话就没有什么意义了——尽管很多人还是经常这么做。你需要快速思考要说的话，而且不要忽视当下的场景，然后你也要考虑对方可能对你的发言做出的回复和补充。对话是讲究实效的互动，同时也遵守一些基础准则。

哲学家保罗·格莱斯（Paul Grice）定义了在对话中我们通常需要遵守的四个准则。第一个准则，我们应当说出自己相信是正确的话。如果我们一直撒谎，那么和别人的对话都没有了任何意义。这不是说欺骗他人和自欺欺人的做法就不会大量存在（稍后我们会讨论这一点）。第二个准则，在同一个情况下，提出的和接收的信息级别应该是一致的。在询问气温的时候，我们通常没有想要得到具体到小数点后 5 位数的答案。第三个准则，你在一个对话中的贡献应该与这个对话的目的相吻合，避免离题的内容，这让我想起来上个星期的一个对话，那时我在……好了，你明白我的意思了。最后一个准则是，你讲出的内容应该清晰易懂，避免造成迷惑。我们应该根据听众已知的内容定制对话，避免无意义的老生常谈。因此，我使用“独特人类特征”（distinctly human traits）这个说法，而不用“人类独征”（human autapomorphies）。[①] 我们应当选择自己的听众可以理解的用词。我们都经历过尴尬的对话，你似乎感觉哪里不对，这种情况通常都是因为我们违背了一条或者多条准则。（下次听政

① 虽然我选择使用更易懂的用词，但我其实还是挺喜欢“独征”这个词的。这个词是指一个进化分支衍生出的独有特征，其他的分支都没有该特征，就算是在非常临近的物种或是拥有共同祖先的物种中也不存在该特征。

客采访的时候，你可以试着数一下他们违背了哪些准则。这可能会让枯燥的政客对话变得有趣。）不管怎么说，我们仍然非常依赖这些准则。要遵守所有准则，我们就需要考虑诸多方面，其中尤为重要的是你谈话对象的心智。

心智本身就可以被看作是表现系统——我并没有想要造成概念混淆。想一想你正看着的书本或是屏幕吧。光线进入你的视网膜，激发了神经细胞。神经活动传达到你的大脑后部，那里有各种各样的平行程序计算出这个画面的颜色、定位等。接着这些信息被综合起来，你面前的文章被转化成了视觉体验。你正在进行一个心智交流，就算你停止了输入，比如闭上眼睛，从某种程度上来说你仍然可以继续这个交流过程。我们在大脑中表现视觉画面，同时还有声音、概念和信仰。这个世界在每个人心中的表现是因人而异的，我们在对话中也必须考虑到这一点。

举一个例子，你也许相信厨房的台面有一只香蕉。我也许理解这是你对世界的描述，但是我也许知道你是错的（因为我把香蕉吃了），也许我会主动向你提供新的信息。那么，我们再次需要嵌套思维来理解这一切：我（重新）描述你的（错误）描述，并且对应调整我们的对话。如果有第三个人知道我了解你认为香蕉在厨房里，那么又一层复杂情况被添加进来。这种嵌入可以无休止进行下去，我把有关心智解读的更多解释放在了第六章。可以说，人类对话大量涉及推理他人了解、渴望和相信的内容，对话也因此成为有效的信息交换合作系统。

我们对话的大部分内容涉及对过去和未来事件的思考。人类的语言能力使我们能够精确表达超越此时此地的想法。下一章会讲到，想象未来事件会涉及对各种新场景组合、再组合的构建（类似于把单词组合成新句子)。因为这个以及其他的原因,我和迈克尔·柯博利认为语言和能够穿越时间的心智能力是共同携手进化的——尽管内容的出现很可能早于交流方式。

有一个屏障把动物王国和哪怕是最低级的人类隔离开来,这个屏障就是——语言。

——弗里德里克·麦克斯·缪勒(Friedrich Max Müller)

1873 年,在达尔文的《人类的由来》问世两年之后,牛津哲学系教授弗里德里克·麦克斯·缪勒提出了一个反驳观点,他认为没有其他动物具有任何类似人类语言的功能,也就是说在这一点上不存在达尔文理论所预言的渐进演化的迹象。1886 年巴黎语言学协会明文禁止有关语言起源和演化的讨论,缪勒全然不顾该禁令,提出了这一问题。事实上,缪勒的理论在当时被认为是达尔文自然选择进化论的一大威胁。上文提到过在缺乏遗传学知识和细致的化石记录时,争论主要围绕现存物种之间连续性的证据。因此缪勒对于语言屏障的观点不仅关系到人类传奇的独特位置,而且促成了关于进化论的早期辩论战场。当时人们对于灵长类动物之间的交流方式知之甚少,连达尔文自己也写道:“我希望有人能养一大群最吵闹的猴子,让它们保持半自由的状态,然后研究它们的交流方式。”

19 世纪 90 年代,一位弗吉尼亚的年轻男子恩特·理查德·加纳(Enter Richard Garner)使用爱迪生最新发明的圆筒留声机,试图通过回放实验来破译灵长类动物的发音。他使用的方法是录下各种情况下灵长类动物发出的声音,然后播放给其他灵长个体听,同时研究它们的反应。加纳最早在动物园里开展研究,并随后报告称已成功分辨出不同灵长物种使用的词汇，这让他的研究在当时赢得一片赞誉。他声称识别出了僧帽猴使用的大量词汇，包括从“食物”到“疾病”的表达。他相信灵长类动物的交流仅限于具体的事物，但这些正是人类创造抽象概念的基石。不出意料，这些结论在公众和学术界都引起了轩然大波。

加纳后来大胆地提出要带着一台留声机前往中非，他想要坐在一个带电的防护笼子中研究野生猴子语言，当时大家希望最终的成果能彻底终止有关语言演化的辩论。考察最终未能按照原计划进行。加纳希望在非洲丛林中找到令人信服的证据这一想法还未实施就已经失败了。尽管联系上了爱迪生，但是他没能得到一台可以用来执行任务的留声机。当他回国的时候，面临主流媒体对他进行的排山倒海似的谴责，主要是有关他的考察报告中的前后矛盾之处。有传言称他并没有在丛林深处待上几个月，而是在一个教堂里或是附近的一处舒适的住所。这些说法引起大量对他的猜疑和嗤笑。不管怎样，加纳确实没有带回来任何新的证据，而只是带回了一只既不会说话也不能被破解的黑猩猩，而且它不久就死去了。他那些关于黑猩猩和大猩猩语言的观点并没有论据支持。加纳渴望在进化论发展史中占有一席之地的梦想没有实现，但是他对于动物语言的研究行为却成了著名的小说素材，最广为人知的就是休·洛夫廷(Hugh Lofting)所塑造的杜立德医生(Dr. Dolittle)。试图理解猴子语言，或是教会它们人类语言的严肃科学尝试至此暂时告一段落。

这段引人入胜的加纳的故事引发了各种观点，科学史学家格雷戈里·雷迪克(Gregory Radick)认为引起主流观点变化的原因之一可能是跳跃式进化理论的产生，也就是说很有可能演化不是缓慢逐步向前进行的，这也是史蒂芬·杰·古尔德所维护的观点。这一论点让我们不必在猿类中寻找拥有语言能力的先驱。就像我之前提到过的，达尔文的理论与目前记录中发现的进化中断并没有产生真正的矛盾。那些可能拥有人类语言能力的先驱们，比如说直立人，已经灭绝了（从而造成了现存物种间明显的进化断层。）此外，人类语言的前身不一定以发音形式存在。很可能语言最早是以手势出现的。事实上，这种认为人类语言是从用手开始然后逐渐演化到用嘴的观点正在吸引越来越多的注意。这样说来，从灵长类动物的发音中寻找人类语言前身的行为很有可能是缘木求鱼。

加纳被遗弃的声音回放研究方法在1980年代被重新使用，动物行为学家多萝西·切尼（Dorothy Cheney）和罗伯特·赛法斯（Robert Seyfarth）使用该方法对乞力马扎罗山脚下黑长尾猴的警报叫声进行了影响深远的研究。他们录下警报叫声然后向毫无警惕的群体播放，这让研究者们首次确定非人类动物的发音并非完全异于人类语言，即使这些词汇的数量远远少于人类词汇。这些动物在看到蛇、老鹰、豹子和人类的时候会发出不一样的叫声。当对猴子们播放这些叫声录音的时候，它们会根据不同叫声做出不同反应。比如，如果听到提醒老鹰到来的叫声，它们就会躲在树下；如果听到提醒豹子在靠近，那它们会爬到树上。

有关这些叫声的研究正在逐步推进，但是研究范围仅限于警报叫声。目前为止尚没有证据证明猴子能把不同含义的叫声组合起来，更不要说组成开放式的句子了。它们的交流中没有任何递归法则的迹象。有时个别猴子会发出假警报，比如发出提醒豹子靠近的叫声，听到警报的其余猴子会迅速爬到树上，那只猴子就会留在原地享用别的猴子留下的食物。这看起来是非常聪明的欺骗策略，但也展示了猴子们缺乏推理其他个体的思维的能力。那些爬到树上的猴子似乎并没有对那个叫着“狼来了”但却留在原地享用食物的猴子有任何气愤之情。它们似乎无法理解那只猴子发出警报但自己并没有逃跑这一矛盾(也就是缺乏元表征能力)。在其他猴子交流中,我们也没有发现任何涉及反思的迹象。尽管猴子的叫声可能是人类语言得以构建的一块基石,但是它们在灵活度、表达含义和使用等方面都有着诸多局限。

事实上大部分动物的发音似乎都不受认知控制而主要是由情绪引起的。当大脑的一个皮质下部分——导水管周灰质(periaqueductal gray)受到刺激时,猫咪会发出喵呜声和咆哮声,恒河猴会发出尖叫和吠叫声,蝙蝠会发出定位回声,黑猩猩和人类会发出大笑声。这一区域的损伤会造成失声。该区域对于动物发声和人类非语言发声起着至关重要的作用。然而,人类语言行为主要由左半球的皮质层区域决定,这些区域允许自发控制,而且灵活度极高。这样说来,动物发声也许与人类话语并不相近。①

不过,有些动物的交流系统也是非常复杂的。比如,蜂舞传达的信息包括食物源的面积、距离和水平方向。然而,通过深入研究动物交流系统,我们发现这些交流局限在少数几种信息的交换,常见的是有关繁殖、领地、食物和警报的内容,几乎没有这些范围以外的内容被发现。至今我们仍未在动物交流中发现开放的灵活性,而

---

① 言语涉及复杂和深思熟虑的动机行为。类人猿对双手的随意支配度远远高于控制发音,比如,它们可以灵活地用手摘取食物。如果我们的共同祖先拥有这样的能力,那么对于自然选择来说,修补升级这个能力比重新生成一个全新的发声能力要简单得多。手势交流也有着更加形象化的优点,相比之下,单词的产生则是完全任意的。有些事物用手势表达确实更加直观——例如试着向别人解释什么是“螺旋形”。所以,也许语言正像柯博利认为的那样,最早产生于手势领域,后来这些手势才逐渐被发音所补充并最终被发音大量取代。

这正是人类语言的典型特征。

那鲸鱼呢？你也许会问。座头鲸的歌唱方式引人入胜，它们有着巨大的脑部，甚至有证据证明它们可以学会同伴的歌声。它们会在背后议论我们吗？答案是令人失望的“很可能不会”。事实上，座头鲸的歌声中可能包含的信息量相当少——它们最多的表达就是：“嗨，亲爱的，快看我呀。”研究者目前认为它们的歌声的主要作用是简单地吸引配偶。

迄今为止，所有尝试解读动物交流系统的研究结果都指向了它们极其有限的功能，这些系统缺乏让人类语言保持灵活的递归特征。不过，我们对于动物交流系统的知识还是相当有限的。也许它们有着更加复杂的交流方法，只是我们还没发现。举一个例子，最近研究者才刚刚发现草原犬鼠的警报叫声包含的细节信息多于长尾猴的叫声。头足类动物，比如鱿鱼、章鱼和乌贼，改变自身的颜色和花纹不仅是为了伪装，很可能也是一种隐蔽的沟通系统。有证据表明它们使用自己皮肤反射的偏光来提醒其他同类猎食者的存在，而这些信息是猎食者无法辨认的。考虑到动物交流方式中也许有更多未曾发现的部分，我们必须要保持谨慎的态度。还记得吗，缺少证明一个事实的证据不等于拥有了证明这一事物不存在的证据。

还有一个办法就是换个角度看问题。我们是否能够教会动物使用人类语言呢？语言学家越来越多地质疑人类是否天生具有理解和使用通用语法的能力，他们更多地认为具有文化氛围的学习起到了更大的作用。这样说来，动物就有可能在正确的文化氛围下学会人类语言。从童话故事到严肃文学作品，我们的传说和寓言中充满这样的成功例子。那么这些想象的情节中是否存在任何属实之处呢？

我用人类的声音发出了一声短促又清晰的"你好！"。就是这一声使我跃入了人类的行列。我听到了这一声带来的不绝于耳的回应——"听啊，他在说话！"

——这些话语就像是在亲吻我大汗淋漓的身体。

——弗兰兹·卡夫卡(Franz Kafka)

在卡夫卡的著名短片故事《致某科学院的报告》(*A Report to an Academy*)中，一只黑猩猩用意味深长的散文手法讲述了它如何在被囚禁时学会了人类的行为。现实世界中，这样的事情从未发生过。尽管加纳和其他研究者花费了大量精力，但仍然没有发现任何猿类能够开口说话。类人猿似乎没有类似人类说话时对面部和声音的随意控制能力。它们的发音器官无法准确发出语言中的所需元音。

然而，鹦鹉却可以模仿人类的词汇发音。非洲灰鹦鹉艾利克斯(Alex)可能是最著名的会说话的鹦鹉，据称它可以说出约150个英语单词。它的训练师——比较心理学家艾琳·派佩伯格(Irene Pepperberg)和它一同工作生活了30年，艾琳的报告称艾利克斯能够说出约50个物品的名称，可以从1数到6，还能形成一些对照概念，比如上面/下面，更大/更小，一样/不同。尽管没有递归语法存在的证据，但是它在交流过程中出现了轮流对话以及正确使用一些如"对不起"的短语。

对于其他物种的检验中，也有了一些成功的结果。比较心理学家路易斯·赫尔曼(Louis Herman)曾训练一些宽吻海豚学习复杂的手势指令。这些海豚很明显可以理解一系列的指示，而且对于指令转换能够按顺序恰当地做出反应。类似的方法也被用来训练海豹。一只边境牧羊犬里科（Rico）曾展示出理解主人声音指令的能力，它的熟练程度超越之前人们的想象。从里科 10 个月大开始，主人开始每天有规律地在房间不同地方放上三个物品，然后叫它去取这些物品。到里科 10 岁的时候，它已经可以辨认约 200 个物品的名称。里科甚至可以使用排除法来学习新的物品名称。也就是说，当它被命令去拿一个未学过名称的新物品时，它会选择那个唯一不知道名称的物品。这个能力被称作快速映射（fast mapping），该能力有时对于儿童的快速单词习得起到重要作用。这些案例的确令人印象深刻，但是其中没有涉及动物自己发明象征符号，也就是说，这些动物并没有在进行对话。然而，类人猿却表现出了理解和创造的能力。

尽管发声语言对类人猿来说是不可能的，但是研究者成功教会它们使用一些手势语言。类人猿已经学会创造和理解上百个手势。著名的例子包括黑猩猩华秀（Washoe），大猩猩可可和猩猩夏特克（Chantek）。另一个替代方法是教这些猿类使用画在板上的任意视觉标示，它们可以通过触碰这些标示来进行沟通。再一次，一些猿类学会了几百种这样的标示，其中有黑猩猩莎拉（Sarah）和倭黑猩猩坎兹（Kanzi）。

心理学家赫伯特·特瑞斯（Herbert Terrance）对热情教授类人猿学习语言的尝试发起了挑战。他对于名为尼姆·猩斯基（Nim Chimpsky）的黑猩猩的研究表明——这个名字是对诺姆·乔姆斯基的俏皮致敬——猿类只是简单缓慢地通过关联学习掌握了这些手势和标示，并非出于对词汇表意功能的真正理解。[①] 他总结认为，尼姆并没有理解和使用人类语言的能力，而且他对之前所有的相关研究持怀疑态度。对于猿类语言计划的丰富解读和精简解释之间引发了白热化的争论。

对黑猩猩理解图画和模型的研究为这场争论贡献了新的证据。就算它们自己不能画出具有象征意义的图画，我们还是可以检验它们是否具有理解这些具象图画的洞察力。前文提到过，对这项能力的发展研究是通过检验儿童能否通过一张画着房间布局的图画找到藏起来的物品。现在已有证据证明黑猩猩可以完成这类任务。心理学家瓦莱丽・库尔迈耶（Valerie Kuhlmeier）和萨莉・博伊森（Sally Boysen）向大家展示了她们的黑猩猩有能力通过查看房屋照片或是模型上提示的物品藏匿地点而在真正的房屋中找到该物品。这些猿类似乎能通过解读这些图像和模型来处理真实世界中的信息。

这些结果也许鼓舞了对所谓“猿语言”计划进行丰富解读的提倡者。目前已经被广泛接受的说法是，类人猿展示出了一些令人瞩目的对某些符号的理解，但同时它们的能力也存在很多局限。[②] 它们可以不通过密集的训练就学会使用一些符号，它们还能恰当地给一些物品命名，理解人们给它们的新的指令。唉，不过这些猿类自己开口为这些辩论作出的贡献要少于人们的期望。它们没有向我

---

① 2011 年一部发人深省的纪录片《尼姆计划》（*Project Nim*）讲述了尼姆的悲惨经历以及被特瑞斯作为研究对象的命运。

② 黑猩猩常常对于符号和指代物之间的基本双向联系感到困难。举一个例子，在经过密集的训练之后，它们可能学会看到红色就选择代表红色的符号。但是，一旦这个关系被反转，它们就很难完成任务了。也就是说，如果我们向它们呈现代表红色的符号，然后让它们在红色和蓝色之间做选择，它们会感到非常困难。这种双向对应关系似乎只对人类来说是轻而易举的。

们讲述它们的世界观。它们说出的话离卡夫卡想象出的自我反省相差十万八千里。确切来说，猿类常常使用单个词语，有时也会把两个或几个单词连在一起来应对当时的情况，但差不多都是类似“给苹果”、“抓痒追赶”这样的表达。

猿类使用的手势和符号主要用于表达请求，特瑞斯认为猿类只会使用祈使句，而不会说出陈述句。然而，最近有研究者深入分析了三只被训练语言能力的猿类的研究数据，这些数据有着几十年的时间跨度（约十万条表达记录），结果发现其中有 5.4％的符号或手势表达可以被归为评论或者陈述（也就是陈述句）。该研究还发现仅有 11 例情况显示猿类给一些物品命名是为了展示、提供或是给予，其中并没有发现单纯为了吸引注意力而给物品命名的行为。尽管猿类可以谈及刚刚发生或是马上要发生的事情，但是它们没有能力通过时态或者符号来表达时间转移——也就是说，我们无法与它们一同感怀往事，也不能讨论遥远的未来。不管我们多么期望它们可以问出一些重大问题，它们都不会提及自己从哪里来，是什么，去哪里这样的题目。

在我们做出了各种努力之后，至少据报道它们对于一些哲学问题给出了少量令人好奇也似乎是深思熟虑的回答。举一个例子，据说大猩猩可可在被询问“你是谁？”的时候给出了以下五个答案：

1. 我　大猩猩　乳头　挠痒
2. 礼貌—可可　可可　坚果　坚果　礼貌
3. 可可　礼貌　我　渴
4. 礼貌　我　渴　感觉　可可　爱
5. 可可　礼貌　对不起　好　皱眉

这些回复都至少包含一次自己的正确名字——可可，甚至还出现了"我"和"大猩猩"。这是非常有趣的，尤其是想到猿类有能力识别镜子中的自己。然而这个例子同时也显示了语法的完全缺失，这一点也正是支持精简解释的学者所强调的。在它们的表达中没有任何短语或是嵌套结构，没有证据表明开放式衍生结构的存在，而这正是人类语言的典型特征。尽管训练者使用了语法，但是这些动物并没有学会。① 所以乔姆斯基和他的同事们提出递归语法是人类特有的，也许是正确的。

这一结论也面临诸多的挑战。倭黑猩猩坎兹能够使用两个或三个单词组合，这些组合遵守简单的规则，比如动词放在名词前面。然而，它最常用的三词句子都是类似的请求（最常用的前五名是：追人人，人拍人，人人拍，人追人，人抓人）。它显然可以理解相当复杂的英语动词指令。比如，它可以执行不常见的请求如"把钥匙放在冰箱里"。坎兹的理解力优于它的表达力，比较心理学家兼训练师苏・萨维奇-鲁姆博夫把它的能力比作两岁半的儿童——真是令人印象深刻的表现。坎兹可能是在语言方面能力最强的非人类动物。

然而语言学家们继续争论称就连这些猿类的表现中也没有人类语言的印记。其中史蒂文・平克坚持认为它们"就是理解不了"。它们中没有一只，哪怕是坎兹，表现出令人信服的体现递归的证据，也没有任何递归造成的句子衍生。它们没有使用任何语法上非常重要的准则，比如词型转换和时态，所以它们的陈述句和问句是一

---

① 研究者发现绢毛猴能够学会一些非递归的声音序列但是无法学会递归序列。随后研究者使用这个测试得出结论称八哥可以学会递归准则。但是这个测试受到了迈克尔・柯博利的批评，因为这个测试可以通过非递归的方式解决。在这个案例中，扫兴解释在与浪漫主义的争辩中占了上风。

样的。就算不考虑语法,它们也没有任何表现证明能够理解符号交流系统的真正逻辑。它们不会有规律地教对方,为别人或别的动物提出什么事物,也不会询问一些物品的名称。如果它们理解对话的原则,那我们应该会看到它们想要学会更多有用的单词。它们的这些能力局限在教它们数数的重要研究中也表现明显。举一个例子,萨莉·博伊森教会了她的黑猩猩把阿拉伯数字从一数到十。它们学习每一个数字都需要一样长的时间。最重要的是,它们没有掌握递归原则,而正是递归原则让人类通过重新组合这些数字来表达几乎所有数量。它们的交流在实用性方面也存在着局限,我会在下一章讲述相关内容。我们还在等待,等待一只动物可以说出它们对于自己身份的感受;告诉我们它们对于生活的看法;告诉我们它们的政治和哲学;或者仅仅向我们讲述一个简单的小故事(给出学术报告的要求暂时先放在一边吧)。

总结来讲,语言中确实有一些特征看起来是人类独有的。根据目前的证据来看,不管在动物的自发交流系统中,还是在我们试图教会它们人类语言系统的过程中,我们都没有发现它们具有成熟的语言能力。动物们确实有自己的交流系统,也会形成概念。它们可以学会人类的任意符号,有些还领会这个符号可以指示物品或事件的基本属性。有些物种,如鹦鹉,可以发出语音,不过它们中绝大部分没有处理多任务的能力,也无法通过自发控制面部和声道来建立语言对话。然而,感官技能也许不会造成不可逾越的障碍,因为语言功能还能通过许多其他方式进行表达。

就算在类人猿中似乎也缺失设法交换彼此想法的动机。我们尚未发现动物有能力发明任意符号或是用于有效组合的语法规则并就其达成共识。它们没有发展出能够与人类语言相比的开放的可衍生交流系统，它们也没有能力学习我们的这些系统。我们也逐渐开始认为人类并没有用来创造语言的先天通用语法，相反，我们是在文化生活中从一部分人那里继承了一个特定语种，那一部分人依靠更广泛的嵌入思维的能力创立了这些符号和规则，为的是基于实用目的来交换彼此的想法，那些想法中有关于过去和未来的内容，有关于别人的想法，有关于问题和机会，有关于合作和道德。如果没有这些复杂的心智内容，那么我们所拥有的开放式交流系统也就几乎一无是处了。要了解这些心智内容，那就让我们进入下一章吧。

第五章　时间旅行者

在众多区分人类和动物的因素中，先见之明是最重要的一项。

——伯特兰·罗素(Bertrand Russell)

想象一下有人终于发明出了时间机器。你想穿越到哪个时段呢？是去遥远的未来，还是回到过去目睹某个特殊事件？也许你是那种满意当下状况的人。先暂时把你的个人偏好放到一边，时间机器的想法在很长一段时间以来一直吸引着人们的好奇心——无穷无尽的可能性撩动着我们的幻想。唉，现代物理学已经表明时间旅行永远无法成真。我们只能在自己的大脑中进行时间旅行了。我们可以唤起过去的场景，也可以想象未来事件，甚至是完全虚构的内容(就比如想象造出时间机器的情节)。我的研究工作中有很大一部分围绕这一人类基本能力。那么就让我使用一些自己的回忆来开始吧。

当我还是小孩的时候,就已经对一个最讨人厌的领悟妥协了:事实就是,有一天,我会死去。我躺在床上,盯着天花板,试图想象"不再存在"的感觉是什么样的。我以为自己可以想得通,因为这个状态听起来好像和无梦的睡眠差不多。但是,我无法参透"不再存在"这一想法——不再醒来,永远消失。到现在这个想法也让我感到胃部不适,我很能理解为什么有人会从来世的概念中寻找慰藉。我觉得自己在当时就已经意识到这一困境感受完全由于我们具有把自己投射到未来的能力。我不确定当时的自己是否认为这是人类特有的难题,但这确实是我的研究中的一个重要问题。

当我在德国读心理学本科一年级时,我们读了一本诺伯特·比朔夫(Norbert Bischof)所著的有关回避乱伦的天性的书,他师从康拉德·洛伦兹(Konrad Lorenz)。在书的最后几页作者说出了他的主张,他认为只有人类拥有"时间表征"(time representation)。这一见解在我内心形成了共鸣,我开始研究这一观点引发的问题。人类能够超越此时此地进行思考的能力的本质是什么?儿童是如何发展这一能力的?动物的时间能力有哪些?它们难道不回味美好的旧时光吗?它们难道不憧憬未来的可能吗?后来我的生活发生了巨大变动,最终我搬到了新西兰,开始在我的硕士论文中讨论这些问题。

我终于在一个离岸海岛的浅滩找到了一个船屋安定下来,在奥克兰大学我遇到了一位优秀的导师——迈克尔·柯博利。他给了我一台老式笔记本电脑,我用一些轮流用太阳能板充电的汽车蓄电池给笔记本充电。当时的我有足够时间集中注意力——除了蚊子之外没有什么让我分心的事。有一天,我几乎要完成论文的时候,完美文书软件在保存文档的时候,电池电量突然耗尽了。我丢失了很多写作内容。柯博利安慰我说重新写一篇很可能会大大提高文章质量。我老老实实地重新写了一遍——又一次,我丢失了文档,这一次是在大学的电脑上。

从这些经历中我学会了备份文件的重要性,这要归功于我们有能力反思过去和计划未来(我现在这台电脑上用于备份的软件正好名为“时间机器”)。终于,我们最后把这篇论文作为专题著作完成了,其中我们提出了心理时间旅行不管是穿越到过去还是未来,涉及的是同一种能力。尚无令人信服的证据证明其他动物拥有这一能力。我们提出,这一能力的出现很可能是人类进化过程中的一个原动力。事实证明,心理时间旅行解释了人类大部分的奇怪特征,从独身主义到自杀行为,从各种各样的专长到贪婪的个性。

“只能回忆过去的记忆真是糟糕的记忆啊,”女王说。

——路易斯·卡罗尔(Lewis Carroll)

我们同时拥有几个不同的记忆体系。如果其中一个系统受到损伤,其他系统可能依然完好。举一个例子,英国音乐家克莱夫·韦尔林(Clive Wearing)所患的健忘症是由于单纯性疱疹病毒感染损坏了大脑海马区,你也许记得之前的章节提到过这个区域在心理映射中所起的作用。他保留了很多技能(比如弹钢琴),也了解这个世界的很多事实(比如钢琴是什么),但是他想不起自己经历过的任何具体的事件(比如他曾开过音乐会)。他知道自己已婚,但是想不起结婚这件具体的事情。这些记忆分离的情况让研究者普遍认为存在以下几个独立的记忆体系:记得如何做一件事情(程序记忆,procedural memory),记得事实(语义记忆,semantic memory),和记得事件(情景记忆,episodic memory)。

当我们平时说“记得”某事而不是“知道”某事时,情景记忆也许更接近我们想要表达的意思。心理学家恩德尔·托尔文(Endel Tulving)首次提出这一概念,并以此指代一个人对于过去经历的记忆。当你检索自己的情景记忆时,你的心理回到过去,重新经历过去某个场景中自己的感官、动作、情绪或是想法。你可能会因为过去的成功而再次感到狂喜,也可能因为当年的失败而再次哀悼。而克莱夫·韦尔林则声称自己持续从昏迷中醒来并且不断首次看到和经历各种事物——然后他再次忘掉全部,接着重新苏醒。[①] 失去了情景记忆,他被困在了时间泡泡中。

尽管你可能十分珍视自己的情景记忆,但是我们仍不明确这一能力的最终功能是什么。乍一想,你也许认为这个能力就是为了向我们提供过去的可靠记录。的确,过去 150 年对于记忆的研究几乎全部集中在影响记忆力准确度的因素上。然而,各项结果表明,人类的情景记忆系统并不是非常全面和可靠。也许这让人松了一口气——至少让我对自己那明显的记忆缺陷感到稍稍宽心。我们常常困扰于一些简单的尝试。试着回想三年前你的生日当天发生了

---

① 在一部引人入胜的纪录片中,有人向克莱夫播放了当天早些时候录的视频,视频中可以看到他在指挥一个合唱团。他认出了视频中的自己,但是又拒绝承认那就是自己。相反地,他同往常一样坚持自己刚从昏迷中苏醒过来。人们通过视频向他展示之前的样子,对他来说并没有什么用。托尔文认为检索情景记忆的过程中涉及特别的“自知”意识,这与语义记忆中的“已知”意识和程序记忆中的“未知”意识形成了对比。

什么——接着再试着回想那天之前两天的午饭时发生了什么。我们对于事件的记忆不像录影带,我们不能轻松地点击后退键然后再按下播放键。事实上,我们忘记了大部分事件。想想你在学校时坐在椅子上的那些时光吧,你可能记得你的同学们,老师们,还有一些特别的互动,但是对于主要部分,我们却记不得了。我猜想你很难记起任何一天中发生的所有事件,或者说某一小时中发生的所有细节。

当然,我们也有能力把某些事件巨细无遗地记录在回忆中。也许得知纽约“9・11”袭击的那一瞬间还栩栩如生地存在于你的脑海中。不过还是要先暂停一下听我解释。研究表明我们记得非常清楚的事情有可能是错误的。这自然会带来一些严重的问题,尤其当记忆是唯一的证据时——这在法庭上十分常见。詹妮弗・汤普森(Jennifer Thompson)记得罗纳德・考顿(Ronald Cotton)在 1984 用尖刀威逼并强奸了她。她的指认导致后者在 1986 年被定罪,考顿在监狱服刑 11 年后被证明是清白的。在 DNA 测试之后,鲍比・普尔(Bobby Poole)承认是自己当年强奸了汤普森,但当初他在法庭上出现的时候,受害者并没有认出他。汤普森的记忆出了错。我们在审核证人证词上花费大量的精力,但是结果仍不完全可靠。有关关键细节的错误信息——不管是一个停止标示还是某人的胡须——常常扰乱我们的记忆。人们所信任的记忆会受到随后信息的影响。其他证人、警察或律师的建议可能融合到目击证人的证词中。盲目信任某人记忆的准确度,有时会影响我们判断证词中的错误和正确信息。就算你十分确定某件事情,你还是有可能记错。

回忆各种情景是一个重建过程,我们取出一些储存要点,接着把它们扩展，然后重建出过去的场景。[①] 在这个过程中，我们可能通过修饰细节来编造出更好的故事，或是调整重建过程来让最后的结果符合当时的普遍观点。重复回想和讲述会造成更多的情节歪曲。所以我们借助一些外部的存储系统来弥补可能的错误记忆，这些方式包括写日记、拍照片、画画、写书、和闪存盘，因为我们明白自己对于过去事件的记忆并不完全可靠。

那么如此充满漏洞的系统是如何进化出来的呢？记忆研究者可以使用视频记录进行检索，自然选择则无法回到过去检验你的记忆是否和最初的事件保持一致。如果一个错误的记忆或是有偏差的记忆能够提高身体素质（包括存活和繁殖基因的能力），那么不管该记忆系统多么不准确，它在进化过程中都有着被选择的优势。举一个例子，当你在回想自己的过去时，你记起的更多是自己好的行为，而不是坏的行为，但是在回忆别人的行为的时候，这种偏差则不明显。这种偏袒会造成对过去反思的纰漏，但是假设这样可以提高吸引配偶的几率，那么这些有着歪曲回忆的个体可能平均来看会有更多后代，而那些有着精确回忆的个体的后代可能相对较少。就这样，存在偏差的记忆能力就会遗传下去。进化关注的只是记忆如何影响个体身体状况，而不会在意记忆在回想过去时的准确度。

这样说来，精准的预测比准确的回忆更重要。的确，所有的记忆体系先天都是具有未来导向的，而不是像我们以为的那样指向过去。我们来看看伊凡·巴甫洛夫（Ivan Pavlov）最早描述的一个简

---

① 有时人们储存的不只是一些要点。图像化的记忆或者异常清晰的记忆（eidetic memory）说明我们能够重新感知过去的事件，并通过这样的方式来保持和那个事件的联系。拥有异常清晰记忆的人们（eidetikers）并不是使用这样的方法记住所有事件，但是他们可以使用一分钟来仔细浏览一张图片，然后就能充满细节地重现这张图片。其他令人震惊的记忆特技，比如快速记住表格、数字和名字，通常是仔细准备和精心钻研的记忆技巧的结果。

单记忆系统吧。他发现狗能够学会把铃声和喂食联系在一起。狗在训练后一听到铃声就开始流口水,虽然食物并未拿来。尽管人们通常会认为这是记忆,但那只狗并不是为过去食物的记忆而流口水,它是在期待食物的到来,并为其做准备。铃声让那只狗预测出食物马上会出现。类似地,记住事实的记忆系统一定也是为了导向未来而进化。比如,记住自己的藏身之处是和身体健康紧密相关的。一头记得自己藏身之处的疣猪比一头不记得的同类更有机会躲过狮子的猎杀。记忆的有用之处在于它对你的此刻和未来产生的影响。那么情景记忆是怎么回事呢?记住过去事件的主要好处也许是能够帮助我们想象未来事件。

也许红桃女王是正确的。只能回忆过去的记忆不是好的记忆。我们穿越到过去和跨越到未来的心理时间旅行能力是不是一个硬币的两面呢?失忆症患者,如克莱夫·韦尔林,失去了情景记忆,同时这些患者对于想象未来事件也感到十分困难;当问到他们明天准备做什么的时候他们会觉得大脑一片空白。我们已经发现幼年儿童回答有关未来问题的能力和他们报告前一天做了什么的能力是直接相关的。在内省方面,它们有着一些相似之处。举一个例子,对于现在较远的事件——不管是过去还是未来——我们都知道更少的细节。年长的我们对于过去和未来事件都只能讲出更少的细节。自杀型抑郁症患者和精神分裂患者对于回忆过去事件的细节感到吃力,想象未来对他们来说同样困难。大脑成像研究发现,当志愿者分别被要求回忆过去和想象未来时,大脑的相同区域(包括海马区、额叶前部区域、顶部和颞叶皮层)做出了反应。尽管回忆过去和畅想未来之间存在着一些重要的区别——毕竟,前者已经发生,而后者还未发生——但最近几年研究者记录下了两者的许多共同点。目前已经有大量证据支持我们的推论，那就是，情景记忆和情景预测在心智和大脑中有着基础关联。[①]

我们的情景记忆并不局限于回忆过去。让它导向前方的一个简单办法就是用它来投射未来。毕竟，通常来讲未来行为的最好预测者就是过去的行为。上一次你试图抢走自己的狗正在啃的骨头，它当时的反应指明了未来你再这么做的时候会面临怎样的场景。

不过，你能做的不只是预言再次发生的事件。你也可以想象过去从未经历过的情景。举一个例子，你可以在心中模拟如何分散那只狗的注意力，然后再去拿它的骨头。你可以想象几乎无穷多的未来场景。考虑多个方法，然后选择最可行的那条路——没有人喜欢被狗咬。你不必在现实生活中尝试所有可能性并承担所有后果。我们可以在心中测试大部分的情况，然后估计各种情况的可能性或是愉悦度。比如，虽然你之前没有尝过辣芥末和香草冰淇淋拌在一起的混合物，但是我想你应该可以想象那是什么味道。要想象新的事件，你需要一个可以把过去的信息转换成新场景的开放系统。如果这就是进化出心理时间旅行能力的目的，那么代价就是我们有时会富有创造力地重新组合过去事件——这就解释了为什么情景记忆有时会出错。

莎士比亚曾写下："世界是一个舞台。"这个比喻也适用于我们的精神世界。剧院演出需要一些特定的角色，我们的心理场景也是如此。想象一下你要为一个集会或者婚礼准备发言。要想在脑中构建这样一个场景，你需要脱离当下的情景，想象那个场景（舞台）。

---

① 《科学》（*Science*）杂志把这些新的证据定义为2007年十大重要科学突破之一。

你需要对于自己(演员)有所想法,也许你要考虑自己在这样的情况下的强项和弱点。你也许还需要考虑听众(其他演员)都是什么人,他们的期望会是什么。你想象出的细节也许会让自己感到自信或紧张。你可能想象出某个情境下的具体画面,比如地点(布景)和可能出现的问题。比如,是否需要扩音?是否需要一个讲台?

现在开始想象你具体要讲的内容。应该正式地开场还是先讲个笑话呢?也许你需要考虑不同的开场方式。你要准备不同的讲稿(剧本),这样你就能探索各种可能性。你(导演)可能选择在脑中排练不同的版本,并且比较每个版本的吸引力。

想象出的场景也可以调动出类似真实场景中的情绪,我们还可以评估这个情绪是否符合期望。制造和比较这些想象场景需要我们拥有嵌入思考的能力,在之前的章节中我提到过这是人类语言的独有特征。你需要反思自己的想法。为了提高演讲质量而进行的大量情景假设也许会让你推迟其他活动。你(执行制作人)需要在某个时间点停止这些心理模拟并做出一个执行决定,然后把计划变为行动。

当然这不是说你的脑中有着一个小型剧院(或者说你的心智被许多小侏儒主宰)。剧院比喻只是为了强调情景预测需要哪些能力配合来完成。成功地进行场景模拟需要你具有想象的能力和思考此时此地以外的事物的能力。同时你也需要拥有了解自己和他人的能力;具有关于物质世界如何运作的知识;允许自己把想象出的演员、情节和物体组合成新场景的创造力;在脑中排练和审视不同方案的能力;忽略当下欲望追求更远回报的能力。心理时间旅行是复杂的,是资源密集的,也是容易出错的。但这是了解人类心智如何征服世界的关键。

心理时间旅行解锁了人类在其他方面的可能性。我们可以孕育计划和做出决定，从而大幅提高我们在未来存活和繁殖的机会。通过预测未来事件，我们可以抓住眼前的机会，也可以采取行动避免可能发生的灾难。我们能够在做一件事情之前想象它的后果——也可以指责不这么做的人。我们可以通过新的方式从过去的经历中受益。我们可以在脑海中重新回味过去的事件，通过反思得出新的结论。一位家族朋友的多次突然来访肯定会被你记住，但如果你随后发现这个人和你的配偶有染，那么你会重新解读这些记忆。记忆回放帮助我们为未来学习新的课程。在上述例子中，你也许会对不忠的早期迹象变得更加敏感。

心理时间旅行从根本上提高了我们未雨绸缪的能力。就算预测到了预测未来的难度，这还是可以帮助我们为一些可能性早做准备。想象你口袋里或者包里放着的东西吧。你为什么要带着钥匙、钱、卡、避孕套、化妆品或是其他里面放着的东西？你这么做的主要原因是因为这些东西在未来可能有用。很少有人置疑这是人类生存的典型重要策略，正是这些策略让我们哪怕在曾经荒芜的地方也能繁衍生息。拿奥茨（Ötzi）来说吧，他是二十多年前在阿尔卑斯山发现的一位5000年前的冰人。他身上带着许多物品（比如一把斧子、一把匕首、打火石工具、一套弓和箭、药用蘑菇和一套点火装置），这些物品让他为许多可能性做好了准备。结果，这些物品并没能帮助他避开击中自己背部的箭，但带着这些工具跨越阿尔卑斯山确实可以提高在危险旅途中的存活概率。

人类对未来的预测为许多日常行为提供指导，从计划下个周末的烧烤派对到追求长期事业目标。因为我们可以考虑不同的未来路径和对应的结果，所以我们会享受（也许是想象出的）自由意志的感觉。人们可以选择追求完全不同的技能、知识和能力。我们会参与经过深思熟虑的实践，也会通过学习来提高未来的自己。你也许不认为自己是一个专家，但很有可能你已经成为了诸多领域的专家——可能是在工作方面，玩填字游戏方面，运动方面，家政方面，音乐方面，做媒方面，或者是火箭科学方面。人们有着不同的内在天赋，也从不同的活动中获得不同的乐趣，但人类能力的多样性取决于我们有潜力决定把时间花在做什么上面，决定我们想要擅长做什么，决定我们想要完成什么目标。当然，我们的自由度因不同的时间和情况而存在巨大差异，但是这些潜力存在于每一个人身上。

在有些情况下，我们甚至可以只通过在脑中练习就能提高某项能力。作为一名足球运动员，我总是喜欢倒钩球，但是想到可能会伤到自己，我最好先在脑中练习。很容易你就可以预想到在水泥地上练习可不是什么好主意。人们可以通过重复的脑中排练来提高移动身体、制作音乐、解决问题和应对通常状况的能力。不管是在脑中还是实际场景中的练习，都有益于提高我们的各种技能。

对于未来和过去的担忧程度也因人而异。一些心理学家现在把这认为是一个区分不同人格的重要可变因素。不过我们都会思考未来。有时我们想得太多以至于忘记了注意当下。就像约翰·列侬(John Lennon)唱的："生活就是你在忙着计划别的事情时发生在你身上的事。"

神经学家认为心理时间旅行是我们的默认模式。被研究对象的大脑成像分析表明人们在休息的时候，大脑中的活跃区域正是有关思考过去和未来事件的部分。我们似乎需要竭尽全力，比如通过专注的冥想禅修，才能让自己的注意力集中在当下。我们总是憧憬那不用充满压力做着自己不愿做的事的未来。想到在海边度假的时候，不用再去费心计划什么是最诱人的部分——不过就算那个时候，你还是有可能开心地计划在游泳之后喝上几杯，或是为明天晚上的演出买票。心理时间旅行是一个普遍存在的人类心理状态。

人类一些最奇怪的行为（或者至少其中一部分）只能使用心理时间旅行来解释。它能阐明一些明显的生物学悖论，比如独身，因为这些人期盼来生获得更多奖励；或是自杀，因为这些人的未来展望让他们感到绝望。这也解释了我们为什么要获取远超过目前所需的大量物资，因为我们热衷于不仅保障目前的需要，还要满足想象出的未来的需求。一群吃饱的狮子不会威胁到附近的水牛，但是一帮吃饱的人却可能会猎杀这些水牛。我们时不时表现出的令人毛骨悚然的贪婪可能来源于此。积极的一面是，人类对于梦想的坚定追求是人类精神力量最卓越的代表。不只是马丁·路德·金（Martin Luther King）有梦想，我们都在用自己的方式追求着不同版本的未来。想要解释人类的行为，我们需要考虑自己的心智——充满期待和计划、希望和恐惧的内心。

就算是平常的行为，比如上班，也反映了我们复杂的目标和管理未来的尝试。这些行为涉及长期计划和眼前诱惑的抗争，我们必须学习新的方法来控制动机。举一个例子，想要玩耍、吃东西、做爱的欲望不会阻止我完成写完这个段落的目标，因为我认为集中注意力写作并完成工作带来的长期幸福感更为重要——至少再多坚持一会儿吧。你可能会在心里讨价还价，想要通过满足一些简单愿望来鼓励自己取得更多进步。我的情况就是，今天晚上我给自己奖励了一杯上好的比利时啤酒。成交！这个管理或是干扰自己动机系统的能力赋予了我们极高的行为灵活度。不幸的是，它也为我们带来了巨大压力。我们甚至会为了此刻根本无法控制的事而担惊受怕。更糟的是，我们通常只是杞人忧天。

我们并没有千里眼。未来经常和我们预料的大相径庭。每年的达尔文奖[1]获奖者中有许多例子告诉我们那些起初看似很棒的主意最终却被证明是惊人的误算。2010 年的获奖者是一位靠轮椅代步的男子，他错过了一班电梯，眼睁睁看着电梯门在他面前关上，我们永远无法知道他决定不耐烦地用轮椅撞击电梯门的时候到底在期待着什么，最终门被他撞开，他跌进了电梯井活活摔死。相比之下，我们大部分的预测失误只会带来较小的错误，通常只是导致一些不便利或者尴尬。剧场比喻中的任何一个要素出现了问题，你都可能无法有效想象未来。舞台：你可能无法从当下分离出来去想象未来——就像那个坐轮椅的男子。演员：你会错误计算别人的感受和举动——恶作剧带来的不和谐的情节。布景：你可能错误估计物理关系——比如你以为那艘船可以载更多货物。剧本：你可能无法生成相关的场景——之后你只能承认漏掉了这个或那个要素。导演：你为未来发生的事没有进行足够的练习——导致你看起来很明显没有准备好。制作人：你可能最终选择了错误的计划——唉！我们努力做出的预测总是能以各种方式让我们失望。

不过，我们已经通过一个精妙有效的技巧大大提高了预测的准确度。这个技巧就是同其他人分享计划和预测。我们可以把自己内心的排练和反思告知周围的观众，然后再反过来考虑他们的反馈。要准备一场演讲，更有用的做法是，不仅仅在自己心中排练，也

---

① 达尔文奖(Darwin Awards)设立于 1994 年，旨在纪念那些因为极其愚蠢的决定而终结自己生命或失去繁殖力的人们，以表彰他们把自己的基因从人类的遗传长河中清除出去。——译者注

应该在朋友面前排练。我们可以从他人的记忆和预测中学到东西，聆听他们给予我们的评论。我们本就有着根深蒂固的驱动力促使我们把想法说出去，并且尝试了解别人的想法——这就剧透了下一章的内容。而且我们有着格外有效的通过语言交换想法的方式——这是上一章我们提到的内容。语言是用于这样的心智交换的理想工具，人们对话的许多内容都有关过去（谁对谁做了什么，接下来发生了什么）和未来（什么事会发生在某人身上，我们对那件事该做什么）。通过交换我们的经历、计划和建议，我们大幅提高了精确预测的能力。在《撞上幸福》（*Stumbling on Happiness*）一书中，心理学家丹·吉尔伯特（Dan Gilbert）讨论了预测会带来的错误和偏差，他认为预测各种情况的最可靠的方法就是询问经历过类似状况的人。确实，人类历史的大部分时候，我们做出判断的根据，总是来自先民的事迹。

需要说明的是，我们甚至可以不通过语言来分享心中的场景，我们可以借用哑语、舞蹈和表演等形式。当然用这些方式进行表达存在一定的局限，但至少可以由此开始。我们越是依赖心理时间旅行来存活，我们就越能从更灵活更开放的联结心智的语言系统中受益。就像之前提到的，新想法的演变很可能领先于表达这些新想法的方式的演变。

就算是我们的年幼后代也有着读懂别人想法的强烈动力，我们受到这些动力的影响不得不把自己学会的东西教给下一代。一个婴儿刚刚开始自己的人生之旅，几乎一切都是新的。年幼儿童总是贪婪地聆听大人讲述的故事，他们喜欢通过扮演来重现故事中的剧情，一遍又一遍，直到可以把所有细节都完整复述。不管是真实还是幻想的故事，教会我们的都不只是具体的情况，它们教会我们如何有效描述事物。家长如何向孩子们讲述过去和未来的事件会影响到孩子们的记忆和对未来的推理：家长的描述越细致，孩子的认知也就越详尽。

最早约从两岁起，孩子们就开始讨论过去和未来事件了。但是想要了解时间这个概念是需要时间的——家长应该都能理解向孩子们解释待会儿才能得到某样东西时是多么困难。我有两个孩子，一个一岁，一个三岁，如果被流放到孤岛上，他们只依靠自己的计划是无法存活下来的。我们做家长的为他们打包午饭，取外套，准备周末活动。成年人有着足够的经验可以借用。然而，我们最早的记忆通常只能追溯到三岁。弗洛伊德把这种早期记忆的丧失叫做幼儿期失忆(infantile amnesia)，他认为我们压抑了早期性心理发展过程中的痛苦记忆——对于成年人的心理感受来说，那些和尿布或是母乳喂养有关的令人尴尬的事情不会让人感到愉悦。最新的证据表明这更多与记忆和心理时间旅行的认知要素的成熟度有关，同时也与从他们那里获得的社会指导有关。

不过，就连婴儿也有一些记忆和预测未来的能力。出生几周后他们就学会了用脚踢悬挂着的玩具，然后在新的场景下他们也会这么做(程序记忆)。几个月后他们可以模仿一些行为，比如用3个零件组装出一个摇铃器，并且使用这个知识(语义记忆)把其他类似物品组装成摇铃器。然而几乎没有迹象表明婴儿有能力明确地回想过去的特定场景(情景记忆)，更不要说为了遥远未来策划一件什么事了。尽管孩子们从两岁时开始谈论过去和未来事件，但一开始他们在理解方面似乎面临着一些基础难题。当3岁的小孩学会了新的知识，比如一个颜色的说法，他们会坚持声称自己之前就认识这个颜色，哪怕这是当天他们才刚刚学会的单词。在一次研究中，我们向孩子们讲述关于两个人的故事，一个人昨天取得了一个新物品，另一个人会在明天取得同样的物品。当我们问孩子们哪个人现在就拥有那件物品时，甚至有些4岁的小孩也对回答这个问题感到困难。

图示5.1 我的孩子们，蒂姆（三岁半）和妮娜（一岁半），在新西兰北岛。

在较少涉及语言的研究中，我们发现儿童至少在4岁时能够记住他们仅经历过一次的难题，然后以明智的方式应对未来再次发生的类似情况。我们在一个房间里为孩子们呈现了一道令他们好奇的谜题，然后带他们到另一个房间里，他们可以从第二个房间中选择一些物品中带回到有谜题的房间去。3岁大的孩子们随机选择物品，但是4岁大的孩子会选择那些可以帮助他们解决谜题的物品。在没有任何提示的情况下，他们明白哪些物品能够在未来成为有效的工具用来解决记忆中的难题。[①]

4岁时的他们基本可以对较远的未来进行思考。完成这项测

① 当问题和可选答案同时呈现的时候，两个年龄组的测试对象都能完成任务。在后续试验中，在儿童选择解决方案之后需要等待五分钟才能实施方案。再一次地，约4岁的小孩才能够完成任务。

试的当天，蒂莫坐在我的旁边，一只手放在我的腿上对我说："爸爸，我不想让你死。"我吞了一下口水，说，"我也不想。"他接着解释说："我长大之后，会有孩子，你会变成爷爷，然后你就会死了。"显然他已经开始思索心理时间旅行带领我们面对的存在问题了。

据研究这个年龄的儿童也有能力把过去和未来事件恰当地在空间时间线上铺陈开来，就像是在一幅画上代表未来的公路向远处延伸消失。心理学家威廉·费里德曼（William Friedman）描述了儿童如何逐渐提高判断过去和未来事件在时间线上的位置的能力，比如上个元旦和他们的上个生日哪个距离现在更近。儿童需要花上几年的时间才能学会和文化相关的时间概念，比如天、月、年等这些可以让我们更精确地交流事件的共享时间框架。

时间概念、计时器和日历的发明都是为了帮助我们进行定位和计划。它们让我们能够更精确地调整我们的活动。我们追求复杂的共同目标，根据能力把所需劳力进行细分。我们可以就计划达成共识，回顾进步，根据需要进行灵活调整。可预见的是，我们很多雄心勃勃的努力并不一定能够取得成效——想想前苏联为整个共产主义经济制定的详尽五年计划吧。（然而也正是合作计划让前苏联把第一个人类送向了太空。）

人类不断地计划以便更好地掌控未来。今天，许多人的意识已经苏醒，大家明白了我们的行为产生了大量的污染，也极大地减少了生物多样性。让我们期待这个觉醒引起的努力能够阻止这些趋势吧！近期挪威展示出了惊人的远见，他们建立了一个"世界末日"种子银行，为未来的人类后代保存了世界上所有已知的农作物种子。对未来的计划走向了全球化。看起来我们可以大胆地说心理时间旅行是意义重大的人类特质，没了这一特质我们可能无法改变地球的样貌——更不用说控制地球上的许多其他居民。

穿越到未来的心智旅行对人类来说至关重要的观点不完全是新的。在希腊神话中，普罗米修斯(Prometheus)从天上为人类偷来火种，把神的力量赋予了凡人。普罗米修斯这个名字的字面意思就是“远见”。在有些版本的神话中，普罗米修斯不仅带来了火种，还教会了人们文明的艺术，比如写作、数学、农业、医学和科学。远见赋予了我们未曾预料的力量。

时间是什么？让狗和猿猴们去想吧！人类得永生！

——罗伯特·勃朗宁(Robert Browning)

动物们没有驯化野火，也没有掌握文明艺术。尚没有明显的证据表明动物们曾就五年计划达成过共识。虽然儿童电影中出现一些动物角色能够侦破案件，或者阻挠坏人的邪恶诡计，但是灵犬莱西(Lassie)，海豚飞宝(Flipper)和小猪巴比(Babe)在现实生活中并没有完全对应的原型。他们的行为是经过训练员精心调整训练的产物，训练员使用当场提供奖励的方法来让动物扮演成好像懂得剧情的样子。在农场上和动物园里，没有发生过真实动物密谋控制局面的情况。没有证据表明动物能够制造袋子来装上各种工具以备不时之需。它们不会选择职业道路，它们看起来也不会为了期盼的事件而进行准备练习。[①] 它们没有展示出和人类相似的多样化能

① 哺乳动物中的青少年个体常常进行的一些玩耍行为也许有着练习准备的作用。举一个例子，它们练习的一些动作之后也许可以帮助它们打猎或是搏斗。这种行为是具有普遍性的，而且局限在少数几项能力。因此这似乎是一种本能行为倾向，而非个体动物为了某个期待的未来特定事件而进行的训练。

力。但我们不能仅仅因为它们和我们的行为不一样，就认为它们不会思考过去和未来事件。

动物绝不是对事件的时间完全不敏感。有证据表明有些动物可以察觉一天中的某个时间（有些狗会为邮递员的到来做好准备），而且可以意识到短的时间间隔（如果你每半个小时喂一次狗，那么下一次喂食之前它就会流口水了）。然而，就像心理学家威廉·罗伯茨（William Roberts）所说的那样，这些能力可以通过基础机制获得，比如与身体自然循环状态的联系，而与心理时间旅行关系不大。

我们的情景记忆的最直接证据来自于人们的口头报告。就像之前提到过的，有些猿类被训练使用人类的符号系统进行交流，但它们到目前仍未掌握时态的用法，也不能讲述关于过去或是未来的故事。不过，这些研究项目也为我们提供了一些有关语义知识的有力证据。毕竟，这些动物学会了哪些符号对应哪些物品或动作。黑猩猩潘兹（Panzee）曾使用符号板来告知人们什么食物藏在她的栖息地外面，而且指示一个人去帮她取来那些食物。这表明她知道食物藏在哪里，但不一定说明她记得那个藏匿行为。你可以知道一些事情，但是不一定知道自己是怎么知道这件事情的。比如，你也许知道乞力马扎罗山是非洲最高的山，但是很可能想不起来自己是在什么场合下学到了这条知识——除非你是刚刚读到我写的内容才知道了这一点。

尽管我们大可总结说动物具有程序记忆和语义记忆系统，但是并没有明显的证据表明它们具有情景记忆。老鼠似乎可以使用大脑海马区来描绘有关周围环境的认知地图。大部分物种，甚至昆虫，都展示了复杂的导航技能。但是它们会在心中重新构建那些可以充实知识库的特别事件吗？它们会追忆似水流年吗？

近期,研究者们开始提出有关动物拥有类似情景记忆的论点。心理学家尼古拉·克莱顿(Nicola Clayton),安东尼·迪金森(Anthony Dickinson)和他们的剑桥同事们取得了一些有趣的研究成果,他们称这些结果可能会反映动物们的心理时间旅行。灌丛鸦(scrub jays)会为了之后享用食物而把它们先储藏起来。关于它们藏匿和再次获取食物能力的试验表明了这些鸟类知道什么东西在什么时候被藏在哪里。举一个例子,对于储藏易腐坏的虫子和能够较长时间保持新鲜的花生,它们会根据储藏时间采取不同的策略。它们不会寻找很久之前藏下的虫子,因为虫子很可能已经腐烂了。灌丛鸦甚至在没有任何线索时,比如气味的指引,也能展示出这种寻找策略。研究者得出结论称,这些鸟类拥有过去储存这些食物时的记忆。他们把这称作类情景记忆(episodic-like memory),因为我们仍需探讨这些鸟类是否对过去具有意识。

这个研究引发了头条报道和激烈辩论,并激发了大量对其他动物进行的类似研究。尽管有些物种没能通过测试,但是也有一些物种,比如大鼠、小鼠和黑猩猩都通过了。这些成功通过测试的物种也具有所谓类情景记忆的能力。但是类情景记忆和情景记忆的类似度到底有多高呢?尽管这两个专用词有着谨慎的命名,但是使用"什么—哪里—何时"的方法的浪漫主义支持者认为,如果一个生物走路和鸭子一样,叫声也和鸭子一样,那么很可能它就是一只鸭子。换句话说,这些通过测试的物种很可能有能力在大脑中穿越到过去场景。但这究竟是简单如辨认鸭子,还是最后才发现只是竹篮打水一场空呢?

我曾经提出过类情景记忆的证据既不是心理时间旅行的必要条件也不是充分条件。你可能知道一些发生过的事情,但是完全不记得那件事情的发生过程。比如,我知道 1967 年 11 月 24 日在德国弗雷登发生了什么。我出生了。然而,我完全没有关于这件事的记忆。相反地,也许你回想起了一个具体的场景,但是对于那件事具体是什么时间发生在什么地方,你可能会给出错误的答案。回想那段情景记忆(如果你可以的话)是非常不靠谱的。也就是说,虽然有证据表明动物可以利用关于某事在何时何地发生的精确信息,但这不能说明它们可以在脑中进行时间旅行。

那么,该如何解释灌丛鸦取回食物的聪明举动呢?我认为很有可能也合乎情理的解释是,灌丛鸦不需要记住具体的藏匿场景来明白什么食物藏在哪里以及它们是否可以食用。下面我使用一种简单的解释。随着时间的推移,记忆会模糊。灌丛鸦可能学会了根据关于一个食物地点的记忆强弱,来判断该食物是否还适合食用,并以此决定是否值得去取回这个食物。它们可以依照这个简单的准则:如果关于埋藏昆虫地点的记忆在某个时间段之后开始变弱,那么就不值得再去取回昆虫了。对于坚果,它们的准则是,就算记忆变得弱很多,它们仍然值得去取回。这些准则能为不同的储藏食物提供保质期(它们并不需要有意识地回忆储藏食物时的情景)。

如果这个"什么—哪里—何时"的方法不能证明情景记忆的存在,而动物又确实拥有情景记忆的话,我们该通过怎样的方法进行证实呢?因为没有语言功能,所以它们没有办法告诉我们它们的心理时间旅行。我们知道,人类也可以通过哑剧和跳舞来表现过去的事件。然而,还没有迹象表明动物们有这样的行为。如果在进化过程中动物产生了情景记忆,那么这个能力一定对于存活和繁殖有过贡献。进化从来不会根据什么个人偏好选择特征,所有选择都是基于具体实在的成效。考虑到有证据表明情景记忆和预见未来之间存在联系，以及预见未来有利于个体的健康和存活，我们可以推测那些具有心理时间旅行的动物应该可以谨慎地控制自己的未来。它们应该能够酝酿计划，并策划出更加愉悦的未来。

长期计划……是这个星球上一样全新的东西，几乎像是外星来的。它只存在于人类的大脑中。未来是进化过程中的新产物。

——理查德·道金斯(Richard Dawkins)

理查德·道金斯同意人类思考未来这一能力是独特的。动物王国中似乎没有类似人类长期计划的概念。不过，也有很多物种能够通过一些行为来改善未来：它们为繁殖后代而造窝，在合适的时间迁徙到更暖的地方，它们寻找之后可能需要的食物。学习交配、觅食和狩猎时的循环行为对于进化有着明显的利处。经过很长时间之后，许多物种学会了从有规律的循环行为中获利。这种情况下，甚至连细菌都表现出了未来导向的能力。此时此刻，你的消化道中的大肠杆菌正从富含乳糖的环境移动到富含麦芽糖的环境中——它们为此进化出了适合消化麦芽糖的基因。但这并不是说每一个单个细菌都能预测未来，并且做好准备在你的肠子里向前行进。这些细菌经过无数代的进化才形成了这个活动行程：那些类似准备基因被激活的大肠杆菌存活了下来，它们比没有激活这些基因的同类繁殖出更多后代。许多物种进化出的先天机制都是得益于长期规律行为。

这些先天行为看起来很聪明，但是当情况变化时，我们能就能更明显地看出这些动物缺乏对未来的预见。一个经典的例子就是掘土蜂。掘土蜂每次都要先检查巢穴，然后才把给幼虫准备的食物拖进巢中。如果这时有人恶作剧把它们的食物移开几厘米，那它们会重新把食物拉回来，然后再次重复之前的步骤，把食物放在巢穴入口，先检查巢穴。这个行为可以不停重复下去，掘土蜂不会改变自己的行为模式。尽管喂食幼虫看起来似乎是一个复杂的未来导向的行为，但是掘土蜂只是单纯地执行这个任务，对于幼虫的成长，它们并没有明确的意识。如果入口被破坏了，掘土蜂就不再喂食幼虫，而且它们会在幼虫身上踩来踩去疯狂地寻找巢穴入口。类似地，许多动物会为冬天储藏食物，但是这不代表它们明白为什么要这么做。举一个例子，年幼的松鼠就会储存坚果，就算它们从未经历过冬天。这些应对规律季节变换的行为方案只是类似于身体应对某一环境问题的自然调节——比如为了冬天储存脂肪。

先天机制是可靠的，但不够灵活。相反，记忆可以让每个个体，而不是整个物种，学习一生中所有可能重复出现的事件。你可以回想起的记忆，都是未来导向的，这些回忆让你可以适应环境。如果一个刺激能很可靠地预示未来的某个情景，就像巴甫洛夫喂狗前使用的铃声，动物就能够通过这个刺激学会利用这种联系。再举一个例子，鸽子可以学会在标示食物准备好的灯亮时通过啄一个按钮来获得食物。关联学习可以解释一些看起来非常复杂的行为，就像我们在“聪明的汉斯”的经历中所看到的。行为学家记录了主导这种学习方式的准则，他们的重要发现之一是，可以被联系起来的两件事情必须是同时发生或是几乎同时发生的。一个动作和其结果的联系能够被学会的前提通常是它们之间的间隔不能超过几秒钟。

然而，也有一些罕见的例外情况。也许最极端的例子就是老鼠可以学会把食物的味道和几个小时后的恶心感受联系起来。考虑到老鼠总是在急切地寻找食物来源,因此学会避免那些可能让它们感到不舒服的食物对它们的存活有着明显的意义。所以这看起来像是一个特殊能力。老鼠只能学会导致随后的身体不适的食物味道,它们无法识别有着同样预测关系的声音或者图像。但是直觉和学习的结合,可以帮助形成一些复杂精细的未来导向行为,其中有一些我们仍不能完全理解。比如,灰松鼠会把白橡树果(而不包括红橡树果)的胚芽咬掉,从而避免它们发芽,然后再把它们储藏,它们是如何学会这个行为的呢?虽然这些例子让我们感到非常好奇,但就像灌丛鸦藏匿食物的行为一样,这些未来导向的行为似乎只是局限于某种特定的难题,它们没有表现出和人类相似的开放度和灵活性。

不过,我们在第三章的内容中已经发现,人类的动物近亲有着想象其他可能世界的基本能力。那么它们是否可以利用自己的心智去策划未来的行动呢?也许它们可以计划距离当下非常近的未来可能出现的问题。比如,当提供给类人猿一个无法够到的食物时,它们会走到一个看不到那个食物的角落去挑选一根长度适中的棍子,然后再回到悬挂食物的地方去解决问题。我可是经历了惨痛的教训才得到了这一结论:黑猩猩奥基注意到自己的栖息地的一边有一根棍子可以用来够到另一边我刚刚装好的电视屏幕——结果屏幕被敲碎了。在野外它们也会在短距离内携带工具。最令人印象深刻的例子之一就是科特迪瓦塔伊丛林中的黑猩猩们明显的深谋远虑的行为。这些猿类使用石头来砸开坚果,它们有时会携带着石头跨越约一百码的距离来到坚果掉落的地方。可以推测出的是,它们捡起并携带石头主要是由于两个原因:想吃坚果的好胃口,以及取得坚果的计划。

尽管有这些迹象表明动物具有预见短期未来的能力，但是它们利用心智穿越到未来的能力在一些重要方面似乎仍然受到限制。回想一下上文提到的制造剧院演出比喻中需要的一系列步骤吧。其中任一步骤的缺陷都会导致能力的局限。黑猩猩也许有能力想象各种备选方案，但是它们似乎受到了一些基础条件的制约。其中一个可能性就是它们无法完全理解自己在未来事件舞台上的演员身份。心理学家诺伯特·比朔夫和多丽丝·比朔夫-科勒（Doris Bischof-Köhler）声称动物可能无法想象不是当下正在经历的动机和欲望。就算你已经喝饱了水，但是仍然可以很容易地想象口渴的感觉，所以你也会为了未来的保障而储存水源。回忆一下我们对吃饱的狮子和人类进行的对比吧——我们经常努力获取（当下）不需要的东西。

这个能力局限可以解释许多令人好奇的动物行为。我们来看看实验室里一天只给吃一次饼干的猴子吧。威廉·罗伯茨描述了1980年代迈克尔·达马托（Michael D'Amato）的实验室里的卷尾猴会狼吞虎咽地吃饼干，然后在吃饱之后，它们会把没吃完的饼干扔到笼子外面。让这些猴子沮丧的是，几个小时之后它们发现自己又感到饥肠辘辘了。你也许会问为什么它们学不会把食物放好，这样就能解决未来的饥饿问题了呢？如果你不能想象再次饥饿的感觉，那在你看来也许多余的饼干更像是质量上佳的抛射物。现在去实施行动来保障你无法设想的未来是没有意义的。比朔夫-科勒的这一假说引发了大量辩论。从某种程度上来说，它并不正确，因为任何储存食物的行为都是为了保障未来的需求。我们不明白的是，这些储存食物的动物是否因为想到未来自己可能挨饿的情形才去储存食物以便满足这些未来需求。尽管存在诸多尝试想要推翻这一假说,[1]但是它仍广为流传。动物们似乎不会为了重复使用而储存或改善工具,我们也没有在它们身上发现类似人类的贪婪。

预见未来带来的另一个重要的能力就是抵挡当下的诱惑,从而获得更理想的未来成果。当猴子们在一个现在就能拿到的小奖励和之后才能拿到的大奖励之间做选择的时候,它们和大多数其他动物一样,对于哪怕只是几秒钟的延迟都无法忍受。类人猿稍微好一些,它们可以等待几分钟之后才到来的满足感。对于一个当下奖励4倍的大奖励,黑猩猩可以等上8分钟。这虽然令人印象深刻,但是比起人类可以等上几个月,几年,甚至一生来说,这仍然是微不足道的。不过还是要承认,我们的近亲比其他动物更擅长等待更好结果的到来。

也许有关猿类预见未来的最著名案例是一项对3只倭黑猩猩和3只猩猩进行的研究,它们学会了使用一个工具从喂食装置中取得食物。这些动物先被引导到等待室,然后研究者把实验室里所有剩余的工具都拿走。一个小时的等待之后,猿类被引回到实验室。大约在一半的实验中,这些猿类都会随身携带一种工具到另外一个房间,然后再带着工具回到实验室——这样它们就能获得更多的食物了。有些猿类的表现好于其他同类,其中有两只甚至成功地带着

---

① 一个引人注目的研究表明灌丛鸦可以根据未来的欲望来调整藏匿的食物。不幸的是,这些丰富的解释因为诸多原因无法让人信服,原因之一就是这些鸟类不会根据不同情况增加储藏食物的量。最近的对于松鸦的研究看似非常振奋人心,但是新的扫兴观点也随之产生。在另一项研究中,两只松鼠猴可以在1块到4块海枣果之间做选择,而这些海枣果会造成它们之后的口渴感受。因为当它们选择较大的奖励时,它们会在3小时内都没有水喝。那些猴子逐渐改变了选择,它们开始选择更小的奖励,这让研究者开始认为猴子们预料到了随后会产生的口渴。然而,这个选择的逐渐变化更多表现出的是关联学习,如果它们真的可以预测未来,我们不明白那为什么它们不选择4块的奖励,然后只吃1块,留着剩下的3块直到获得足够的饮用水。科学家尝试对猕猴做同样的实验,但取得了失败的结果。

工具等待了一整个晚上直到第二天回到实验室。遗憾的是，因为在所有的测试中猿类都只需要选择同样的工具，所以仍不明确到底是这些猿类预料到了一个具体的未来情景，还是说它们单纯只是学会了把工具和奖励联系在一起，研究者们继续在后续的研究中探索这个问题。在另一项研究中，10 只黑猩猩被教会了使用代币来换取食物奖励，它们在一个小时之后的交换环节中可以获得代币。经过多次试验发现，黑猩猩在换取代币的环节中选择代币的几率与选择其他无用物品的几率相近。它们就是做不到未雨绸缪。

2009 年一则不寻常的报道占领了版面头条，报道称一个瑞典公园里的一只黑猩猩能够自发地为几个小时之后的投掷攻击提前做准备。三位动物管理员的记录称在 20 世纪 90 年代末，一只雄性黑猩猩常常在早上收集一堆石子和混凝土块，几个小时之后它就开始兴奋地把这些"弹药"砸向动物园里的游客。研究人员尚未在野外或者其他被圈养的黑猩猩身上发现类似的计划行为。如果黑猩猩确实有这种预见未来的能力，那么我们也许应该听到更多类似的案例——当然也有可能我们会在未来看到更多的报道。

那么我们该得出怎样的结论呢？尽管有些研究表明我们的近亲可能拥有一些受限的前瞻力，但是我们看到也有研究表明它们是极度目光短浅的。很明显动物和人类共享一些程序记忆和语义记忆的能力。但是，几乎没有证据能够证明它们具有情景记忆。证明情景记忆的最佳证据就是情景预测的迹象，因为双向心理时间旅行存在紧密的内在联系。然而动物没有表现出拥有这一能力的明显迹象。只有在奥威尔（Orwell）和其他作家的小说中，动物们才会密谋造反。动物只有在事件间隔不超过几秒钟的前提下，才能学会通过一件事情预测下一件。许多物种也进化出了让它们行动起来为未来做准备的本能。然而，我们缺乏证据证明这样的未来导向行为具有灵活度。所有已有的例证都只是关于非常近的未来。尚没有有力证据可以证明动物能像人类一样灵活地在脑中生成遥远未来的景象，它们也没有像人类一样和其他同类交流心中的场景来获得反馈或是调整行动。下一章，我们会探讨动物到底会不会在意其他动物是否拥有心智能力。

心理时间旅行对于解释人类心智的大量特征有着重要意义，从情绪（比如希望和悔恨）到动机（比如计划和复仇）。它让我们理解了事物如何发展到这一步，也让我们思考万物发展的方向。它赋予了我们无法预料的能力，使我们可以按照对我们有利的方式控制植物和动物的生活。但是它也迫使我们面对所有领悟中最不受欢迎的那一条，也就是我在小时候躺在床上盯着天花板不停思索的问题：我们终将逝去。

第六章　读心者

地球上的所有物种之间，只有人类具有……猜测他人想法的能力。

——卡尔·齐默(Carl Zimmer)

当告诉人们我是一位心理学家时，大家有时会十分谨慎地和我交谈，怀疑我可以直接看透他们的想法。唉，可惜我并不能。尽管人们一直尝试证明心灵感应的存在，但是至今仍没有证据证明任何人可以只通过心灵感应进行交流。冷战期间，美国和苏联都花费大量的精力试图掌握传说中的读心能力，并妄图将其使用在军事项目中——这些努力最终的唯一成果就是为一些讽刺电影提供了素材，比如电影《以眼杀人》(*The Men Who Stare at Goats*)，其中就讽刺了这些狂热计划。虽然我自己对于超心理力量(parapsychological powers)非常感兴趣，但是并没有令人信服的证据表明这些能力确实存在。心理是属于个人的；我们永远无法确定别人的脑袋里到底在想什么。基本说来，我都没有办法知道你看到绿色时的感受，也无法得知你非常想要某物时的渴望，你的极限，你的孤独，你参与某件事时的心情，甚至你的牙痛。然而，就像我们不用时间机器就能进行心理时间旅行一样，我们也可以不通过心灵感应去了解别人的内心。

的确，我们都是贪婪的读心者。我们思考别人的感受、欲望和信仰，有时也会为这些感到担忧。在对话中，我们根据自己所判断的对方想要的，以及知道和不知道的内容来定制对话。我们在意对方是否开心，在他们伤心的时候我们会同情他们。我们能够试着让他人放松，吸引他们的注意力，或者让他们感到吃惊。我们经常努力解读最简单的行为背后可能的心理状态。[①] 简单的眼珠滚动可能会被解释为蔑视、侮辱和失望。如果你刚才看到了我起身去冰箱那里，你可能会认为我想要喝饮料，然后相信我会在冰箱里找到冰水。了解别人的欲望和想法对于预测他们的行为是至关重要的。我们生活这个世界中，大家对于彼此的想法是有所了解的，读心绝对是我们的社会化生活的基础。

认知心理学家把这个能力称作“心智理论”(theory of mind)。“理论”指的就是我们可以推理他人心理这一基础事实。关于我们是如何做到的，有着大量的争论。有些学者认为我们推理他人心理

---

① 丹尼尔·丹尼特把这称作“意向立场”(intentional stance)，并且将其与功能(设计立场，design stance)和其他原力(物理立场，physical stance)的解释和预测进行对比。

的过程就如同我们推理科学理论。我们发展出了常识心理学——关于欲望和信仰，以及它们如何影响行为——我们根据自己的经历来调整和完善这些理论。也有些学者认为，由于我们拥有的唯一的直接证据就是自己的心理，所以我们通过想象他人的处境和模拟他人的经历来理解他们的想法。这就需要心理场景构建(mental scenario building)，就像是上一章的剧院比喻中所描述的那样。我们可以演绎他人的处境，从而推理他们的心理体验。

两种解释也许都有道理。我们似乎能够设身处地地想象如果自己处在别人的处境下的感受和思考。在积累了大量经验后，我们也可以抄近道来快速推理他人可能的想法。换句话说，我们既可以快速识别也可以详细模拟他人的心理状态。举一个例子，你可以很快明白一个被欺骗的人可能感到沮丧，但是你也可以停下来想象那具体的感受，这样你就能更彻底地领会那个人的心理。我们似乎就是通过这两个方式来读懂彼此的想法。我们有着渴望联结彼此想法的基本欲望：理解他人和被他人理解。

就连孩子们也有把自己的想法融入社会网络中他人的想法之中的基本欲望。婴儿对于社会性刺激有着特殊的喜爱，比如眼睛和脸部所传达的信息。妈妈们通常会尽快和自己的宝宝建立长时间的眼神交流，新生儿似乎对此已经准备好了。如果可以选择的话，他们更喜欢看着睁开的眼睛，而不是闭着的眼睛。作为成年人，我们用眼神来进行明显的心理交流，比如，当你邀请别人与你互动时。[①] 就像谚语说的那样：眼睛是通往心灵的窗口。大量的面对面

① 由于这些原因，再加上其他原因，先天失明的儿童通常在发展心智理论方面会有延迟。

交流互动让父母和婴儿建立起深厚的亲密关系。①

婴儿们从两个月大开始，当父母对他们笑的时候他们也会跟着微笑。接下来的几个月，他们开始学着跟随大人的视线，一开始只是去看视野范围内的物品，随后开始对自己身后的东西感兴趣。大人和婴儿开始把注意力放在同一物品上，并能够通过这些物品进行互动，就像"互换游戏"(give-and-take)那样。发展心理学家克里斯·摩尔(Chris Moore)强调了三方互动(父母、婴儿、物品)对于儿童学习社会认知的基础重要性。婴儿们开始通过观察他们父母的脸部表情来帮助自己应对不确定的状况。

快满一岁的时候，婴儿开始用手指向物品。那是难忘的一天，我的儿子蒂莫突然开始指东西了——他就像是突然开窍了，开始指着所有让自己兴奋的东西。他拥有了一个新的力量，就是把我的注意力引向这个世界的不同物品上。他还会让我给他把东西拿来。然而，用手指点不只是小孩用来指示父母帮他们取得想要的东西。他们把别人的注意力吸引到物品上仅仅因为他们对这些东西感兴趣，很多时候他们这么做并不是为了取得奖励，而只是想要获得别人的注意力。他们有着强烈的驱动力想要和周围的其他心智联系起来。

随着语言的发展，建立这种联系的机会也极大提高。语言让读心变成了自述心中所想。我们互相讲述自己的经历、表达自己的想法、欲望和需求。当一个婴儿指向一个物品时，大人通常会讲出物品的名称。快满一岁的婴儿会说出他们的第一个单词，大人们继续

① 不过这里也存在一定的文化差异。比如，一项研究表明以色列父母对他们5个月大的婴儿进行较多的面对面交流互动，而巴基斯坦父母则更多通过触摸来表达与婴儿的亲密关系。

在他们注意力在同一物品上时讲出更多的物品名称。从某种程度上来说，词汇本身为有效的共享注意力提供了机会。当你说出一个单词，周围人们的注意力都会被这个单词指代的意思吸引过去。考拉。词汇的一个奇妙特征就是能让人们注意到不只是身边的事物，还有不在场的物品。我们也许没办法用手指着上个星期的客人，今天晚上的落日，或者那些可爱的大嚼桉树叶的考拉，但是我们可以在对话中提到。语言可以让我们共同考虑那些只存在于大脑中的事物。你，我亲爱的读者，刚才就把注意力放在了这个事实上。

语言不只是简单地把我们的注意力吸引到相同物品上，它还让我们可以对事物进行评价。我们能够在不同的大脑之间传递有关不在场的物品和事件的可能有用的信息。甚至小孩也会这么做："地板湿了——坏狗狗。"当然，他们不是总能贡献出启发人的有用信息。但他们总是表现出对于参与到这些信息交换中的惊人兴趣。当 4 岁大的蒂莫告诉我和我的伴侣克里斯(Chris)一件事情时，两岁大的妮娜经常兴奋地打断他。她大叫："妈妈，妈妈，妈妈；爸爸，爸爸，爸爸。"直到吸引到我们的注意力，然后她只是重复蒂莫刚刚说过的话——或者只是想要再次告诉我们这个事实——"我，女孩；蒂莫，男孩。"妮娜没有新的信息，但是她一定要确保自己的话被我们听到才肯罢休。蒂莫花了很长时间才弄明白提供新信息的重要性，他会根据情况作出反应(听到妮娜在重复他的话，他翻了翻白眼)。他就像许多成年人一样，非常喜欢分享一些令人吃惊的信息，或者是一个秘密。他想知道你的感受，也想确保你理解他的感受。

我们想要同别人的想法进行联结的欲望渗透在我们做的许多事情中。我们的社交生活中有一大部分精力花在谈论八卦、交换想法和意见上。我们通过听故事、读书或者看节目来让自己看到别人眼中的世界。科技在进步，从收音机到互联网，这让我们的想法以更快更有效的方式联系起来。今天，一个人的想法能够在几分钟内传达到世界各地几百万人们的大脑中。

读心过程中也有嵌套的存在。我正在想你可能如何去思考我在考虑关于思考的思考这件事。我们发现递归以及开放地想象不同场景的能力不仅对于语言和心理时间旅行来说是至关重要的，它们对于心智理论来说也是举足轻重的。的确，我和迈克尔·柯博利最初关于心理时间旅行的论文要点中都包括这一点：我们模拟过去和未来事件，以及模拟别人所想的内容，涉及的是相同的心理机制。长久以来我都以为这是一个原创的想法，但是尼克·汉弗莱向我指出——这里我需要插入解释，因为随后克里斯·摩尔告诉我尼克是从他那里知道了这一点——评论家威廉·哈兹里特(William Hazlitt)在几百年前就把读心和前瞻力联系在了一起，他写道，“想象力……让我能够脱离自我去感受他人所想，同样地，我也能够借其穿越到未来，这让我着迷。”

我们可能喜欢也可能不喜欢自己的想法和欲望，进一步说，我们还会评估自己做出的评估。因为我们可以想象过去和未来的场景，所以我们可以反思自己过去的心理状态(例如，我本应该知道)以及想象未来状态(例如，我不会感到沮丧)，就像我们可以去猜测别人的想法那样(例如，她会为这件事情感到开心)。对我们未来的良好生活状态的兴趣，使我们可以下决心改变当下的行为，哪怕这些行为目前是非常令人愉悦的。举一个例子，你可能决定下一杯不喝杜松子酒，而选择喝水，这样明天就不用经历难受的宿醉了。既要考虑当下欲望还要顾及未来状态，很多时候不是一件简单的事情，任何尝试过戒烟的人都可以来作证。但是我们可以下定决心进行改变。通过推测自己未来的想法，我们能够意识到可能会有的情绪，比如，如果我们对于即将到来的事件完全未做准备的话，我们到时候可能会感到尴尬——除非我们现在就行动起来。因此，我们会选择锻炼那些自己预感到需要提高的技能，或者收集那些自己预见到可能在未来会有用的信息。这增强了我们的自由意志感，因为从某种程度上来说，我们可以慎重地尝试塑造自己的未来。当然，正如前文所提到的，在对未来的关心程度上，人与人之间存在极大的差异。

在对别人想法的关心程度上，人们也有着巨大差别。一般来说，男性和女性花在了解别人想法上的时间和精力有所差异。（那你就来猜猜哪个性别对别人的想法更少感兴趣吧，猜中也没奖。）有研究表明一些精神疾病就是由这些男性或女性倾向的极端情况所导致。偏执型精神分裂症患者常常花费大量的时间思索别人在想什么并将他人的想法复杂化，而孤独症患者的特点则是极少去考虑他人的想法。近几年有大量关于心智理论失衡的研究。让孤独症研究者感兴趣的是患者在与他人想法进行联结时存在的局限。

尽管人们对于心智的信仰各有不同，[①]但是人类基本的读心能力则是一致的。比如，就算在跨文化交流中，我们也能从他人脸上识别出人类的基本感受，包括恐惧、愤怒、厌恶、吃惊、悲伤和开心，这种识别通常也是双向的。由于读心能力对于人类互动和合作起到了基础作用，所以它极有可能是人类独有特征的另一个候选项。

---

① 举例说明，对于心灵感应有些人相信而有些人不信，同样有些人相信有一位警惕神圣的观察者在注视我们的想法，而有些人则没有这样的信仰。

的确，一些杰出的比较研究者已经提出了其他动物不会读心的观点。他们的论点是，尽管动物们可能具有自己的意识，但是它们不会推理无法直接观察到的其他动物的想法。举一个例子，一篇煽动性的扫兴者代表的文章的标题为："论尚无证据证实非人类动物具有任何近似'心智理论'的特征"。

目前广为流行的心智理论研究其实最早开始于一篇对于黑猩猩认知能力的研究报告。1978 年，比较心理学家大卫·普雷马克(David Premack)和盖·伍德拉夫(Guy Woodruff)在《行为与大脑科学》(*Behavioral and Brain Sciences*)杂志创刊号上发表的一篇文章开启了整个研究领域。他们报道了对一只名叫莎拉的黑猩猩的研究结果，研究表明它能够推理想法。研究人员为莎拉播放了一系列短片，每个短片中都有一位人类演员面临一个难题，比如试图从笼子中逃脱，然后莎拉会看到一些照片，其中一张照片上有对于解决难题至关重要的物品，比如钥匙。它选择了正确的照片。这一行为引发了三个令人好奇且较为明显的启示。第一、这似乎表明了黑猩猩可以理解视频和照片的含义，并且能够将两者联系起来(第四章中曾提到，猿类的这一能力已经被证实)。第二、这表明了黑猩猩能够理解如何解决难题(在下一章内容中我们会检验这一点)。第三、对于研究者来说最重要的是，莎拉的动机似乎归因于视频中演员的意图——她看似推理出了演员试图要达到的目的。意图是一个心理状态，因此普雷马克和伍德拉夫提出黑猩猩具有心智理论。

《行为与大脑科学》是一本不走寻常路的杂志，上面刊登的内容不仅包括对于专题论文的大量评论，还有专题论文作者对于评论的回应。这篇文章的评论中提出了关于普雷马克和伍德拉夫的实验设计的各种各样的疑问，这为精简解释的形成提供了可能性。他们强调了一个核心问题的重要性：如果连黑猩猩都可能思考意识，那么人类科学家——尤其是那些依旧坚定的行为主义者——怎么会在他们的行为理论中忽略意识的存在呢？

有三篇评论抓到了真正的要点。它们分别清楚讲述了可以使用怎样的方法来阐述一只动物或者一个小孩正在思索别人的想法。评论作者提出如果要证明个体具有这个能力，那么就需要展示出该研究对象能够理解这一点：他人或其他动物的行为取决于他们对于这个世界的看法（信念），不管这些看法实际上是正确还是错误。在信念正确（true beliefs）的情况下，他们的看法和现实显然是一致的，因此也就无法用实证方法来分辨一个人的行动是基于可观察到的现实或是基于对别人心理状态的推理。然而，在信念错误（false beliefs）的情况下，一个人心里所想的和现实情况会有所偏差，意识到这一点的人们可以预测到那些秉持错误信念的人们会有错误的行动。要想知道一个人错误相信了某事，你需要有能力思考不同信念以及这些信念与现实世界的关系。这其中涉及的嵌套过程类似于第四章中 4 岁的罗里画出自己正在画画的图画。罗里显然理解了图画和它所描绘内容之间的代表关系。对这个关系的反思（元表征）让你能够质疑自己描绘的画面在反映真实世界时的准确度，以及可能存在的错误之处。类似的反思也让你可以质疑他人想法在反映客观世界时的准确度和曲解之处。如果我们能够证明儿童或者动物能够识别他人或其他动物源自错误信念的行为，那么我们就证实了他们拥有读心能力。

1983 年，发展心理学家海因茨·维默尔（Heinz Wimmer）和约瑟夫・佩尔奈(Joseph Perner)发表了影响深远的有关儿童错误信念的研究报告。他们向孩子们讲述了一个故事,主角叫马克西(Maxi),他把自己的巧克力放在一个地方,只有妈妈会趁他不在的时候移动巧克力,而他并不知道妈妈把巧克力放在哪里。听完故事后,研究人员让孩子们预测马克西会去哪里寻找巧克力。维默尔和佩尔奈的研究,以及随后上百个类似的延伸研究中,都表明年幼的小孩坚持马克西会去查看妈妈放巧克力的地方。然而,大一些的儿童会把自己对事实的认知放到一边,他们知道马克西会先去自己放巧克力的地方寻找,虽然结果一定是找不到。这些孩子理解马克西的决定取决于他自己对于巧克力位置的错误信念,而不是基于知道真相的观察者的想法。那么,在这个阶段,孩子们开始理解人们的行为通常由他们对这个世界的理解而决定——尽管这些理解有时正确,有时错误。这个阶段的小孩也会在对话中考虑到这一点(第四章提到了相关内容)。他们是合格的读心者。

有关错误信念的大量研究表明这一发展模式在不同的文化中是准通用的(quasi-universal)的。三岁半的儿童通常能够通过测试。也有些小孩在这个方面发育较早,其中包括有哥哥姐姐的小孩或者是在语言任务中表现更好的小孩。这表明儿童成长的社会交流环境对于心智理论的发展是有所影响的。一致的研究结果是,听力正常的父母养育的聋哑儿童通常稍晚才开始学习哑语,这些孩子通过错误信念测试的年龄也较晚,而那些聋哑父母养育的聋哑儿童在一开始就接触哑语,这些孩子通过测试的年龄和听力正常的孩子们一样。

发展心理学家们已经确认了错误信念理解能力的产生与不同概念之间的联系。一个重要的发现是孩子们开始识别他人的错误信念时他们也开始意识到自己的错误信念。打开一个糖果盒让儿童看到里面的内容，比如铅笔，但是没有糖果。然后询问孩子们在打开糖果盒之前他们以为里面有什么，年幼的孩子们通常回答说他们一直都认为里面是铅笔。就算刚才还没打开盒子的时候他们还为即将拿到的糖果感到兴奋，但他们依然会做出如上的回答。

幼童似乎不明白自己如何知道一件事物的过程。如果你把一个物品放进一个袋子里，然后问幼童怎么才能知道物品的颜色，是把手伸进袋子里还是往袋子里看，他们的回复是随机的。年龄非常小的儿童似乎不能理解感知和知识之间的关系。这就是为什么他们会在和你通电话的时候开心地"展示"他们的新玩具（当然如果是视频通话，那么这个例子就不成立了）。在研究中，向儿童展示或是告知他们有关抽屉内容的新信息之后，他们不能准确地解释自己是如何知道这些内容的。当你和他们玩捉迷藏的时候，你不得不接受的情况就是他们会不停回到之前藏过的地方。他们不能理解这个游戏的目标是让别人想不出你在哪里，而不仅仅是看不到。

发展心理学家约翰·弗拉维尔（John Flevell）提出该年龄段的孩子们无法辨别一个物品的外表和现实。我们很自然地知道把牛奶倒到蓝色杯子里的时候，牛奶的实际颜色不会变化，但是感知到的颜色却有不同。然而，对幼童来说，他们很难理解一个物品看起来的样子区别于它实际的样子。他们很难弄懂对于同一个物品的两个矛盾看法。这里，孩子们需要审视对于牛奶的两个相反的感知——"蓝色"和"白色"，他们也需要辨认出这两个看法分别为"看起来"和"实际是"。

同时考虑同一样物品或事件的多种矛盾解释需要较高的读心能力。没有这一能力也就不会有谎言。你也许会说出一些错误的话——每个人都会犯错——但如果要撒谎,你就需要明白自己说出的话是不真实的,不仅如此,你还想让别人相信这是真的。换句话说,撒谎就是有意识地植入一个错误信念。如果没有读心的能力那教育就无法存在,因为传递知识需要了解学生们知道和不知道的内容,并依此设计出学生可以获得未来知识的方法。简单来说,心智理论对于常见的人类文化和社会互动有着至关重要的作用。

尽管研究者长期重点研究3到4岁的儿童,但是这一能力领域的发展也有更早或更晚的例子。在很长一段时间中,发展心理学家几乎沉迷于认为是否通过经典错误信念任务是一个分水岭。可以理解,大家认为通过这些测试显示出了读心能力,而这一推论是相当有诱惑力的。然而,不能通过测试并不能说明测试对象本身不具有读心的能力。完成任务也不代表测试儿童具备了所有必要条件。

举一个例子,就连5岁的孩子对于理解更多的嵌套也是会感到困难的,比如我以为你觉得每个人都知道那件事。事实上,连成年人在不被搞晕的前提下通常最多也只能使用5到6种嵌套想法。我认为你怀疑我想要让你相信这个。例如,在情景电视喜剧《六人行》(*Friends*)中,菲比(Phoebe)发现了钱德勒(Chandler)和莫妮卡(Monica)明白了她和瑞秋(Rachel)知道他们在约会,菲比简单地用一句话概括了这个状况,她说:“他们不知道我们知道他们知道我们知道了!”乔伊(Joey)拼命想要弄懂这句话表达的是什么。她警告乔伊不要告诉其他人,但是乔伊绝望地说:“就算我想告诉别人,我也不知道该怎么讲清楚啊。”就像罗宾·邓巴指出的,只有聪明绝顶的作家如莎士比亚(Shakespeare)才能使用5到6级的嵌套来挑战读者,比如,他想让我们明白伊阿古(Iago)想要奥赛罗(Othello)认为苔丝狄梦娜(Desdemona)爱着卡西奥(Cassio),而他却爱着比安卡(Bianca)。

儿童需要学习大量关于嵌套和其他有关心智的复杂内容。比如,他们需要花一些时间才能真正理解失礼的行为。想象一下这个场景,简(Jane)去拜访弗兰克(Frank),然后不小心把他的一个碗给打碎了。这个碗是几年前简送给弗兰克的礼物。想象一下当简向弗兰克道歉的时候,弗兰克忘记了这个碗是哪里来的,他为了让简感到安心,于是说,"哦,不要担心。我本来就从不喜欢这个碗。"年幼的小孩无法理解这一违背礼节的行为。想要弄清状况,你需要把几个心理状态全部结合起来:弗兰克不记得谁送了他这个碗,他没有想让简伤心的意图,但是简受到了伤害。整个情况可以变的非常复杂,我觉得你也想象得到。确实,我们对情感感知和他人想法的学习也许永远不会停止。想象一下情侣或是不同文化的人们在互动时可能出现的误解吧。许多成年人一直在尝试学习更多关于心理的知识。我们冥想,或是读一些自助的书籍,参加工作坊,甚至学习心理学。

有时,心理看起来非常复杂且无法预测,而且我们在无法互相理解的时候甚至会感到绝望。就像我们的心理时间旅行有时会出错一样,我们在判断别人的想法的时候也会经常犯错。而且让人悲伤的是我们经常感到自己被误解。而其他时间,我们又看似能够直视别人的内心,就像谚语说的,"读他们的心就如同读一本打开的书"。我们会享受心灵的碰撞,有时我们也觉得能够完全理解彼此。我们会爱上彼此的心智。

读心极其复杂的原因之一就是人们经常嘴上说一套心里想一套。我这里不仅是指撒谎,也包括讽刺和比喻等表达方法。你会说，“这简直棒极了，正是我需要的。”但实际情况是正在打包行李的你听到了机场罢工的新闻。在讽刺的时候，我们会说出与真实想法相反的话语，如果再刺耳一点，就变成了挖苦嘲讽。我们可能夸大一件事，也可能轻描淡写；通过讽刺和诙谐的风格来开玩笑；给出模棱两可的建议，或是使用双关语。不只有演员才会假装出和实际不同的心理状态。人们哭泣的时候不一定真的感到悲伤，反之亦然。我们能够在一定程度上控制自己想要表露或想要掩盖的心理状况。我们可以控制自己给别人留下的印象。尝试影响别人想法就像是在玩一场战略游戏。这就是生活中经常发生的事情——或者至少是肥皂剧中的剧情。

对于通过错误信念任务的儿童来说，他们还有许多需要学习的内容，但是没有通过任务不意味着这些孩子就完全不了解心智。事实上，我们可以看到新生儿对于社会性刺激有着特别的兴趣，而且在人生的前几个月，他们至少表现出了对于他人想法的一些察觉。他们开始对生动物体的目标和意图产生期望——甚至是电脑屏幕上的卡通形象。共同活动、分享注意力、眼神跟随，以及陈述式地用手指物体都表明了心理逐渐开始对他们变得重要。两岁时的小孩开始能够恰当地表达情绪、欲望和意图。他们开始模仿其他人的做法，即使那个被模仿的人并没有实现自己的意愿。如果你没有加入他们，他们会感到沮丧。“看我，看我，”此时我两岁的女儿正在我的身后叫着，对于这一段的内容来说真是应景。

事实上，就算是幼儿也对错误信念有所了解。当测试他们的自发反应时，比如注视方向的测试，幼儿和年纪较小的儿童似乎期望那些被怀有错误信念的人坚信的错误位置会首先被查看。但是，如果你用语言询问他们的话，他们会坚持那个人会去寻找物体的正确位置，而不是去找被错以为的位置。这表明他们很容易把自己对事实的认知掺杂到对他人想法的推理中。但他们发展出基础读心能力的年龄似乎比之前研究所认为的年龄要早一些。对于这一早期理解能力的性质，还持续存在着各种辩论。例如，心理学家伊恩·阿珀利（Ian Apperly）和斯蒂芬·巴特菲尔（Stephen Butterfill）认为人类有两个追踪信念的系统——一个是暗藏含蓄的，但是在幼童期有迹可循，另一个更为明显但发展较晚，通常在学龄儿童时期产生。

研究者发现越来越多的证据表明心智理论在社会平台中逐渐发展，而不像曾经认为的那样大爆炸式地产生。比如，发展心理学家亨利·韦尔曼（Henry Wellman）、坎迪·彼得森（Candi Peterson）和他们的同事记录了读心能力如何从最初理解个人有不同的欲望发展到理解个人有不同的信念。孩子们在通过标准错误信念测试时还不能完全理解一个人的真实感受和表现出的情绪会有所不同。

那么，其他动物表现出这些能力了吗？它们会思索周围其他动物的想法吗？它们会不会盯住其他动物的眼睛，和它们进行心灵交流呢？普雷马克和伍德拉夫发表的论文引导研究者们投入了大量精力来找寻答案。

如果你直勾勾地盯着一只猕猴的眼睛，你很可能会被攻击。对于灵长类动物来说，直视眼睛是一个典型的挑衅举动。因此，灵长类动物通常避免眼神接触，面对面的互动也是异常罕见。连黑猩猩也只有在极少的情况下进行眼神对视。① 当你看着黑猩猩的眼睛

① 黑猩猩的母亲和幼崽有时会表现出几个回合的对视。然而大部分情况下，灵长类动物，就算是妈妈和幼崽之间，也不会花太多时间对视。

时，你会注意到，它们的眼睛没有任何眼白。人类眼睛在结构上异于其他灵长类动物，我们的白色的巩膜部分暴露了瞳孔的轮廓。人类的眼睛可以显示出注视的方向。我们用眼睛表达自己看向哪个方向，同时也能够解读出别人的目光所向。如果要解释的话，其他灵长类动物的眼睛似乎想要伪装注视的方向。它们不会通过翻白眼来表示蔑视，也不会通过流眼泪来表示悲伤。

图示 6.1　奥基和我。黑猩猩在非常罕见的情况下才会进行眼神交流。

在不使用语言的读心过程中，眼睛是我们大量使用的工具。比如，足球运动员在罚点球时就经常依靠眼神来误导对方。我在小时候就会适度地使用眼神来误导对方，我会随意地看看球门的一个角，然后跑上去把球踢向球门另外一个角。这个技巧不是依靠射门的准确度和速度，而是几乎完全靠误导守门员。最终聪明的守门员开始摸清我所使用的这个最简单的诡计，然后朝我眼神的相反方向扑过去，以此来阻挠我的计谋。有些守门员甚至会往一边的门柱靠近，“留出”另外一边的球门。这场斗争逐渐变得白热化，难度也逐步上升，因为我不得不估计守门员读懂我的意图的能力，然后做出他认为我会做的相反的举动。这就是实践中的“心智理论”。

在普雷马克和伍德拉夫的论文发表之后，研究者开始对其他灵长动物能够读心并在行动中有所表现的可能性增加了热情，这些热情也体现在更多的实地研究中。灵长类动物学家，如珍妮·古德尔认为灵长类动物的社会比我们之前所想的要复杂得多。社会压力驱使智能进化的说法变得势头强劲，灵长类动物可能进化出一些读心能力来理解和控制其他动物的行为的假设也开始变得合理。比如，在灵长类社会中明显的战略欺诈行为表明它们能够推理其他同类的欲望和信念——这样它们就能故意灌输错误信念。[①] 一个经典的例子是，一只雄性狒狒被观察到与一只雌性狒狒在大石头后面交配，它保持的姿势只能让首领狒狒看到它的头而不能看到它在干什么。那只狒狒是在故意误导首领狒狒吗？我们知道，使用精简解释也可以分析这个观察。比如，这只狒狒曾经因为在开阔的场地上交配而被首领惩罚，但是在石头后面交配却没有遭到惩罚。所以它在石头后面交配的行为不一定出于对首领看到或是知道它在干什么的推理。不过，早期的实验室结果支持更丰富的解释，研究者认为读心能力至少存在于我们的最近近亲动物身上。20 世纪 90 年代，比较心理学家丹尼尔·波维内利（Daniel Povinelli）发表的研究结果表明黑猩猩也许能够推理其他同类拥有的知识，而且能够从它们的角度看事物，但猴子做不到。

---

① 另一种可能性是，对其他物种的理解驱使了读心能力的进化。比如，捕食者如果能预料被捕食者的行为，那么自然会获得更多的食物，反过来，对被捕者来说，更好地理解捕食者能够为自己争取更多逃生机会。这可能引发了进化过程中的智力军备大赛。这一理论的证据支持包括哺乳类捕食者和被捕食者的大脑在地质年代一前一后地增加体积。

在这些最初的发现被发表之后，波维内利在路易斯安那大学成立了自己的黑猩猩研究中心，他在该中心检验黑猩猩对于看、指、意图和知识的理解。让大家吃惊的是，他没能发现其他可以支持黑猩猩具有心智理论的证据。相反地，他发现了大量支持精简解释的理由。在这些研究中，他不断得到年幼黑猩猩无法完成任务的负面结果。举一个例子，它们向一位头上盖着桶的人和向一位看得到实际情况的人讨食物的几率是类似的。当一位训练员看到了食物藏在哪里，另一位训练员看不到时——因为他离开了房间，转过头去，戴着眼罩或者是头被桶盖着——这些猿类向不了解情况以及了解情况的人类寻求建议的几率是一样的。那些经过合作任务训练——比如用两条绳子来拉一个箱子——的黑猩猩不会想到一只未受训练的黑猩猩缺乏可以完成任务的相关知识，它们也不会去教这些缺乏知识的黑猩猩。这些研究结果让波维内利开始拥护“扫兴者”的说法，他认为黑猩猩只会推理其他动物的行为，而不会思索其他动物的想法。

波维内利的研究表明心智理论是人类特有的。类人猿的行为可能归于更加基本的计算。事实上，如果我们认为自己的行为是由心智理论造成的，仅仅是因为我们用这些名词来解释，那么我们很有可能会被误导。也许我们常常只是用心理学名词来重新解释(reinterpret)行为。再回到刚才的足球话题，当一位想要和我一样想做假动作的进攻球员在试图带球突破防守球员时，一个常见的计策就是，把对手引向一边，然后延后最终的动作，以此来利用对手的错误判断。如果我们事后来解释这些动作，我们可能会说自己想用假动作来蒙骗防守队员，让他误以为我们往错误的方向带球。然而，我们并不确定是否真的是这些想法主导了我们的行为。我们在罚点球之前有时间去密谋欺诈以及反欺诈的行为。但是在紧张的行动中，我们不可能站在原地，仔细思索对方的明确意图。我们可能是完全自发地做出了这些动作，事后再用心理名词来解释它们。

波维内利和他的同事们认为那些看似被心智所驱动的猿类行为，例如明显的欺诈、同理心或者吝啬，可能并非我们之前所想的那样。当我们看到猿类在一场追逐中快速地从一边跑到另一边时，我们把这个动作误读为想要误导对方的假动作，而实际情况是这些猿类可能只是在考虑动作本身而已。[①] 他们提出，只有人类进化出了用心理名词重新解读行为的能力。

然而，对于这一看法也有着不同的解读。我和安德鲁·怀特恩认为，有时这些快速的欺诈和反欺诈的行为是自动的，因为我们一开始有过大量涉及明确认知考虑的练习。无数人类技能提高的例子可以说明许多行为在一开始需要慢速的认知过程的指导，但是它们通过随后的练习可以变成自动行为。想一想开车这个复杂的行为吧。一开始，你需要谨慎细致地思考你的手和脚都应该怎么操作。随着经验的累积，你可以一边和别人对话或者听收音机一边像自动驾驶仪那样开着车，完全不用专门去想开车这个动作。类似地，可以让一个球员绕过防守队员的技巧在通过大量训练之后也会变成自动动作。想要成为一名好球员你需要非常多的练习。也许心智理论和其他技能一样有着逐渐发展的过程，从明确的、需要较多努力的情况，提高到快速、自动、不费力气的境界。最初的心理模

---

① 但是，有时这些追逐看起来确实像是充满计谋。我们来看一下这个雄性黑猩猩攻击性地追逐一只雌性的例子吧。当这只雌性黑猩猩想要在树干后面寻求遮挡的时候，雄性黑猩猩会移动到左侧，这让雌性黑猩猩只能往右侧移动。这时雄性黑猩猩突然往右侧雌性黑猩猩闪躲的方向扔石头，而它自己继续向左边移动。雌性黑猩猩为了避免被石头砸中，所以只能往左边移动，然后就被雄性黑猩猩扑了个正着。

拟能够变成快速的抄近道过程。比如,我们常常自动跟随别人的目光,这不是波维内利提出的低级机制,而是因为我们对于这类情况有着足够的经验和练习。

尽管波维内利取得了大量的研究成果,但是其他实验室,尤其是位于莱比锡的马克斯·普朗克进化人类学研究所(Max Planck Institute for Evolutionary Anthropology),逐渐开始提出更多证据来证明对于动物行为的更为丰富的解释。举一个例子,比较心理学家迈克尔·托马塞洛(Michael Tomasello)、何塞普·卡尔和他们的同事们提出猿类的目光跟随能力比之前所认为的要更为复杂。连狗和猴子有时也会跟随目光。黑猩猩可以跟随人类目光投射的方向,就算那个视觉目标不在它的直接视野内,有时甚至需要穿越障碍。它们会移动身体来看清他人注视的物体——即使物体在障碍后面。这表明黑猩猩能够把注视解读为人类可能看到某物的动作。它们有时还会往前看看再回来看看观察者,就像是想要弄清楚到底实验者看到了什么好玩的东西。

莱比锡团队和布莱恩·黑尔(Brian Hare)合作进行了一些独创性的研究来寻找黑猩猩能够思考心智的可能性。在其中一个试验中,黑猩猩需要和另外一只统治地位更高的黑猩猩抢夺食物。研究者发现黑猩猩总是在两个食物中优先选择地位高的竞争者看不到的食物。这说明它们能够理解其他动物可以看到的东西。当阻挡地位高的黑猩猩视线的障碍变成透明之后,黑猩猩们优先选择"被遮挡"食物的偏好就没有了,推测起来可能是因为它们意识到了竞争者的视线不再被遮挡。

猕猴也有类似的举动,它们看起来像是知道其他动物在看什么。如果给它们选择:一串被一个人盯着的葡萄,和葡萄前的人视线移开或是被阻挡，它们持续坚持选择后面两种情况下的葡萄——它们似乎很清楚从不再注视的人那里“偷走”东西是更安全的。之前波维内利和其他研究者关于黑猩猩的试验的失败原因很可能是因为他们设计的任务中涉及合作，比如人类需要告诉那些猿类食物在哪里。而这并不是典型的自然状况。灵长类动物没有表现出许多告知其他动物的行为，它们不像人类的婴儿那样，需要不停地把东西指给父母和他人看。它们更倾向于为了奖励而竞争，所以我们在一个竞争环境中能够更好观察到它们的能力也就不足为奇了。

不幸的是，这些较新的发现尽管已经被大量发表，但是它们并不能准确证明灵长类动物可以推理人类看到的东西。对此存在着更为精简的解释。有可能猴子们只是明白了面对葡萄的人比其他人更有可能干扰它们取得葡萄的举动。对于黑猩猩的例子也有类似的解释。地位较低的黑猩猩也许只是学会了简单的行为准则，比如：如果地位高的猩猩面对些这食物，那么去接近食物的行为就是不安全的。

但是也有结果表明黑猩猩不仅能够理解人或其他动物所看到的东西，甚至也能明白人或其他动物之前看到的东西。在黑尔和他的同事们初始试验的一个衍生版本中，黑猩猩们会去考虑地位高的竞争者之前是否观察了食物藏起来的过程。在地位高的黑猩猩看得到食物放置的过程时，地位较低的黑猩猩去拿食物的几率低于地位高的黑猩猩看不到放置食物的过程时。在另一个试验中，地位高的黑猩猩看到了藏食物的过程，但是接下来被换进来一只没有看到藏食物过程的同样地位高的黑猩猩。同样，地位低的黑猩猩在竞争者不知道食物在哪里的情况下更愿意接近食物。所以黑猩猩还是可能有能力推理其他动物或人类心理。

还有其他的研究支持类人猿拥有这些能力的可能性。一些类人猿就像人类的两岁儿童一样，似乎能够明白人或其他动物想要尝试达到的目的，就算是尝试失败。有结果表明它们可以分辨偶然行动和有目的的行动。还有实验证实了它们可以分辨出不愿意做某事和无法做某事的区别。有一项研究表明它们能够分辨外观和现实，而且它们在行动时似乎会利用竞争者看不到它们这一优势。

还有一些少量迹象表明其他物种也有这些能力。举一个例子，灰松鼠在别的同类看着自己的情况下，会把藏匿的食物分隔较远的距离，据猜测是为了避免偷盗。它们更倾向于在背对其他松鼠的时候进行藏匿行为。类似地，灌丛鸦在潜在竞争者在场的情况下，会把食物藏到比平时更暗更封闭的区域。因此，其他物种可能也会考虑其他动物可以看到或不能看到的事物。不过同样地，这些解释可能只是我们多虑了。

不幸的是，这些行为都不一定涉及推理竞争者的心理。松鼠、鸟和猿在这些情况下的所作所为可能只是基于简单的可观察行为。这样做能得到奖励；那样做会受到惩罚。还记得吗，想要证明一只动物有能力考虑人或其他动物的心理，除了可观察的一些迹象外，还需要证明它们能够识别错误信念。尽管在心智理论研究的领域中有过一些非常聪明的尝试，但尚无非人类的动物完成错误信念任务。甚至就连在任务的其他部分都表现出惊人能力的黑猩猩，在涉及错误信念的时候也都是以失败告终。因此精简的解释很可能是正确的，就像很多心理学家坚信的那样，没有其他动物和人类一样具有心智理论。

事实上，我自己的直觉告诉我真相存在于绝对浪漫和绝对扫兴的观点之间。现有大量有关黑猩猩的正面数据虽然不能完全证明，但已经从某种程度上表明了黑猩猩对基本心理状态存在一定限度的理解。检查黑猩猩是否拥有类似近期发现的婴儿早期(隐藏)错误信仰理解是一项有趣的研究。研究者试图使用眼球跟踪设备来测试黑猩猩在这些任务上的表现,但这并不容易。也许在你读这本书的时候结果就能出来了。

考虑到在各种各样涉及思考而非眼神对视的任务中(第三章曾提到过),黑猩猩和两岁儿童的表现类似,所以它们在这里依然这么做也就不足为奇了。它们也许能够有限地,或者是隐藏地理解人或其他动物看到的、相信的、知道的、注意的、想要的和打算的东西,但是这并不能缩小人类读心能力和目前已知的人类动物近亲的最大限度推理能力之间的鸿沟。尽管这一领域两大最具影响力的实验室——波维内利小组和托马塞洛小组,关于对猿类的心智理论数据应进行精简还是丰富解释持有对立立场,但是他们都认为至今尚无迹象表明它们能够理解错误信念。大家一致同意人类的心智理论具有独特性。不过波维内利非常确定只有人类才有心智理论。托马塞洛、卡尔和他们的同事们相信,类人猿具有一些基础的读心能力的说法已经是非常精简的解释。不过他们也认为黑猩猩缺少最基础的社会认知技能。

事实上,托马塞洛和同事们提出在黑猩猩身上甚至没有发现人类婴儿通常表现出的基本社会意识,比如他们会用手指着物体来展示或是提议,因为他们想就这些物体进行交流。这些作者认为主要的差别在于人类具有所谓的“共享意向”。我们已经了解到,人类有想要和他人分享自己心理状态的基础动力。这一倾向使我们能够建立起“我们”的概念,这让人类能够以无法预料的灵活度进行合作——社会性的工具、饮食、游戏和理论(尤其是涉及语言和心理时间旅行的内容)。婴儿在早期就表现出了这种倾向,甚至早于他们通过错误信念任务的年龄。比如,当一岁大的婴儿和一位成年人共同参与一项合作任务,当成年人停下的时候,婴儿通常会设法让那位成年人继续参与。然而,黑猩猩婴儿在这种情况下则会自己继续任务。黑猩猩也许会使用手势来让人们为它们做某件事,但是人类经常仅仅使用手势(或交谈)来告知信息。

野外黑猩猩不会互相用手指物体来交流。也许是因为指了也白指[①],其他黑猩猩又不会给它们拿来想要的东西。在实验中需要交流的合作任务中,它们非常不善于使用和提供社会线索。曾经有一段时间,实验表明类人猿甚至不能理解人类用手指东西这个动作,而这连狗都能理解。不过,更多近期研究表明它们会对人类指向的距离较近的几样物体感到困惑,而在几个被指物体离得较远时,它们则表现良好。类人猿也能够学会向人类指物体,但几乎仅仅为了满足需求,而不是想要叙述什么信息。(还记得吗,被训练使用语言的黑猩猩的表达中只有约5%的内容被划分为类似陈述和声明。)然而,人类儿童持续通过指向物品来分享信息。我的孩子总是坚持让我放下手中的事去加入他们的兴奋情绪当中。也许人类想要通过理解和表达在彼此想法之间建立连接的动机是独特的,这让我们有能力创造充满目标、想法和信念的共同心理世界。

类人猿也许具有一些推理基础心理状态的能力。然而即使如此,它们似乎并没有具体的强烈驱动力想要在自己和其他动物的想法之间建立联系,这自然也就极大地限制了它们可以进行的合作。近期一项对于超过100只类人猿进行的大规模实验表明,它们在涉

---

① 原文此处作者使用了双关语:"it is pointless to point"。——译者注

及物理认知的一系列任务中，表现类似于两岁半的人类儿童，但是在涉及社会认知的任务中，它们的表现要差得多。[①] 当然，这些比较取决于具体的任务设计——猿类和人类成人互动的社会任务，也许不应等同于人类婴儿与人类成人互动的任务。尽管如此，结果仍然提供了更多的证据证明人类想要与他人进行想法交换的渴望是独特的。超过 30 年的研究都未能找到证据证明类人猿能够理解信念的表象特征，所以很有可能它们只会推理可观察到的现象，而无法推理心理。

人类毫无疑问都是读心者。尽管我们经常会读错，但是我们理解他们想法和表达自己想法的程度已经足够帮助我们用诸多智慧方式进行合作。我们分享想法、建议和目标。我们可以设计复杂的计划，并通过合作来实现这些计划。我们互相教授和学习经验。我们通过讲述来互相娱乐，同时我们在意他人感到好玩和开心的事。我们在庆祝和表演时聚集在一起共享注意力。之后章节会提到的人类文化遗产，可以被理解为是经过世世代代心智合作及交换的累积结果。我们探索读心的本质。我们甚至花费大量精力试图越过障碍最终理解动物心智的本质。大部分对于心智衡量的科学研究都把重点放在了动物聪明地解决问题的能力。下一章我们就会对这些智力研究进行探讨。

---

① 要注意的是，这里关于社会和物理认知的区别是粗糙和极不明确的。社会因素经常会出现在物理任务中（比如，当由另一位社会角色来呈现某物时），同时社会任务也经常涉及对物理组成的推理。

第七章　更聪明的猿类

当把障碍转为机会时，人们表现出了最为独特的人类特征。

——埃里克·霍弗(Eric Hoffer)

人类在使用创造力和智慧统领这个星球的过程中克服了诸多障碍。我们在看不到四周时创造了光；我们在感到寒冷时创造了温暖。我们的智慧赋予我们的工具让我们能够完成曾经不可能的事情，不管是远距离狩猎还是治病救人。逐渐地，我们的科技使我们能够控制自己在意的许多事情。我们不断发现能够解决问题的方案，并把这称为进步——但我们也心照不宣地忽略一个事实，那就是我们大部分的方案都会带来新的问题，从强迫劳役到环境污染。

我们距离建造可持续的全球性理想国还有着非常远的路途。甚至连基础必需品,如足够的食物和干净的水对于许多人类社区来说也是极其匮乏的。但不管你要指出人类哪些尴尬的失败或是辉煌的成功,一个显而易见的事实就是,人类可以是神通广大和具有智慧的。我们依靠自己的智慧存活到今天。我们不断找到越过障碍的机智方法,并将这些障碍转化为机会。

其他动物也有一些解决难题的有效方法,比如寻找食物、庇护所和配偶。总体来看,它们能够很好地应对周期性重复发生的挑战。在这些情况下,它们的方法几乎可以被称作是最佳方案。正像它们的身体一样,它们的感觉、认知和行为也都适应了周围的环境。在许多任务上,其他物种的表现都明显优于我们。一些鲨鱼、鸟类和乌龟能根据电磁场进行导航,这是我们无法感知到的。蝙蝠、海豚和一些鼩鼱可以使用回声定位来扫描周围的环境。蜜蜂则使用光流来控制飞行,如此优雅简单的方式正被人们试图运用在飞机导航系统中。然而,单个个体找到的聪明的办法和一个物种的通用机制之间还是存在差异的。有些看起来非常聪明的动物行为其实是固定程式。这种情况下,新的障碍对它们来说仍然是无法转化成机会的难题。举一个例子,第五章中提到的掘土蜂总要在把食物拖进洞之前检查洞穴里面,就算一位实验者不停地把它的食物拿走它也不会改变这个惯例。

然而,还是有一些动物诠释了解决问题的灵活能力,而且这些动物也不限于脑容量较大的灵长类和鲸类动物。比如,一些澳大利亚乌鸦找到了食用有毒海蟾蜍的方法。这些蟾蜍在 1935 年进入澳大利亚,并成为危害较大的害虫品种。这些鸟类学会把蟾蜍翻个面从它们无毒的腹部啄食。甚至连无脊椎动物也会表现出有大量的聪明行为。我们已经发现一些头足类动物表现出大量的欺骗行为（章鱼是喜欢吃脊椎动物的无脊椎动物）。不管这些例子是否能通过精简的说法来解释，我们都不能武断地认为智力只存在于脊椎动物、哺乳动物或者灵长动物身上。我怀疑比较心理学至今为止对于动物解决问题能力的记录都只是触及皮毛。

然而人类心智表现出的智力灵活度似乎是无与伦比的。我们的智力和创造力的独特之处到底在哪里呢？我们可以先从揭示人类智力本性的研究入手。

对于智力进行的研究从某种程度上来说是心理学学科最伟大的成就之一。每年有无数的人接受智力测试。例如，荷兰在几十年里测试了本国几乎所有年轻男子的智力。智力测试共有两种起源。在英国，查尔斯·达尔文的表弟弗朗西斯·高尔顿爵士（Sir Francis Galton）相信智力是感官敏锐度和个人努力共同结合的结果，他发明了各种各样的测试来测量这些因素。但是后来人们不再着迷于高尔顿的方法，因为他的测试所得的结果不能预测一些重要方面，如哪些学生在学校会表现良好。在法国，智力测试正是出于这些实际考虑而被设计出来。法国政府要求阿尔弗雷德·比奈（Alfred Binet）设计一套客观测试来鉴定那些不适合和同龄人一起在教室进行正常学习活动的儿童。比奈因此开发了一系列的任务——包括测试记忆力、常识、解决问题等能力——他认为智力是多种能力的集合。他测试了大量儿童并计算出了每个年龄组的平均值。这些平均值成为他的参考值。如果你的表现和大部分 12 岁的儿童相似，那么你的心智年龄就是 12 岁。道理很简单。

1912 年德国心理学家威廉·施特恩（William Stern）使用心理

年龄来计算当今众所周知的智商(Intelligence Quotient)。当时定义的智商是指心理年龄除以实际生理年龄再乘以100。如果一个10岁的儿童表现得如同12岁儿童的平均表现,那么这个儿童的智商就是120。如果这个儿童表现得同其他10岁儿童一样,那么他的智商就是100。不过,这些数值只限于评估儿童。如果你把这一逻辑延伸到成年人身上,那么你会发现每个人都想同年长的人作比较。毕竟,如果你表现如同90岁的人们,而你实际上30岁,那么你的智商就是300了。今天的智商测试不再只是一个商数(quotient),而要看你的分数在标准人口分布中的位置。[①] 比奈的测试在美国被修订为斯坦福-比奈测试(Stanford-Binet test),它同韦氏量表(Wechsler scale)一起成为目前使用最为广泛的智力测试。

很可能你曾经在人生某个阶段已经做过这些测试中的某一套。它们测试的能力包括:理解和定义词语;分享实际知识;通过类比、演绎和推论进行思考;解决数学问题;倒序复述一串数字;按正确顺序摆放拼图;复制一个设计;识别图画中缺少的部分;把图片按顺序排列;以及读懂一个新符号系统中的符号。擅长于以上这些方面表示你是聪明的。至少这是许多智力研究者所相信的,对于智力的一个枯燥的定义就是:“智力就是由测试测出来的。”——埃德温·波林(E. G. Boring)于1923年写下了这条定义。当然,这是循环论证(circular reasoning),但是波林发现了一些支持这些测试的有力证据。它们帮助发掘个体差异,而且儿童的表现就算随着年龄增长有所提高,但他们的相对排名通常保持稳定。重要的是,我们早已发

---

① 个人分数被转换到总体平均值仍为100的衡量标准上。分布的标准差为15,这表明略微超过三分之二的人们的智商在85到115之间。如果你的智商是115,那么你的分数就高于84%的人们;如果是130,那么只有2%的人高于你的分数。

现人们如果擅长这些测试的某一部分，通常他们在其他部分也做得不错。这指向了一个综合智力要素，通常被称作"g"，这一要素已被证明能够对现实生活中的表现提供可靠的预测。

智商测试大部分时候被用来评估一个人在培训、工作和其他类似方面取得成功的可能性，而不是用来测量所谓的知识财富本身。智商测试能够预测影响"成功"的诸多指标，从辍学率到未来的工资收入。这些测试在20世纪在西方社会变得越来越受欢迎。①

研究人员已经确定了影响测试表现的诸多变量。举一个例子，孕期接触酒精会导致儿童的智力下降，而高智商父母的孩子的智商通常也较高。智商具有很大的遗传性，不过在过去100年间，人类总体智商分数在持续提高。这激发了有关人类是否变得更加聪明的争论——或者我们只是越来越擅长做这些测试题。

最重要的是，这些测试到底反映了哪些有关智力本质的内容？智商测试研究领域的一个基础共识就是智力包含通过经验进行学习的能力，适应周围环境的能力，以及反思自己表现的能力。因为我们已有大量的智商数据，许多智力研究者正通过各种各样的子测验中人们的表现来寻找关联，并从中寻找线索描绘潜在的智力结构。

唉，智力研究结果引出的各种理论之间存在极大的矛盾。举一个例子，尽管许多研究者重视单一的综合智力要素(g)，其他研究者表示我们应该至少识别两个要素：晶体智力(crystalized intelligence)

---

① 尤其是在美国，智商测试曾造成了极大的影响。智商测试得分较低的人相较于得分高的人更容易入狱、未婚生子或是领取社会救济金。这些数据引起了一些争论，主要是关于美国社会是否逐渐因为智力差异而造成分层。不过，要注意的是，测试本身会影响结果，因为只有分数到了一定级别的人们才会得到某些机会(比如，学习)。

和流动智力(fluid intelligence)。后者会在中年以后随着年龄增长而逐渐减退,前者是指事实知识,通常不会减退。还有理论区别出7种能力(语言理解、语言流利度、归纳推理、空间视觉、数字、记忆力和感知速度),甚至还有理论提出150种能力(篇幅有限,此处不一一列举)。有些研究者赞同使用层级结构,其他一些研究者则重视离散成分。最糟的是,根本没有明确的方法可以确定以上哪些理论是正确的。尽管智力测试在某种程度上取得了重大成就(比如用于预测和赚钱),但是上百万的测试结果和它们之间的关联仍然没有让我们就人类智力的结构达成共识。

使用智商测试的方法来研究智力当然也曾受到批评家的反对。一个长期存在的批评观点是,这些测试主要反映了西方社会对智力设定的标准,而且只是通过有限的人工任务进行测试。比如,回想一下吧,这些测试经常是有时间限制的。尽管快速做决定对于机敏的股市交易员或者空中交通控制员来说是一项标志性的能力,但是在其他文化和情境中对于速度的看待态度存在各种差异。事实上,在许多需要作出聪明决定的情况下,速度是相当不重要的,尤其是相较于作出决定的正确性而言。想一想那些重大的问题吧,例如和谁结婚,买哪个房子,以及是否要参与战争。

智商是在一间安静的房间里用纸和笔来确定的。然而现实生活是吵闹的,你不是总能奢侈地找到一张安静的桌子坐下来。大学里充满了高智商的人们,但是他们中还是有人在日常生活中做不到一些简单的事情——就像澳大利亚人所说的,"简单如酒吧畅饮这事儿都做不到。"(couldn't organize a piss-up in a brewery)正如心理学家罗伯特·斯滕伯格(Robert Sternburg)所提出的,实践性智力极大区别于智商测试得出的可分析智力。你可能在智商测试中得分较低，但在实际生活中却表现非常聪明，反之亦然。我怀疑生活中一些最成功的人——当然政客们马上出现在我脑海中——并不会在智商测试中得到异乎寻常的高分。

事实上智力还有一些其他的解释。一个方案同时识别出了多种智力，包括语言、逻辑、音乐、空间、动觉、自然、人际、内心和存在等方面。你也许还听到过一个广为使用的补充因素叫作情商(emotional intelligence)。这些提议超越了标准测试，它们识别出人们可能具有的多重能力。我们经常说每个人都有自己的天赋——你只是需要找到它。实际上，“天赋”这个词用于描述这些传说中的智力更为恰当。

不论你对于智商测试的看法如何，这些测试对于我们想要达到的目的来说都不是非常有用。我们想要知道人们如何区别于其他动物，不是人类之间如何区别于彼此。因为这些测试都涉及语言指示，所以我们无法直接把它们用在动物身上，不过我还是草率地尝试过了。[①] 想要比较人类和动物的智力，我们必须回到一个必要的基础问题——智力是什么。在看到它的时候我们都能识别它，但是研究者一直全神贯注于研究个体之间的差异，导致他们中有许多忽视了我们共有的智力特征。史蒂文·平克提出了以下定义，“智力……是在障碍面前能够基于理性(尊重事实)的原则做出决定从而达到目的的能力。”

这一定义引出了两个重点。第一、智力是实用的：它能够让我们越过障碍达成目标。所以要评判一个行为是否聪明你需要考虑

---

① 我曾经设计了一个乌鸦渐进矩阵测试(Raven's progressive matrices)的大型版本(其中包含一系列和智商测试紧密相关的图案任务)，并试图来测试黑猩猩卡西和奥基。唉，它们根本无法了解测试的基础前提，很快我就放弃了这个尝试。

该个体想要达到的目的。有些人可能表面看起来像是一个彻头彻尾的傻瓜(比如,碰掉东西,忘记别人,以及犯代价昂贵的错误),但是他们仍能做出聪明的举动。考虑到我们具有推理他人心理的能力,我们有时也许想要被别人误认为是愚蠢的——比如,如果你想让别人相信终止那项任务不是因为你不想继续进行,而是因为你做不到。如果没有目标,那么一个行为很难被认定是聪明的。[①] 第二、想要聪明地达成目标,行动必须基于理性的推理之上。如果你只是靠运气得到自己想要的,那要说聪明的话你可是名不副实。

人是理性动物——至少我是这么听说的。在我漫长的一生中,我勤奋努力地寻找能够支撑这一论调的证据……

——伯特兰·罗素(Bertrand Russell)

尽管亚里士多德宣称人类都是理性动物,但是我们经常辜负他的期望。心理学家阿摩司·特沃斯基(Amos Tversky)和丹尼尔·卡内曼(Daniel Kahneman)记录了人们经常用来做决定的偏见和启发。举一个例子,我们经常根据相关信息的简易程度来做判断,并且一得到满意的答案马上就做出决定。因此我们经常就算有了需要的信息也无法做出最优决定。然而,我们还常常对于自己的判断感到极为(过度)自信,并且抗拒那些证明我们错误的证据。我们总会事后认为当初自己一定能做出现在已知的正确判断。一些研究

① 就此而言,词语"人工智能"可能并不恰当。计算机有着优于我们的记忆,而且计算数字的速度和准确度也胜过人类,但是只要它们没有想要达到的目标,那么它们也许就不能被称为有智能。"想要"不仅仅是指一个目标(这很容易通过编程达到),而是像威廉·詹姆斯所说的"有兴趣"。计算机不会在意你是否把它关机——至少我是这么认为的。

者(还有一些虚构角色如斯波克和谢尔顿·库珀博士[①])非常喜欢指出人类思维缺乏逻辑的地方,许多研究也能证明这些观点。这么说吧,我自己就常常是不理智的——你也一样。

虽然我大方承认了,但是也有证据表明人类是有能力进行理性思考的。伯特兰·罗素显然就可以。我们可以在大脑中尝试可能的方案。我们可以推论和演绎,虽然我们经常喜欢抄近道。我们可以进行推理,尽管我们时不时会受到情绪的影响。我们可以使用科学的方法进行思考,不过我们也可能更喜欢神秘的解释。澳大利亚常见的一条车尾贴是:“魔法可能会发生。”当我看到美国广播公司科学频道(ABC Science)使用自己的贴纸进行响应时不禁笑出了声,“逻辑可能会发生。”说得很好。

任何形式的推理都会涉及的一项基本能力就是个体能够在脑中储存和处理信息。这一存储能力的差异很大程度上解释了推理和智力的差异。短期记忆和长期记忆要区分开来,因为一个的消退不影响另一个的完整。大部分信息只是在脑中稍作停留,然后就永远消失了。试着回忆一下两个段落之前我提到的有关偏见的内容。你也许能记起要点,但是你很可能已经忘记了大部分细节。因而,想要读懂一篇书面文章,比如这本书,你需要把信息在脑中保持足够长的时间以便把正在读的内容和读过的内容有意义地联系起来。早期的研究表明我们的短期记忆只能保存多达七块(上下偏差二块)信息。当需要考虑更多信息的时候,早些时候编入的一些信息可能会从短期记忆中被抹去(除非被转为长期记忆储存起来)。如

① 译者注:斯波克是科幻电影《星际迷航》(*Star Trek*)中的角色,谢尔顿·库珀博士是美国电视剧《生活大爆炸》(*The Big Bang Theory*)中的角色。

果我给你看一串数字，然后让你闭上眼睛从后往前倒着背出，你可能会发现五个数字是相当简单的（48372）但十个数字可就困难多了（3747297497）。

这个发现通常都是成立的——除非你作弊。一个作弊方法就是把信息分块，通过这样就能把记忆任务分成几个部分，比如说十个单词的顺序 AC DCA BCL OL 变成三组顺序 ACDC ABC LOL，这样就更加易于记忆，因为只需要记住三组熟悉的字母顺序即可。在记忆任务中表现出色的人们常常使用大量类似的助记策略。当这些策略无法使用或是不允许重复背诵时，例如让参与者同时进行一项干扰任务，最新的研究表明人类的短时记忆力只限于三到五组信息。我们的短时记忆能力确实是有限的。

如今心理学家倾向使用“工作记忆”来代替短时记忆的说法，因为这个系统并不仅仅是被动的信息储存。① 工作记忆是指在脑中保持和处理信息块的能力。我们在各种心智活动中都会使用工作记忆，从简单如记住电话号码，到充满创造力的复杂尝试，如设计一个房屋。它是我们各项心智操作的工作台。我们可以逃开现实的感知去想象其他的场景，这也是我们在读心和心理时间旅行时需要做的。从某种程度上来说工作记忆是心理场景剧院比喻中的舞台。可以这么说，它能让我们进行脱机思考。有效的工作记忆能让我们短暂地把几个概念联系起来并且思考它们之间的关系。只有当你可以在工作记忆中的多个信息块之间自由转换时，你才能去思考思

① 心理学家艾伦·巴德利（Alan Baddeley）提出了“工作记忆”的说法，并解释了其包含的不同部分：互相独立运作的语音回路和视空间模板。他更进一步提出了“中央执行系统”控制这两个部分的运作。在随后的版本中，巴德利还提出了“情景缓冲器”的概念，这是一个容量有限的储存装置，信息在这里被整合、结合和处理。

想本身以及其他嵌套思维。

工作记忆的容量限制了一个人能够同时考虑多少条关系。这造成了不同人们智力间的重大差异。我们已经明确了人们的工作记忆任务的完成情况能够预示他们在推理和智力测试中的表现。智商测试中约一半的可变性(variability)都能通过工作记忆的可变性进行解释。

儿童的工作记忆在4岁到11岁之间逐步提升,提升的情况和他们能够解决的任务类型有所关联。我的同事格雷姆·哈尔福德(Graeme Halford)证明了学步期婴儿的工作记忆只能联系两个概念,也就是说他们只能理解简单的联系比如"更小"——一个东西比另一个东西小。学龄前儿童发展出处理3个变量关系的能力,比如他们可以计算加法(如,4 + 5 = 9)。只有年纪更大了之后他们才能考虑4个变量,从而可以计算更为复杂的关系,比如比例(如,2比3是否等于6比9?)哈尔福德和同事们提出儿童推理能力的众多发展变化可以通过信息处理容量的变化来解释。

然而,这一理论长期存在的一个问题是,过程和概念可以是成块(chunked)的,正如我们把数字和字母分块一样。哈尔福德拿"速度"这个概念举例子,速度可以通过旅行距离除以旅行时间得到,但也可以是刻度盘上读取的一个单一数字。所以一个3岁大的小孩也许会很自然地谈论速度而不用考虑距离和时间的关系。但是如果你问她:"我们用一半的时间完成同样的路程,那么速度发生了怎样的变化呢?"她并不能回答你,直到她能够在工作记忆中容纳这些关系。工作记忆有限的容量限制了推理能力。①

① 最近的研究表明,综合不同关系的能力以及储存和处理信息块的能力是相关的,但它们也是可以彼此区分的概念。

暂时储存和处理空间是非常重要的，尤其对于想象多种心理场景，把它们融合为一个更大的叙事结构，并进行比较和评估的能力来说更是关键。对于创造任何形式的嵌套、递归和反思来说都是至关重要的。因此，足够的工作记忆容量对于语言、心理时间旅行和心智理论都起着决定性的作用。不过，我们的智慧不仅仅依靠简单的容量提升。

人类从根本上提升想象力和创造力的方法是更好地分组块。我们可以把心理场景本身看作是一个单一的信息组块，然后把它们嵌套到更加复杂的想法中。通过这样的方法，我们就能使用有限的工作记忆平台来思考各种场景并且考虑它们的相似性和合意性。我们可以分层次地组织它们，建造出更高级别的(元)场景。举一个例子，“取得一个学位”这一想法包含众多场景，如听课、学习和考试。但是把这些场景全部设定为一个组块——例如，用一个毕业典礼的图像来代表——我们可以把所有这些活动作为一个组合来考虑，这样我们就不必考虑所有的细节。这个图像就像是一个占位符(placeholder)，它让我们能够思考学位的价值以及它能够带来的机会，而不用在脑中模仿取得学位需要涉及的每日活动。因此我们可以通过占位符来代表(符号化)复杂的命题，把这些命题当作一个单一的思维组块。

聪明地组块划分和嵌入思维让我们能够脱离上下文进行思考：不掺杂各种具体细节地进行抽象的思考。因为这样的思考方式不再与特定细节紧密相关，所以我们可以把从一个场景中学到的内容运用在任何其他场景中去。我们之前提到过烹饪能为我们提供无数的比喻。不拐弯抹角[①]地说：这个能力对人类心智的秘方来说是

① 此处原文使用包含 mince(切碎)的固定用法 mince words 表示“讲话拐弯抹角”。——译者注

最基本的配料。这种脱离语境的思考让我们能够使用比喻的修辞，对看不到的情况进行推断和演绎，创立通用的理论，以及思考逻辑连贯性。所以我们能够形成并且推理抽象的概念，如经济、名词和进化。这个系统赋予了我们异乎寻常的灵活度和潜力。

我们大部分的思考都是抽象的，而不是情景式的。尽管我们本身就有能力制造场景，使用占位符代替这些场景以及把它们当做信息组块进行递归处理。

不过，关于人类智力和场景构建还有一个观点值得我们注意。罗伯特·斯滕伯格提出，除了分析性和实用性的智力之外，我们还要明白人们因为想象力和创造力的差异而不同。的确，最有名的智者之一爱因斯坦曾说过，"想象力比知识更重要。"

我们可以在脑海中构建(尚)不真实的场景。我们使用想象力在无数领域进行设计和创新，比如建筑、艺术、时尚、文学、科学和技术。在所有普通场景中，你不需要是天才也可以拥有创造力，比如烹饪、园艺、运动，或者修自己的车。在全球无数的工作室中每天都有数不清的实用物品和美学物件被制造出来。当你说话的时候你就是在轻松地创作全新的句子。也许有些人看起来比其他人更有创造力，但是我们每个人都拥有巨大的心智力量能够帮助我们产生想法，创造故事，以及想出解决问题的方案。

"想象力是人类最高特权之一。它让人们意志自由地统一曾经的画面和想法，这带来的是绝妙和全新的结果。"

——查尔斯·达尔文

一个循环出现的主题就是，递归是“统一曾经的画面和想法”的重要机制，这让我们能够在语言、音乐、技术和艺术上通过重新结合来进行创新。然而，产生新内容还不够，除非我们想要把创新都交给一个随机的数字制造机。创造力还需要一种评估新生内容的能力。

当然，我们有时也会彼此不赞同对方的评估。众所周知，客观地评估创新力是困难的。我认为具有创造力的东西可能对你来说只是不重要的附属物，反之亦然。因此，研究者设计出了一些简单的测试来试图测量创造力。比如，在所谓的发散思维测试中，参与者被问到如下问题，“告诉我你能拿报纸做什么？”然后研究者记录下一个儿童能够想出的所有合适答案的数量。有时他们也会针对原创性回答给出奖励（假如参与者中没有其他人想到用报纸来“做纸帽子”，那么这个答案就能得到一个原创性分数）。要想出合适的答案，孩子们需要搜索他们自己的知识库，并评估各个选项。这种思考知识的行为可能和心智理论任务需要类似的能力。在我和克莱尔·弗莱彻·弗林（Clare Fletcher-Flinn）的几项早期研究中，我们发现了儿童的心智理论和发散思维分数之间的关系。[①] 一旦儿童通过了错误信念测试，他们会给出更多答案包括原创答案。

我们在心中把自己投射到未来场景中的能力同人类的繁殖力一起，让我们能够谨慎地设计周围环境的方方面面。设计是在脑中想象具有某种功能和美感的新物品或情景的能力。设计不是仅限

① 在心智理论任务中失败的儿童只能给出极少的正确方案。他们经常通过搜寻自己周围房间里的物品来寻找答案，而且一个突出的想法似乎总是停留在他们注意力焦点之内。例如，当要求他们说出红色的东西时，他们可能说，“消防车”，然后不断列出相关物品，而不会去想书本、球或几乎所有其他物品都可能是红色的。灵活地扫描自己的知识库来寻找有潜力的方案，可能需要从一个想法中发散开来的执行能力以及生成和评估可能方案的元表征技能。

于专业建筑师或是服装设计师的行为，它也体现在日常活动中，比如设计一束花或是按照预先想好的风格设计自己的客厅。当设计物品的时候，我们把基础元素按照递归的方式进行结合再结合，并根据自己想要的功能来评估想象中的结合系列。比起顺应周围的环境，我们逐渐地使用这种设计能力来改造世界让其适应我们的需求。我们喜欢挑战，甚至还发明新的问题来让自己解决。有人想玩数独吗？

动物和人类一样也会生产一些物品来改变它们的生存环境。白蚁堆沙丘，蜘蛛织网，河狸建水坝。然而就算这其中最令人印象深刻的产物，比如褐色园丁鸟的精致鸟巢，可能都不是基于理性的计划。我们对于这些物种（或其中的某个性别）的成员制作这些物品的行为仍存在疑问。它们似乎都只会制造一种或几种物品。尚没有证据证明它们具有人类设计的开放灵活性。然而，也许我们低估了它们的能力。有些动物可以使用工具，甚至还有一些物种能够制造工具。我们已经发现，至少类人猿表现出了一些想象其他世界的能力。许多生物都或多或少会有一些机智和富有创造力的行为。想想昆士兰跳蛛波西亚吧，它们猎杀其他蜘蛛时，会绕到其他蜘蛛的上方，或者在风或是其他干扰拨动猎物的网时，它们就会趁着这些"掩护"踏上猎物蜘蛛的网。有太多例子表明非人类物种存在看似聪明的举动。这些就不是智慧吗？

我注意到智商测试团体认为三个元素对于智力来说是至关重要的：从经验中学习；适应环境；反思自己的表现。许多非人类动物能够做到前两条：它们学习并适应。比如，捕猎行为就在进化过程中按照这些标准对动物施加了选择压力，想一下团队捕猎的逆戟鲸和狮子吧，同时它们的猎物也在拼命躲开它们的猎杀。然而，第三个元素——反思，可能指向了人类特有的能力。嵌套思考，或者说思考思考本身，很可能使人类区别于其他动物。

几乎没有证据表明其他动物能够反思自己的想法。不过，有一个系列的研究表明了非人类动物可能具有某种程度的元认知(meta-cognition)。比较心理学家大卫·史密斯(J. David Smith)和他的同事发现海豚能够区分高低音调，但是两个音的频率越接近，它们也就越犹豫。如果提供给它们取消试验的选项时，它们会在两个声音接近到导致错误几率提高时倾向于选择第三个选项，这表明它们能够意识到自己的不确定。主要关于猴类的后续研究告诉我们，在接收简单区分任务的大量相关训练之后，一些动物最终能够在自己感觉容易失败的情况下选择取消试验。

对此的一种解释是这些动物知道自己不知道的事情。一些精简解释已经被细致的实验结果所推翻，但这并不意味着一个丰富的元表征解释就一定是正确的。史密斯和同事们占据中间的立场，他们认为一些动物能够观察到不确定性，因此它们谨慎地选择选项来应对困难的试验。① 这超越简单的关联模型预测，但也不需要涉及对于自己内心精神状态的深思。在之前的章节里我们已经了解到，目前为止我们尚未发现有力证据能够证明动物可以描绘人或其他动物的心理。由于缺乏嵌套思维、元表征和递归的能力，动物智力的灵活度、严重地受到了限制。

一场捕猎行为能够表现出非人类动物在障碍面前追求自己的

---

① 其实我们不应该惊讶于有些动物能够感受到不确定性。许多物种都需要根据一些指示来决定是否要进攻或是否要逃脱，因此识别自己能或不能处理某个状况的能力是非常有益的。在树林里穿梭的猴子需要考虑自己能跳多远。

目标的能力,因而满足了部分平克对于智力的定义。它们目标的复杂度也许受限(尤其考虑到心理时间旅行的局限),但是它们明显能够追逐特定的目标。尚未明了的是它们在追求过程中是否思索缘由。大部分明显涉及推理的情况都同时吸引了丰富解释和精简解释,最终的辩论结果通常是复杂且涉及多方面的。我不能对相关的大量文献给出一个详尽的评述,但我选择了一些重要的例子,希望能够传达就以下这一问题目前科学界的认知状态:动物们能够理性地解决问题吗?

有关动物聪明地解决问题的最著名案例也许就是来自沃夫尔冈·柯勒在一战期间对黑猩猩进行的经典试验。德国完形心理学家(gestalt psycologist)①柯勒当时在特纳利夫岛上②——有传言称他可能是间谍——进行了大量的实验,他在自己名为《猿类的心智》(*The Mentality of Apes*)的书中对这些实验进行了描述。在他的研究中,他向一组圈养的黑猩猩提出各种各样的谜题。比如,他把香蕉绑在黑猩猩领地的天花板上,然后观察它们如何通过叠起箱子来取得奖励。他还把香蕉放到领地之外黑猩猩无法够到的对方,最终它们使用棍子把香蕉勾了进来。柯勒的明星学员是一只名叫苏丹(Sultan)的雄性黑猩猩。柯勒认为苏丹会考虑现实情况,然后决定一个方案,它通过洞察现状来解决难题而非通过关联学习。

考虑到研究者在早期已经获得了这些成功经验,随后的研究产生的混合结果让我们感到吃惊。尽管文献中有着一些引人注目的猿类解决问题的案例,但是猿类的行为经常看起来比所谓的"洞察"

---

① 完形心理学,又称格式塔心理学。西方现代心理学的主要学派之一,强调经验和行为的整体性。——译者注

② 特纳利夫岛(Tenerife),西班牙加那利群岛最大岛屿。——译者注

要更加偶然和随意。类人猿通常可不会坐着不动只动脑筋，然后突然开始实施一个无懈可击的方案。相反地，它们通常要进行大量的尝试，犯大量的错误。许多报告都记录了它们对于解决一个简单问题做出的令人惊讶的错误尝试，而且个体解决难题的能力呈现出较大差异。不过，研究者也频繁观察到一些黑猩猩，以及其他类人猿，能够解决一些其他动物大都束手无策的难题。

在一项研究中，大猩猩和猩猩能够挑选适合长度的工具来取得奖励。甚至在没有面临难题的时候它们也会挑选正确的工具，这表明它们能够在心中描述自己需要的东西。在另一项实验中，同一批猿类使用一个工具来取得另外一个随后能被用来取得食物的工具。这种“元工具”(meta-tool)方法也许是使用工具制造工具的前身。

我们曾经认为只有人类才能制造工具。这一技能确实少见，但是研究发现至少有少量其他物种也能够制造工具，这些物种包括：类人猿、大象、鹗形树雀和新喀鸦(New Caledonian crows)。我最近去马雷岛拜访了那里的研究站，盖文·亨特(Gavin Hunt)、罗素·格雷(Russell Gray)、亚历克斯·泰勒(Alex Taylor)和同事们在那里对新喀鸦进行研究。在那里我看到一只乌鸦检查一个放着诱饵的洞，然后它飞到了附近的露兜树丛，用喙撕拉下了一片带着倒钩的树叶，接着它把那片树叶伸到了洞里取得了食物。如果够不着食物，它会飞回去寻找更长的工具。研究者展示了这些鸟类可以使用工具来取得另一个工具。乌鸦能够使用短的工具来取得更长的工具，然后它们再使用那个较长的工具来尝试取得食物。

乌鸦属于鸦类，鸦类还包括喜鹊、渡鸦和松鸦。比较心理学家南森·埃默里(Nathan Emery)和尼古拉·克莱顿提出在一系列不同领域中鸦类都表现出了十分类似类人猿的能力。举一个例子，渡鸦有能力解决的难题包括拉绳子来取得绳子另一端的东西。当它们面对不止一条倾斜的平行绳子时，它们会不断地拉那条系有食物的绳子，而忽视其他几条。一些研究者认为它们对于有关联系的因果关系表现出了一些洞察力。

然而，这些动物解决难题的案例仍然引发了一些犹豫的质疑。我们已经不止一次看到，一些看似聪明的举动其实不一定是智慧思考的结果。聪明的汉斯效应就是丰富解读者常常需要考虑的问题。比如，鸦类拉绳子的行为也许说明它们理解绳子和食物之间的联系，但是这个行为也可以用简单的关联学习来解释，因为每拉一次绳子，这些鸟都会看到食物移动得更近，而这就像是奖励。泰勒和同事们最近进行了一些实验，实验中他们控制鸟类拉绳子时是否可以看到食物。如果它们看不到食物在逐渐靠近，它们会停下来。如果它们能够看到，哪怕是通过镜子，它们都会继续拉绳子。中断视觉反馈也会中断它们拉绳子的行为。这表明这些乌鸦对于该问题没有洞察力，它们的行为只是即时动作强化（immediate reinforcement）。

尽管你也许质疑关联学习能有多强大，①但是我们经常也需要考虑更精简的解释是否能够适用于这些观察到的行为。丹尼尔·波维内利是对于类人猿类心智理论行为主张精简解释的扫兴派主要代表人物，他连在黑猩猩身上也没有找到证据可以证明它们具有洞察力和因果思考的能力。虽然猿类能够在野外制造和使用工具，但是他发现猿类对于工具的功能特性只具有非常局限的理解。在

---

① 重大后果可能导致一次尝试就能获得常识（你不需要多次被炉子烧到手才学会不要把手放在上面），微小的结果对于塑造行为的作用相对较小。举一个例子，想一下你应该把车钥匙向左转还是向右转吧。这可能是你做过上千次的动作，你也许在往右转时得到奖励（车门打开了），或者是向左转时得到了惩罚（车门还是锁着）。我到现在还是经常转错方向。

波维内利的研究中，黑猩猩在选择拉一条放在香蕉上的绳子还是一条捆住香蕉的绳子时，它们选择两个选项的几率是相近的。当研究者提供一把头部柔软的耙子和一把头部坚硬的耙子给它们用来耙食物时，它们的选择结果表现较差。它们犯了最低级的错误，波维内利总结称，它们无法推理抽象的力，如重力和支撑力。相反地，它们通过可观察到的事件来学习其中的关联。

然而，当猩猩面临选择天然棍子工具时，它们在最近解决了一些波维内利设计的有关连接的难题。同时还有其他一些研究结果表明他的结论是不成熟的。在一项设计精巧的研究中，猩猩充满创造力地使用水来解决了一个难题。研究者在一个管中放入花生，猩猩无法直接取得花生，它们用嘴巴来装水，然后一遍遍地把嘴里的水灌到管子里直到花生浮出来，然后它们顺利取得花生。随后测试的其他猿类无法找到这个解决难题的方法。秃鼻乌鸦（rooks）是之前不为人知的会在野外使用工具的鸦类，最近研究者发现它们聪明地控制水平面的能力类似伊索寓言中的乌鸦和水罐故事中的情节。当把一个装有浮在水面的昆虫的容器放在它们面前时，它们会自发地把石子投到容器中，这样水平面就会升高，直到它们能够吃到食物。新喀鸦也能学会这样做，它们能够在干扰选项中选出实用的物品。那么，也许一些鸦类和类人猿的确能够通过洞察解决一些问题——至少有些时候在有些情况下。

所谓的“陷阱管子任务”（trap tube task）非常具有启迪作用。动物需要把一根棍子插进有机玻璃管中，从而把一小部分食物推出来。但是窍门在于需要注意棍子从哪边伸入管子，在管子一端有一个陷阱，如果从另一边伸入工具，比如从左往右推，那么食物会掉到陷阱中，如果从右往左推，那么食物会从装置中掉出来，动物也就能够取得。在经过 90 次实验后，4 只僧帽猴中只有一只能够学会不让食物掉进陷阱。然而当把管子的方向颠倒之后，连这只猴子也失败了，这表明这些灵长类动物无法理解实验中涉及的简单因果关系。黑猩猩的表现稍微好一些。然而，不管陷阱在管子的上方和下方，它们都往一个方向推食物，就算当陷阱朝上重力会导致失败时。随后的研究表明大部分类人猿无法完成这个任务，不过它们中的一些能够通过学习来最终完成。不过，当有小的改动时，就算之前表现最成功的动物也会失败——比如它们需要把食物推出去而不是耙进来的时候。

波维内利和他的同事佩恩（Penn）和霍利约克（Holyoak）因此坚持类人猿无法理解感知上不同但功能上相同的任务之间的相似之处。事实上，这些研究者提出这正是在本质上把人类和非人类动物的心智区分开来的原因：只有人类能够形成"关系之间更高层次的关系。"意思是只有人类能够就统治这个世界的因果机制构建出各种理论。然而，这个对于动物类推能力的精简解释——你大概已经猜到——受到了挑战。当陷阱管子试验新版本中不涉及工具时，一些黑猩猩能够避免陷阱，它们还能在类似版本的任务中发挥自己的能力。事实上，连新喀鸦最近也通过了标准版本的任务，并且也有能力完成其他有着不同感知线索的任务（不过在陷阱本身发生变化时它们仍会感到困难）。① 因此类人猿和这些乌鸦至少表现出了一些推理因果关系并将洞察力运用于其他情况的能力。还有其他

① 最近，这些乌鸦表现出能够考虑藏起来的研究人员。当乌鸦看到一个人藏起来，然后再看到那个人藏身的墙上的洞里有一根移动的棍子，接着看到那个人再次离开，它们更愿意接近那个之前藏人的地方，而当它们只看到移动的棍子时，它们会比较犹豫。这表明这些鸟类把之前的棍子移动与藏起来的人类联系了起来。

证据表明黑猩猩可以通过类推进行推理。

心理学家大卫·普雷马克教会黑猩猩把一个写着“相同”字样的塑料标志放在两个橘子的中间，把写着“不同”的牌子放在一个香蕉和一个苹果的中间。这些动物随后还学会了把这个做法延伸到比较其他一样或是不同的物品。黑猩猩可以解决的类推包括从小三角形到大三角形，从小正方形到大正方形等。[①] 也有一项研究发现黑猩猩能够理解功能性的类推，例如“开罐器和罐子的关系正如一把钥匙和一把锁的关系。”这里的联系不是感知等值，而是目标等值：打开。这一结论与波维内利和其同事认为的人类认知之所以独特的原因是针锋相对的。然而，这个结果还没有被重复验证，所以丰富和精简的解释仍然争论不休。

要注意的是，就算是提出黑猩猩能够进行类推的研究报告中也都指出了这些能力具有明显的个体差异和局限。无法持续表现的问题也出现在其他有关推理的研究中。我们来看一下最近的一个实验吧。想象一下我把奖励放在一个手里，左手或者右手。如果我给你看了左手是空的，不涉及魔术技巧的话，你一定会推理奖励在我的右手中。有证据表明黑猩猩也可以做出类似的推理。何塞普·考尔把食物放到两个管子其中一个里面。被测黑猩猩看到第一个管子里是空的之后，它们有时不看第二个管子就直接取出里面

---

① 我和保拉·欧文(Paula Irving)曾在海洋公园对一些海豚进行了简单的试验。首先，我们在浮舟的一边向它们展示一个符号，如果它们随后能够用鼻子从两个板子中间触碰之前看过的符号，那么我们就会奖励它们。然后我们向它们展示一些从感知角度存在差异但是存在类推关系的物品，并希望它们把这些物品进行配对。唉，海豚不太擅长这个。当它们做错的时候，它们不会检查错误，而是使劲顶那个错误的板子，或者先翻个身，或者做出其他的技巧动作。我们都知道，负面的结果是比较难解释的。对于该发现的一个可能的简单解释就是，在海豚和人类的互动中，通常是用鱼来奖励杂技动作，而不是奖励正确的选择。

的食物(见图示 7.1.)。但它们并不经常这么做,原因可能是两个管子都看一眼并不会浪费太多时间和精力。因此,更好的测试或者应该涉及强制选择。

图示 7.1　安德鲁・希尔与雌猩猩布尼亚(Punya)进行管子任务。(艾玛・科里尔贝克摄)在这项何塞普・卡尔研究的复制版本中,一只猩猩和两只黑猩猩表现出了自发使用排除法进行推理的迹象。

考尔把食物放到两个杯子其中一个里面。然后他轮流摇动两个杯子,装有诱饵的杯子会发出声音。被测的类人猿通常能够选出有食物的杯子。但令人吃惊的是,只有少数的被测猿类(9/24)能够持续可靠地作出选择。其余的时不时会选择不发声音的杯子。研究者对成功的动物进行了后续的测试来检验它们是否能够使用排除法来进行推理。接下来的第一个测试也非常简单。两个杯子中的一个里面放了诱饵,但是这次研究者只摇动一个杯子。如果这个杯子发出声音,那明显里面装有食物。如果杯子没有发出声音,根据排除法,另一个杯子里面一定有食物。剩下的 9 只猿类中的 3 只在研究者摇动空杯子的时候选择了另一个杯子。

至少这3只猿类理解了推理过程，或者它们并不理解，只是把声音作为关联线索呢？为了排除这一简单解释的可能性，考尔引入了一系列更加聪明的测试。他把一个录音机放在杯子上方，当他拿起但并不摇动装有诱饵的杯子时按下录音机的播放键，摇动装有食物杯子的声音被放出。在这项研究中，大部分猿类选择装有食物杯子的几率并没有高于随机概率。因此它们的选择并非由于声音和食物之间的简单关联所驱使。这表明在之前的研究中，它们的表现不是简单基于这种关联之上。然而，在所有被测动物中，只有一只大猩猩的全面表现符合推理分析，其他对象都未能做到。所以，我们再一次地发现，虽然有证据证明猿类不只能够试错学习，但是它们的表现仍不稳定。

我的博士生安德鲁·希尔（Andrew Hill）继续了这一研究，他测试了20只黑猩猩、猩猩和小型猿类。再一次，我们发现它们的表现不佳。不过，有两只黑猩猩的选择方式完全符合推理分析的标准。[①] 那么，根据目前的证据可知，通过排除法进行推理并不是人类独有的特征。然而大部分猿类在面对这些最简单的推理时遇到的困难突出表现了人类和近亲猿类之间的显著差异。我们仍不清楚它们能力的本质是什么。

对于动物行为的丰富和精简解释之间的经典辩论通常可以归结为两个选项，那就是，不涉及洞察的关联学习，以及同人类一样富有洞察力的逻辑和推理。在现实中，就像上述例子所强烈表明的那样，这是一个引人误解的简化解释。如果一个物种的表现不能用试

① 曾有争论认为考尔的录音机实验没有考虑到摇动和声音结合的关联学习的可能性。为了检验这一点，安德鲁通过摇动一个复制的杯子发出的声音来暗示食物的位置。这种情况下，猿类的表现是随机的，但是当摇动的确实是目标杯子时，它们的正确率高于随机概率。

错学习来解释，并不表示它们就一定能够像人类一样进行推理。我们已经看到了它们的解决方案是有限和不稳定的。相反地，如果动物行为不是受到类似人类的推理所驱使，我们也不能马上得出结论说这就一定是无需心智的关联学习。不同物种在解决问题的能力上存在差异，而这个两极化的看法无法解释为何如此。事实上同种动物通常擅长于学习一件事情，但完全不擅长学习其他的内容。[①]这些发现表明，动物不像行为主义者曾经想象的那样简单地具有通用的学习机制。

不同的物种进化出了各种各样解决难题的方法。就算不能完全像人类一样进行推理，它们也许仍然有着超越简单试错学习的方法机制。它们也许有能力学习一些因果关系，但对其他因果关系却毫无头绪。它们也许能够在做一件事情的时候注意到一些至关重要的信息，但在做其他事情时却做不到这一点。诸如此类。比较心理学家的挑战在于，他们需要超越理性主体对抗关联机器的简单二分法，并尝试描绘自然世界中不同认知能力的多样性地图。这里我的任务是寻找使人类心智区分开来的特质。但这并不是说所有的动物都具有相同的能力——它们的能力大相径庭。

根据目前已知的证据，我们可以得出结论，在所有讨论过的有关解决问题的领域中，认为动物无法推理的概括结论应该被推翻。一些动物有时在一些情况下可以进行推理。然而，它们的推理能力

---

① 举一个例子，我们最近让新喀鸦在装有食物的两个箱子中做选择，一个箱子中有一根棍子末端插着肉块，另一个箱子中的食物或是没有插在棍子上，或是插在断裂的棍子上，或者棍子因为其他原因不能使用。在这种情况下，这些鸟类的表现是随机的。但是当让它们在功能完好和破损的工具之间做选择来取得食物时，它们能够迅速做出正确的选择。尽管这些鸟类是狂热的棍子使用爱好者，但是当棍子上已经有了食物时，它们需要非常多的尝试才能学会该怎么做。对它们来说，一些事情比起其他事情更加容易学会。

似乎有着大量的局限。即使在最令人信服的展示中,它们的表现也是不稳定的。仍然没有迹象表明它们对各种力之间的关系描述有着明确的理论构建。一些动物能够制造工具,但目前为止仍未发现它们能够通过组装各种零件来设计和改良工具以便让它们具有多种功能。没有嵌入场景构建,没有人类心理旅行、心智理论和语言所带来的便利,我们很容易理解它们即便在最简单的任务中的推理能力也是有限的。一个关键的潜在限制因素就是工作记忆能力。

我们已经了解到,人类智商测试中存在的大部分个体差异与工作记忆能力的差别有关。比较心理学家松泽哲郎(Tetsuro Matsuzawa)和他的同事们在京都大学对黑猩猩进行了一系列创新研究,研究表明了他们具有令人吃惊的记忆能力。在这些实验中,黑猩猩爱(Ai)被训练面对计算机触屏按照从小到大的顺序按下屏幕上随机出现的数字。其中一个版本是,当按下第一个数字之后,其他数字会被白色的方块盖住,爱需要根据记忆按顺序按出已经看不到的其余数字。当屏幕上有5个数字时,她的正确率是65%。因此这表明爱具有5个数字的工作记忆容量。尽管这令人印象深刻,但这个表现也许反映的是3个而不是5个数字的容量。按下第一个数字不涉及记忆(它能够马上按下),最后一个数字总是最后剩下的那个方块。

一项更近的研究报告称一些黑猩猩可以完成9个数字的任务(也就是说能够记住7个组块)。爱的儿子小步(Ayumu)在一个版本的测试中打败了人类,这个版本中屏幕上的5个数字仅显示0.2秒——这对于通过眼球运动来探索整个屏幕来说时间太短。如果你能亲眼看到你会发现这是非常令人印象深刻的表现。数字出现然后快速消失，接着小步快速按照从小到大的顺序按下 5 个数字所在的位置。在一个会议上，我们观看了一则视频，视频中的黑猩猩在实验过程中被打断，它看向别处，然后回过头来瞬间完成了剩下的数字排序。研究者们现在认为黑猩猩是通过类似于相片式记忆(photographic memory)的能力来完成此项任务。黑猩猩的表现优于成年人类的发现在科学界和非科学界都引起了极大反响。然而，这个比较也许并不公平：被测人类没有针对这一任务进行过类似被测黑猩猩所进行过的大量练习。在随后的研究中人类进行了练习，然后他们的表现超越了黑猩猩。

那么，黑猩猩的工作记忆容量有多大呢？研究者还没有实施能够与人类工作记忆测试（通常涉及干扰任务）相提并论的猿类工作记忆测试。德怀特·里德(Dwight Read)通过分析猿类在野外和实验室的众多任务表现得出结论，黑猩猩的工作记忆能力实际上局限在两到三个概念。例如，他检验了坎兹和尼姆·奇姆斯基组成的可理解单词组合的数量，以及在自然工具使用过程中物品组合的数量。如此的工作记忆容量也许是因为嵌套思维的缺失，这也说明这个能力的一个基本局限。人类进化过程中工作记忆能力的逐渐提升在很大程度上揭示了标志人类心智独特化的质变。这是一个有趣的假设。但是由于我们尚未确定用于测量非人类动物工作记忆的非语言测试，我们需要等待更多的研究结果来得出一个更加确定的结论。

我在之前已经提到过，有些动物擅长学习某些事情。比如，老鼠能够学会分辨哪些味道可以造成随后的恶心感受，但对于可以造成恶心的声音它们却无法辨认。进化也许决定了一个物种应该重点学习什么内容。考虑到老鼠是探索新食物的能手,那么学会把味道和身体的不舒适联系起来是非常重要的。许多物种在特定的情境下会表现出聪明的行为,但在其他情景下它们的表现却远远不如。灵长类动物学家多萝西·切尼和罗伯特·赛法斯认为动物表现出了"激光束智能"(laser-beam intelligence)。大卫·普雷马克同意他们的观点,并使用猫科类动物中的教育行为来说明一个聪明但存在局限的能力,这一能力只服务于一个目标,那就是:教会狩猎。相反,人类的教育涉及广泛的领域,并且服务于众多目标,关于这一点我将在下一章进行更多讨论。普雷马克认为使人类智力变得与众不同的要素是灵活性。这些能力中包括我们一直在讨论的:语言、前瞻力、读心和推理,这些能力都不局限于某一个特定领域,而是几乎能被用来实现无穷无尽的目标。

不同的物种有着不同的与世界互动的方式。一些物种对周围环境的挑战有着相当有限的回应方式(比如,蜗牛的防卫只是躲回自己的壳里),也有一些物种有着较多的方案可供选择(比如,一只猴子能够威胁、躲避、从自己的群体中寻求支持,或是爬到安全的地方)。哲学家吉姆·斯特林(Kim Sterelny)把这称作"反应幅度"(response breadth)。人类对于各种情况的反映是灵活和多样的。我们还能创造新的方式来应对情况,并且怀有好奇心。我们寻找新的信息,也更愿意选择能够激发新的洞察力的情况。德语中表示好奇的词是"Neugierig",它的字面意思是"对新信息感到贪婪"。的确,我们通常渴望得到新的信息,而且当理解这些信息的时候我们的身体会分泌内啡肽(endorphins)——它就像某些毒品一样激发出阿片受体(opioid receptors),让我们感到愉悦。我们都知道读一本好书会让人感到有所收获。欧文·比得曼(Irving Biederman)把人类称为“食信息动物”(infovores),并以此来强调我们对于可以理解的新信息的内在饥渴感。(然而,他并没有将这一说法局限于人类。)

一项经典的研究是在动物园里使用木块、销子、链条和橡胶管对超过一百个物种进行实验。研究者发现灵长类和食肉类动物的好奇程度约为啮齿类和其他哺乳动物的两倍。而且,类人猿花费约两倍于其他灵长类动物的时间来观察物体。我们的近亲不仅具有好奇心,而且还相当有创新力。我和安德鲁·怀特恩记录下了无法拉开插销打开盒子取得食物的黑猩猩一共尝试了 38 种不同的方法。它们尝试使用一只手,然后两只手;它们用嘴唇、双脚和其他工具;它们推、拉、捅;它们抓住、握紧、击打。它们不会轻易放弃。狒狒对这一装置的探索方法要少得多,尽管它们的手,包括拇指与其他手指的比例,都比黑猩猩更加接近人类。所以,一个检验反应幅度的方法就是,提供给动物一些物品并记录下它们做出的反应的多样性。

一项研究记录下了灵长类动物对一条打结的绳子做出的动作的多样性,这条绳子的一端在笼子的外面系牢。被测对象并不会获得任何食物奖励,研究者想要研究的是它们玩耍时的举动而不是功能性的举动。比起其他灵长类动物,类人猿令人瞩目地做出了更多动作,并且使用更多身体部位。类人猿表现出特别的创造力这一事实被不断验证。换句话说,它们的行为是最难被预测的。实地观察到的它们对事物以及社会中其他同类的创新力和创造力行为与上述结果一致,[①]同时一致的还有它们社会传统的多样性,这一点我们

---

① 动物行为创新的概率与大脑尺寸、使用工具和社交学习的频率相关。

将在下一章进行讨论。因此有迹象表明智力和创造力在进化过程中的渐进。我们的近亲相当擅长于与周围的环境进行灵活互动。

尽管如此,人类反应的多样性仍是无可比拟的。我们的创造力似乎没有边界。我们能够把不同的元素进行无穷尽地组合,不断创造新的行为、工具和句子。通过语言我们可以从他人的反应中学到东西,就算我们没有亲眼目睹他们的行为。通过心理时间旅行我们能够检验可能行为的后果,就算我们没有身体力行地去尝试。这样,我们可以在脑中克服障碍和发现机会。我们可以把场景处理为信息块,并使用占位符来构建更高等级的关系。我们可以脱离上下文关系来推理整个抽象概念。我们可以构建掌控这个世界的各种力量的详细理论,并系统地测试它们是否正确。只有人类掌握了科学。

西塞罗(Cicero)曾断言:“最重要的是,人类因其对真相的追寻和调查而显得卓著”。从某种意义上来说,他也许是正确的。获取知识是驱动人类努力的目标,我们的幸福源自获得理解。我们可以在他人的见解和观察之上累积知识。我们建立的文化几乎渗透到我们做的每件事中,它们帮助我们在周围环境中做出明智的举动。说到文化,让我们翻到下一章吧。

第八章　新的传承

人类与其他物种的首要不同在于我们依赖于信息的文化传递，并因此形成了对文化进化的依赖。

——丹尼尔·丹尼特

我们是具有悠久文化的生物。这并不是说我们每个人都是古典音乐、文学和美术专家。文化在广义上包括我们从他人那里学到的所有可持久事物，其中有些是司空见惯的——甚至是平庸的——传统、价值、知识和其他由社会创造和宣传的事物。例如，鞋子就有着独特的文化。有人意识到给自己的脚加上鞋底是一个好主意，从那以后，全世界的人们不停创造各种新的款式。你和我都受益于这一知识，尽管我们并没有构思这个想法、获取原料、设计鞋子或是制作鞋子——我们唯一需要做的就是去购买它们。这种合作是非同寻常的。没有任何一只猴子穿鞋子——至少没有任何鞋子是由其他猴子制作和出售的。

我们在时间长河中所累积的知识、技能和手工艺是异常强大的。我们受益于他人在很久以前所做的事情。就像谚语说的那样，“我们不需要重新发明轮子。”约6000年前有人发明了轮子，这一想法快速传播开来。从最初被陶工使用的轮子，比如在美索不达米亚城市乌尔人们使用的陶工轮，到用在战车、机械钟、滑轮和呼啦圈的轮子——这一基本想法有着成千上万的运用方式。我们依赖于他人创造的文化成就。

丹尼尔·丹尼特认为文化事物让我们变得更加聪明，让我们能够做到曾经做不到的事情，让我们能够探索新的方式来更加充满智慧地与世界互动。从船舶被制造出的那天起，充满各种可能性的海洋就在人类面前展开了怀抱。类似的视野扩展也存在于文化的非物质层面。比如，文字不仅是交流的工具，也能用来分类、思考和推理。我们不必重新发明概念和符号，这些都可以从我们的群体的现成知识中获得。“鞋子”这个词本身就是我们文化遗产的一部分。我们都知道，你也许掌握上万个词汇，但其中极少是由你自己发明的。大部分你所掌握的概念都来源于他人。“软件”和“进化”都是较新的文化发明，但你不需要铺开所有的背景理论知识就能够使用这两个词汇。一个由文字构成的心智极大不同于没有文字的心智，不同文字会以不同方式影响你的思考。①

---

① 不管你如何理解“语言相对性”(linguistic relativity)，语言决定思想的说法也许确属事实。虽然著名的有关因纽特人使用大量不同词汇来表达雪的谣言已经被粉碎，但是很显然任 （转下页）

尽管我们的个人理解经常存在偏差，我们的预测也常被误导，但是通过与他人的想法的联结，我们的预测能力和控制力量得到了大幅提高。通过心智理论，我们能够将场景构建的心智交织成更广的网络。通过互相教授和学习，我们能够将体验到的、提取到的、创新出的以及从他人那里学到的知识传递下去。因此人类才能够社会化地维持和积累知识、习俗以及生存策略。

文化渗透在我们所做的大部分事情中。我们是一个更大矩阵(matrix)中的一部分，在这个矩阵中，我们在祖先和现代人们所做出的文化成就之中互相联系。我们的心智由自己所在群组的文化遗产所塑造。作为个体我们可能是脆弱的，但作为一个整体我们是极其强大的。人类文化造就的文明或好或坏地大幅改变了这个星球。这个系统建立在非比寻常的合作层面之上。在这一章中我对文化的讨论首先集中在广泛存在的合作需要克服的基础难题，随后讨论传递和改变文化需要的关键机制。

无论你如何看待人性，人类都是有着卓越合作精神的群体。人们习惯性地与朋友、家庭成员、社区、团队、俱乐部、公司、社会、联盟，以及其他国家和国际机构进行合作。读取他人想法以及互相表达想法的能力让我们能够以空前灵活的方式来协调我们的行动。洞察力让我们能够构建和追求长期合作计划。我们甚至能与不认识的人进行合作。当我在欧洲、亚洲和美洲各地搭便车的时候极其依赖这一点。不管我走到哪里，都会因为陌生人的好心和知识而受

(接上页)何领域的专家对于他们研究的课题都比一般人掌握更多的词汇，也因此理解更多的概念类别。当我看到一些鱼类，我的伴侣——海洋生物学家克里斯(Chris)看到的却是十几种不同的种类以及复杂的生态系统。

益。你可以把我们全部塞到一辆巴士或是足球场里面，极度混乱的状态却并不大会发生。

我们也会进行经济上的合作。只要价格合适，大部分人愿意与任何人交换商品和服务。你拥有的大部分物品几乎都是由他人制造的：你的衣服、家具、音乐、调料、艺术品——当然，还有你现在正在读的这本书。尽管我在南半球写下这些内容，你也许正在地球的另一端阅读它。你正在从我的劳动中受益（无论你是否赞同我所写内容）。

想象你独自一人被搁浅在岛上，当你想要重建家园时，你会更能明显感觉到我们对于他人的想法和劳动的依赖程度。你不知道如何制造自行车，更不要说汽车了，就算你知道如何做，你又如何获得需要的原料呢？就算要自己种植食物，你也需要依赖祖先们发现的原理和知识。我们场景构建式的大脑需要依靠大量他人的想法和经验来指导自己的未来。我们的现代交流方式使我们有机会在这个星球上的任何地方与任何人进行合作。

其他的动物也会互相合作。共生关系是广泛存在的。举一个例子，你就是上百万细菌的寄主，它们不能没有你，你也不能没有它们。事实上，你身体中细菌的数量超过了你的细胞数量。它们为你做事，你为它们提供一个良好的栖息地。只要利大于弊，共生关系就是正常的。有些动物甚至在合作中担负看似巨大的风险。清洁鱼在大鱼的嘴中食用寄生物，作为回报，大鱼不会把它们吞入腹中。一些蚂蚁会保护蚜虫免受捕食者攻击，有时甚至会帮它们储藏虫卵。作为回报，蚂蚁可以食用蚜虫分泌的蜜汁。

同一物种成员之间的合作也同样广泛存在。蚂蚁和其他社交类昆虫一样展示出大规模的合作行为。它们这么做的原因是因为每个个体最终都是紧密相关的。一只蜜蜂也许会因为刺蜇攻击者而死亡，但个体的牺牲提高了其他同伴的存活和繁殖（以及基因延续）的概率。这种族群从某种程度上来说就像是一个超级有机体（super-organism）。裸鼹鼠是采用类似策略的哺乳动物。鼠后借助一些雄鼠的帮助繁殖后代，工鼠们则在洞穴中忙碌于其他工作。尽管工鼠们自己不会繁殖，但它们的行为提高了担负繁殖任务的同伴的健康生存状况。

进化生物学家威廉·汉密尔顿（William D. Hamilton）表示在进化中重要的不是繁殖出的后代数量本身，而是传入下一代的基因。由于我们与亲属有着共享基因——我们与每个自己的兄弟姐妹、孩子和父母共享至少 50％的基因；与半同胞兄弟姐妹、（外）孙子女、阿姨/叔叔、侄子/侄女共享 25％的基因；与堂兄弟姐妹共享 12.5％的基因等[①]——我们的基因在下一代身体中的比例一部分由我们亲属的繁殖成功率所决定。如果你的某个行为能够帮助维持亲属的健康，那么就被选择保留，就算对你来说需要付出一定代价。汉密尔顿提出的法则说明了什么时候代价行为会被为亲属提供的利益所补偿。[②]

亲属之间的合作可以通过亲缘选择（kin selection）来解释。想一想为了某一个家庭成员你愿意承受多少痛苦。一个测试方法是，背部挺直靠墙，大腿和小腿呈九十度弯曲，想象着自己坐在一个虚拟的椅子上。尽量长时间地保持这个姿势。一开始你可能觉得很

---

① 实际上的基因相似度通常要高得多。当几乎没有外来移民时，群体成员之间的基线平均关系是相当高的，因此亲密家庭成员之间的相似度一定更高。

② 汉密尔顿法则是 $rB>C$。如果个体（C）付出的代价小于受益者所获得的益处（B）乘以个体和受益者之间的关系程度（r），那么个体就会表现出利他行为。

简单，但姿势保持的时间越长你会感到越痛苦。一些有胆量甚至是无情的研究者使用这一练习来量化人们愿意为自己的家庭成员承受多少的伤害，研究者承诺根据参与者保持不动的时间长度付给他们钱。如果钱是付给参与者的，他们坚持的时间最长。如果钱是付给一个亲属，人们坚持的时间长度取决于这个亲属和他们的远近程度。比起一位阿姨或是祖父母，他们愿意为父母或是兄弟姐妹坚持更长时间。他们为表兄妹坚持的时间更短，为不相关的人坚持的时间最短。这些行为正是亲缘选择观点所预测的。

你也许会反对这一观点并认为存在例外情况。[①] 比如，你也许决定不为某一位家庭成员遭受痛苦。比起任何一位亲属，你可能更愿意帮助亲密的朋友。以上提到的一些实验结果，包括一些确证的事实，都只是平均情况，所以例外情况的存在是有可能的。很明显不是所有的人类合作，都可以简单地通过亲缘选择进行解释，因为我们明显与一些不存在亲密关系的人们进行广泛的合作。正是这些非亲属关系的合作让我们在动物王国中显得与众不同，这一点对于解释人类社会和文化也是至关重要的。

社会生物学家罗伯特·特里弗斯(Robert Trivers)提出，我们和非血缘关系的人进行大量合作是因为期待未来会有回报：礼尚往来嘛。回报不需要是马上完成的，回报方式也可以是间接的——比如，通过钱。换句话说，我们进化出乐于助人的行为是因为我们

---

① 最容易想到的引人注目的例外情况似乎就是，虐待和谋杀儿童案件的最高概率发生于家庭之中这一事实。然而，进化心理学家马丁·戴利(Martin Daly)和马格·威尔森(Margo Wilson)向我们解释了这些犯罪案件中的行凶者通常与受害者不存在血缘关系。继父母比亲生父母伤害伴侣的孩子的几率要高得多，著名的灰姑娘效应(Cinderella Effect)就为我们说明了这一点。当然这种虐待行为仍然是相对罕见的，但是在虐待自己孩子的父母当中，养父母的数量占绝大多数。举个例子，在1974年到1990年间的加拿大，每百万亲生父亲中少于3位曾以致命的方式殴打自己的孩子，而每百万继生父亲中则有约321位曾有过这种行为。

最终会得到回报。

但是，我们所有帮助他人的行为都是如此自私吗？人们有时会非常慷慨地付出，不期待任何回报。这是我们引以为傲的美德。在我搭便车时帮助我的人们都和我没有任何关系。当自然灾害来临时，人们愿意奉献出自己的时间和金钱——这种情况下得到回报的可能性是极小的。在写这本书的时候，我们在布里斯班的房子同其他超过两万所房子一样受到洪水的严重侵袭。朋友、邻居和无数陌生人帮助我们把房子里的淤泥铲出，推倒浸湿的墙，清理仍可以使用的物品。甚至有人送了我们一台洗衣机。在危机时刻人们不服输地创造出的团结整体（以及对人类精神力量的信仰）令人赞叹。我回想当时没有任何争吵或冲突，在这样的状况下大家还享受了一些充满笑声的欢乐时光。人类历史中充满了富有同情的和无私的英雄行为。人们能够牺牲时间、精力，有时甚至是生命——去帮助他人。

尽管如此，许多哲学家和经济学家仍然质疑真正的利他主义是否存在。他们认为明显的利他主义者总是能够得到收益的，或者他们认为自己能够以这样或那样的方式得到收益。这样的观点也许看似无情，但帮助他人确实有可能保证你在未来能够获得支持。未来你的房子也可能受到洪灾和地震的损害。也许人们在决定帮助他人的时候没有考虑到这一点，帮助行动仅仅是出于同情。但是，无私给予行为的进化也许是因为存在利他主义行为的人们平均来看最终都是受益的（或者至少他们的亲属得到了好处），尽管他们自己没有有意识地去寻求好处和回报。[①] 举一个例子，常常帮助他人

---

① 动物行为学家尼克·廷伯根（Niko Tinbergen）认为我们需要分辨行为的各种相似解释，涉及的各种机制，它们是如何从行为的最终解释中发展出来的，行为是如何进化出来的，它们的功能又是什么。对于同理心以及应当“做正确的事”的详尽解释也许最终源自更加自私的原因。

的人会获得好的声望,而声望会为他带来许多好处,这些好处甚至可能来自于没有被直接帮助的人。

许多人都相信某种形式的因果报应——一报还一报这一通用的宇宙法则。各种各样的宗教都会承诺给予个人回报和奖励,就算今生没有收到,来世也会收到。这鼓励了更多帮助他人行为的出现,但也让哪怕最慷慨和无私的行为可以从根本上解释为是利己的。我愿意相信人类不仅仅是自私的,但对此我并没有确凿的证据,而且不幸的是,我对这一观点的看法并不重要。不管怎样,我们也许都赞成从长期看来大部分人都希望自己的付出能得到一些好的回报。当付出和回报严重失衡时,大部分人都会感到愤怒。

互惠的利他主义有一个众所周知的问题就是有些人会作弊欺骗。总会有一些接受者不做任何回报。不管你把他们称作吸血鬼、寄生虫、吃白食的人,或是其他更加过分的说法,我们都会对那些占便宜的人感到气愤——而且我们可能会希望他们得到报应。极端的吃白食的人可能被称作反社会型人(sociopaths)。他们是典型的不负责任、不可靠和以自我为中心的,他们通过借助他人的亲社会倾向(prosocial tendencies)从别人的好意中获得好处。在小规模的社会中,人们很快学会不再相信那些有着欺骗名声的人,并停止与他们的合作。然而,在今天大规模的移动社会中,这些反社会型人有时会从一个群体到另外一个群体,从头再来。然而投机取巧并不只是你讨厌的人们身上的独有特征。事实上,人们经常在一种情况下进行合作,而在另一种情况下互相欺骗。举一个例子,许多在其他方面表现出亲社会行为的人们可能会自豪地炫耀他们是如何逃避缴税的(这当然就是欺骗整个国家的所有其他人)。违背互惠利他主义的行为小到简单的疏忽,大到大规模的剥削——从避免洗碗到偷盗他人，从袭击到侵略。

因为作弊欺骗问题的存在，人们一直在激烈地辩论非血缘关系之间的合作是如何成为可能的。道金斯令人信服地阐述了这个问题，他认为从基因角度来看我们都是自私基因的寄主，这些自私基因努力地直接或者通过血缘关系间接复制自己。假设这个说法是正确的，那么合作能够存在的原因一定是因为它有利于我们的基因。合作系统遭受揩油的人们造成的威胁，因为他们只拿好处不付出。所以如果投机取巧的人们胜出，他们的基因应该比合作者的基因更容易传递下去——最终导致合作系统的崩溃。人类社会设法克服了这一问题，虽然尚不能完全避免这些损害的存在。我们发明各种方法来检测、惩罚和阻止欺骗。[①] 各种群体建立有效的方法来鼓励和强制合作。我们设法进行合理和持续的合作，并最终做到了极大扩展了合作的规模。

我们之前讨论过的解决问题、读心、心理时间旅行和交换想法的能力，让人类能够对益于每个人共同长期利益的准则达成共识。比如，我们同意的准则包括你要从他人那里得到某些物品就必须先取得许可。今天，在大部分的社会中，政府把合作准则转化为书面法律。警察执行这些准则，法官决定对违反者采取哪些惩罚，律师团为你能够侥幸逃脱的方面进行辩论。原则上，最重要的是，违反准则的行为需要被识别和处理。重复出现或是严重违反准则的行为通常会导致更加严酷的结果，比如通过流放或死刑等惩罚来把这些个体从一个群组中驱逐出去。但是流言蜚语和当众受辱通常已

---

① 进化心理学家勒达·科斯明（Leda Cosmides）甚至认为我们进化出了内在的骗子探测机制（cheater-detection mechanisms）。不过相关证据仍然备受争议。

经是足够有力的震慑，尤其是在较小的群体当中。因为很明显，比起与那些骗子交往，合作者更愿意与其他合作者进行互动。谁愿意和那些激怒自己的人待在一起或是依赖他们呢？因此当人们被错怪时会花费精力来澄清自己，个人的名声是至关重要的。名声的重要在于它能带来“非直接的互惠”，其他群组成员会给予那些经常合作的人以收益，令那些违反规则的人付出代价。

我们把实施和监督的标准内在化，然后对应地评估自己和他人的行为。我们的道德为非亲属关系之间的合作提供了基础。下一章我们会讨论更多细节，这里我只想简单提出，合作法则让人类能够建立起繁荣的合作型社会。这种持久稳固的合作方式带来的最大好处就是，我们的祖先能够借助一个强大的快速适应挑战的新方法来补充基因进化，这个方法就是：文化遗产。

上学的目的就是帮助你获得文化知识，这些知识经过许多代的积累，并且被认为是需要教授给下一代的重要财富。就算没有正式的上学过程，每一个人类群体都会把文化遗产传递下去。很明显，群体之间因为传统而有所区别(例如，澳大利亚人吹奏迪吉里杜管，而奥地利人则吹奏山笛)，但是他们都会发现和发明几千种音调、符号、技术和习俗，并一代一代传递下去。每一个下一代都在这些遗产之上继续搭建。这种文化积累普遍存在于所有人类群体当中。迈克尔·托马塞洛认为这一点也是人类特有：

> 文化学习的新形式使某种齿轮效应成为了可能，人们不仅能够将当下的认知资源集合在一起，还能在长久以来他人的认知发明之上继续构建。这种文化进化的新形式创造了拥有历

史的人工制品和社会实践，因而新一代的儿童能够在累积了整个群体过去和现代智慧的环境中成长。

我们都站在巨人的肩上[①]——或者其实应当说我们站在几百万大部分已经死去的平凡人的肩上，我们从他们那里继承文化。我们进化出了更加快速灵活的方式来把信息传递给下一代。在过去曾适用的会被维持下来直到更加合适的出现。积累型的文化几乎在我们做的每件事情中都扮演角色：它塑造我们的想法，对于解释人类如何改造这个地球来说是至关重要的。在众多领域这一点都非常明显，包括建筑、算术、典礼、衣服、对话、工艺品、烹饪、风俗、舞蹈、游戏、基础设施、求偶仪式、音乐、哲学、公共表演、成人仪式、科学、精神、故事和科技等领域。如果积累型文化的机制是独特的，那么它们就能够解释人类的众多独特之处。

人类文化最重要的特征就是，它是扮演着补充基因遗传的第二继承系统。就像基因由于提供给个体适应性优势而被选择一样，文化信息能够明显地有益于求生和繁殖。文化进化的一个明显优势就是，它能够让我们以远超生物进化的速度适应环境。我们可能因此拥有了其他生物所没有的额外优势。面对冰河时期的突然来临，人们可以简单地通过制作更加温暖的服装来御寒，但如果想要依靠逐步的生物选择，那就要经过许多代了，过程中的所有人都要捱过这些寒冷时光。理查德·道金斯提出文化进化是基于他所谓的“模因”(memes，与“基因”类似)的复制，比如在社会中人与人之间传播

---

① 艾萨克·牛顿(Isaac Newton)曾说过一句名言：“如果说我看得远，那是因为我站在巨人的肩上。”

的想法、行为和曲调。虽然关于文化进化和生物进化之间的相似度和差异度有着激烈的辩论,[①]但重要的一点是文化知识能够影响到人类的存活和繁殖,从而影响到生物进化本身。

文化知识因当下环境中的需求而产生。生活在中部干燥地区的澳大利亚土著人能够设法维持生计,是因为他们知道如何寻找水源和食物。如果被突然送到北极,他们中哪怕最有智慧的人可能也会死去。相反地,因纽特人能够想办法使用北极有限的资源进行打猎,并使用各种各样的方法御寒。然而如果把一个因纽特人送到澳大利亚的沙漠中,她的恐惧不会亚于那位被送到北极的澳大利亚土著人。(我肯定在两个地方都活不下去。)有关当地的文化知识对于人类能够在各种各样的栖息地存活有着至关重要的作用。

曾经,文化是极其地域化的;今天,书面语言和现代信息渠道使我们能够在全球范围内快速交换知识。如今,一个人有可能累积到在各种残酷环境下存活的工具和必要的知识。然而在模因的大量传播机会出现之前,信息只能从一个人传递到另一个人。文化形式具有当地功能性(这一点和生物进化类似,就像达尔文观察到的,生物形式具有功能性)。每一代人一定都精确学习了一个问题的解决方案,然后传递给下一代——如果不这么做,这一方案就会丢失。[②]如果一代人不会讲他们父母所讲的语言,那就意味着这个语言正在

① 就像生物进化一样,文化进化明显涉及变种和差异复制。但这不代表文化进化一定具有其他对应生物进化的概念,如基因型、表型、核糖核酸、雌雄淘汰等等。我们尚不明确模因(或者你认为是"元模因")的概念是否对于文化研究有用。一些著名学者认为这整个概念都是被误导的。

② 约一万年前,塔斯马尼亚岛从澳大利亚大陆分离开来,土著塔斯马尼亚人不能共享澳大利亚大陆随后的发明例如飞去来器(boomerangs),事实上他们甚至丢失了之前掌握的一些技术,例如骨器(bone tools)。这并不是说他们在自己生活的环境下没有制造出极其丰富和成功的文化遗产——至少在欧洲人为当地带来巨大变化之前是存在的。

消亡，这一点已有例证。和隐性基因不同，社会学习不会潜伏一代（这一点与生物进化不同）。所有有意义的模因能够被可靠和精确地传递下去是至关重要的。

在没有书面语言的时候，为了保证高保真度的社会学习，人类需要依赖两个过程。信息的传递要么是基于拥有者的意图要么是基于接收者的意图。教授和模仿是公认的人类文化继承的两大支柱。每个新一代都使用这些方法来获得群体的物质、社会和符号传统。

模仿是普遍存在的。你也许不承认，但是你模仿别人说话，模仿别人穿衣，模仿别人做事。为了使文化能够一代代传递下去，孩子们能够可靠地模仿是非常重要的。事实上，人类在一出生就开始表现出一些模仿能力的迹象。如果你对一个新生儿吐舌头，很可能那个宝宝也会对你做出同样的举动。我们还不清楚这些早期的模仿是否与后来的模仿能力有关，但可以确定的是，这会鼓励成年人模仿他们宝宝的举动来进行社会性互动。

9 个月大的婴儿能够模仿新动作并获取新技能。比如，通过观察他们可以学会通过组合一些物品来做出一个摇铃器。就像我在第五章中提到过，他们会记住这个新的知识并且在之后使用相似的物品来制作摇铃器。一岁大的婴儿开始理性地模仿：当他们模仿动作时，他们似乎会考虑模特所处的情况。在一项研究中，婴儿看到一位成年人使用头而不是手来打开灯光开关，他们模仿了这个动作。在另一种情况下，模特的手臂在背后被绑住，因此他为何不用手来开灯就有了合理的解释，这种情况下的婴儿反而会使用手来开灯。他们似乎能够理解模特想要达到的目的以及在那个情况下他可以做到什么。从18个月开始，模仿经常是他们最喜欢的消磨时光的方式。学步儿童喜欢持续地与年纪稍大的儿童和成年人进行模仿游戏，他们轮流模仿和被模仿。

我的同事马克·尼尔森(Mark Nielsen)分别向12个月、18个月和24个月大的儿童展示了如何打开迷盒取得奖励，被试儿童都可以做到。然而年幼的儿童仅仅使用自己的双手来打开盒子，年龄较大的儿童则模仿使用工具——尽管他们使用自己的双手会更加简单。当12个月大的儿童首次看到模特不能用手打开盒子，然后借助工具，这些儿童也开始选择用工具而不用自己的手。所以当一个理性的原因存在时他们才模仿使用工具的动作。然而年纪稍大的儿童，对于没有明显理由可以解释的更复杂的方法也照样模仿。从某种程度上来说年幼婴儿的策略似乎更加聪明：他们模仿解决问题的最有效方法，而年级较长的儿童则会"过分模仿"——也就是说，他们会模仿多余的动作。一定有什么原因驱使较年长儿童的模仿行为。不然他们为什么要花费多余的精力呢?

一个可能性是他们急切希望成为那个被模仿的人。这种身份认知对于有效的文化传播可能是重要的。模仿那些他们自己甚至都不理解的行为使儿童们能够如实地获取久经考验的文化传统。这保证了高保真度的文化传播，也解释了为什么有用的行为以及奇异的、荒谬的和迷信的举动都能够在我们的文化中存活甚至繁荣起来。更重要的是，文化因此能够一代又一代地维持下来，辛苦学会的课程也不会被一些目光短浅的年轻人所抛弃。

模仿对于正常的社会和认知发展是至关重要的。我和精神病学家贾斯汀·威廉姆斯(Justin Williams)，心理学家大卫·派利特(David Perrett)以及安德鲁·怀特恩共同提出自闭症的紊乱起源与模仿障碍有关。这一问题的根源可能与大脑中名为镜像神经元(mirror neurons)的细胞有关。当你看到一个特定的动作,比如有人在撕一片纸,镜像神经元在你看到这一动作以及自己做出这个动作时都会被刺激。换句话说,观察别人的行为会刺激到自己也在做同一件事的大脑机制。这一神经系统的发现引发了神经系统科学家的兴奋情绪,因为它表明了模仿以及其他一系列重要能力所涉及的神经机制,这些能力包括心智理论、语言和同理心——这些通常都是自闭症患者受损的能力。①

人类经常不自觉地互相模仿。当我们和亲近的朋友在一起的时候,我们常常不由自主地模仿他们的手势、动作和他们说话的方式。下一次仔细监督你自己,你就会明白我的意思。这种模仿与强烈的互相喜欢有关,被称作变色龙效应(chameleon effect)。研究表明当你模仿某人时(而他们却并没有注意到),那么他们会对你有更多亲社会的行为。② 例如,在一项研究中,那些被实验人员模仿了几分钟的研究对象会马上帮研究者捡起她"不小心"掉落的钢笔,而那些没有被模仿的参与者中只有少数几个人帮了她。要注意——这一技巧已经被狡猾多端的销售人员和政客学会并使用。

模仿的另一面是教授:模仿是无知者试图学习知识,而教授指的是掌握知识的一方试图把信息传授给无知者。父母经常介入孩子的游戏中进行指导。比如,他们会帮助把一个任务中的重要方面凸显出来,或者解决一部分的难题,或者选择一个行为的最简单版

---

① 我们的提议近几年获得了更多的研究兴趣,这为该观点带来了更多的挑战和支持。

② 一般来说,行为同步与催产素分泌的提高有关,催产素与感情纽带和友好关系相关。研究者已经发现,缺乏社会镜像与更多压力和皮质醇水平提高有所关联。

本来帮助自己的孩子开始。父母们为孩子提供不会受到伤害的机会来学习和练习技能。尽管心理学家对于儿童学习和成人教授已经进行了大量的研究，但是对于儿童教授的发展我们仍然知之甚少。例外情况包括一项对玛雅儿童进行的研究，研究者发现儿童从4岁开始出现教授行为。8岁时他们能够示范动作并纠正学习者的错误尝试，他们使用语言来描述和解释他们的行为。

语言对于教授事实来说是至关重要的。然而在教授技能时，比如如何演奏乐器，老师则需要示范并指导学生进行模仿。在这些情况下，文化学习的两大支柱通常被结合在一起。把注意力引向重要环节能够鼓励学习进程，放慢节奏，或是把过程分解为更容易掌握的小部分，然后一部分一部分地进行教授，或是不断重复整个过程，其间老师需要重点强调学习能够带来的奖励价值。教育可以是春风化雨，也可以是手把手的亲力亲为，老师们会介入学生的尝试中，按照理想的方式调整他们的身体或是想法。没有了教授过程，文化传播无疑会受到极大的局限。

学校和课程是相对较新的体制化教授与学习。就算没有学校，传统社会也会顺带或是精心计划地传播知识。比如，成人仪式就能够帮助传播知识，它告知潜在的老师们某一位个体已经准备好学习人生新阶段的知识。人们讲述的故事对听者来说包含着各种各样的课程。尽管在性质和程度上存在巨大差异，但教授似乎是普世的跨文化行为。

相对而言，对教授和学习的反思也许没有那么普遍，但这却能带来众多好处。教授复杂的技能和知识通常涉及心理时间旅行，因为如果想要在未来获取技术专长，通常需要制定长期的学习计划来克服学习过程中的众多障碍。思考学生了解和不了解的内容有助于设计出利于学生获得更多知识的方法。这样说来，教育应该也需要一些心智理论。的确，年幼儿童的教授能力与他们在心智理论任务中的表现相关。学生同样也受益于读心的能力，因为这对于理解老师的意图是十分有用的。心理时间旅行带来的益处也是至关重要的。选择通过练习来让自己在未来更加擅长于某事，这对于许多形式的复杂学习来说都是十分关键的。① 我们知道，不同的练习从一部分上解释了人类技能的多样性。当然，语言极大提升了教授和学习的进程，因为它让我们可以直接交换想法。因此，之前章节提到的心智鸿沟涉及的四个领域，都对有效教授的能力有着相应的贡献。

在人们从模仿和指导中受益之前，需要有人先发明一些值得传播的信息。尽管我们偶尔靠绝对的运气得到某些知识财富，但我们通常是主动地追求新的解决方案。上一章中已经提到过，我们有着把难题转化为机会的本领。这并不是说每一个人类群体都只依靠像列奥纳多・达・芬奇(Leonardo da Vinci)那样的天才，他一个人就对文化遗产做出了巨大的贡献。进步和提高是积少成多的。由于文化继承并不局限于从父母到孩子，所以适应性的信息可以在任何群组成员之间进行传播。人类群组之间也经常存在联系，因而也会互相从邻居那里吸收发明和实践。大部分想法的快速传播常常都与贸易、移民和战争相关。

现在文化之间紧密关联，这使我们严肃地担忧，由于不同文化

① 在一些尚未发表的研究中，我们发现 4 到 5 岁的孩子已经开始选择练习那些他们预期自己未来需要掌握的技能。

都在输入相同的“模因”，我们正在快速丢失文化多样性。语言正在消亡，随之而去的还有语言使用者拥有的文化遗产。也有人认为打破障碍能带来更多好处，当我们都使用同样的语言进行沟通时，全球化和大规模合作才最为高效。但是，维护人类文化遗产的多样性可能是至关重要的，只有这样我们在未来才能在不同的选择中决定哪些更为适用。而且，我们也能够拥有一个更加多彩的世界。

文化传播不是通过大宗交换，而是传统地吸收其他群体文化遗产的子集，并根据自己的爱好和情况进行调整。我们不仅传递解决方案还会传递*潜在的*解决方案。如果一个来自于文字出现之前的社会的人看到一个外来人使用符号来描述他的货品，这个观察也许足以激励这个群体设计出自己的符号系统。尽管列奥纳多·达·芬奇没有办法成功造出一架直升机，但这奇妙装置的想法在他去世之后继续存活，而且最终被实现了。我们传递的不只是答案也可以是问题。很明显不是每一个传承下去的问题都会被解决(例如，如何制造永动机)，但随着知识的增长，昨天的幻想可以成为明天的现实，例如，儒勒·凡尔纳(Jules Verne)笔下的潜水艇和太阳能航天器。

最后，文化创新可以是深思熟虑和目标导向的。人们为了解决一个问题而去寻找方案。有了心理时间旅行，我们甚至能着手解决尚未出现的问题。例如，如果一个巨大的陨星向我们飞来，我们该如何做呢？人类已经做出了一些惊人的尝试来社会化地设计文化本身。共产主义是一个经过深思熟虑的尝试，这个改造文化的尝试期望塑造出所谓更公平和更合作化的未来。然而我们都知道，计划不总能顺利实现。尽管文化主要是从社会底层逐渐往上产生而非从上往下,但是我们也能够有选择地发展一些文化。[①]

不管文化如何形成,它对我们的心智都是尤为重要的。如果没有文化输入,你会是什么样子呢?毫无疑问你的想法会无法想象地异于现在。其他在人类文化环境中养育的动物,就算是接收过语言技能训练的猿类也无法像人类儿童那样输入我们的文化。我们似乎是被设计成易于接受人类文化;关于这一点我随后再作解释。但首先,我们需要再一次挑战人类的自大,询问其他动物有没有进化出自己的文化。

合作广泛存在于动物王国。我们知道,大部分动物的合作是基于互惠互利的共生,或者可以通过血缘选择来解释。与不相关的个体进行合作的情况是非常罕见的。研究者提出造成这种情况的原因是,有效的互惠利他行为需要复杂的认知能力,包括在互动过程中记录付出和回报的数字能力,以及探测和惩罚作弊者的能力。尽管如此,还是有一些动物间明显的互惠行为被研究者记录下来。吸血蝙蝠虽然有着邪恶的形象,但是它们经常好心地与虚弱和失败的不相关同类分享血源。毛茸茸的灵长类动物也在很大程度上依赖互惠的理毛,并借此增强社会黏性。在黑猩猩群体中,为其他同伴理毛能够提高个体分享其他同类的食物的概率。之前也提到过,黑

① 社会工程不仅能建立在极权法令之上,也可以通过民主共识并经过科学的检验。举一个例子,2009 年诺贝尔经济学奖获得者,已故的埃莉诺·奥斯特罗姆(Elinor Ostrom)进行的一系列研究表明了群体如何有效地管理公共资源并避免过度开发。她特别提出需要有明确定义的权利,个人职责需要与利益的分配成比例,以及充分的冲突解决机制也需到位。对不劳而获者的惩罚应当由社区自己解决,而且应当适度(我们已经了解到,对名声的威胁通常已经足够),对于重复的违规行为才应当逐渐加强惩罚力度。管理中应当涉及集体决策。考虑到这些准则对其他人是有用的,那么这也许对你的群体也会有用。人们会因此而认真选择按照法规管理自己的行为。

猩猩还会在战斗中结成联盟并获得互惠支持。这些联盟是它们政治斗争的基础。和我们一样，它们倾向于帮助那些帮助过它们的同类。

而且，黑猩猩有时似乎知道谁是最佳合作伙伴。在一项研究中，黑猩猩面临解决一项难题，它们需要决定什么时候召入另一个伙伴来共同把食物拉近。食物被放在笼子外的一个托盘中，只有当两只黑猩猩同时拉一条绳子的两端时，食物才能被它们取得。一只黑猩猩需要选择打开其他两只黑猩猩的笼子门放进来其中的一只。黑猩猩通常会召入在之前合作表现更为有效的同类。另一项最新研究发现黑猩猩有倾向性地从地位高的个体那里学习经验。我们不是唯一学会有效地与非血缘关系的同类进行合作的物种。（动物是否拥有支持这种合作的道德观将在下一章进行讨论。）

许多动物也会改造自己的环境，因此它们传递给后代的不只是基因。尽管不需要深思熟虑地计划，但是海狸的水坝、巨大的地洞和白蚁的土堆都可以改变未来后代的生活——也许这与我们的老房子和基础设施并非完全不同。然而这其中是否涉及行为的社会继承呢？动物行为学家记录了幼兽如何在某一关键时期从父母那里获取某些特征，例如在交配时哪些特征是应当具有的。这种铭印(imprinting)[①]并不能为累积知识提供足够的灵活度。动物会像我们一样互相教授和学习吗？它们会和没有血缘关系的同类交换想法吗？有没有所谓的"动物文化"的存在？

传说中有关动物文化的最著名的案例来自猴子们。1953 年，一只日本猕猴一默(Imo)被人们观察到用水清洗研究者提供给它们

① 铭印，在动物生命早期就开始起作用的一种学习机能。——译者注

的红薯表皮的泥沙。这个行为很快在群体中传播开来，这表明猴子具有社会学习的能力。有一些人甚至认为这个行为是以一种神秘的方式传播开来的，这一案例还曾出现在新世纪唯灵论者（New Age spiritualists）的文章中。不过，进一步观察整个传播过程，我们发现这一情况与文化的关系非常小——当然和灵异说法更没有什么关系。一默的妈妈在 3 个月后从一默那里学会了这一举动。两年之后，群体里有 7 个成员学会了这么做，3 年之后增加到了 11 个成员。1962 年，44 只中有 36 只猴子有这个举动。

这样的传播并不算快，传播速度也没有随着时间推移而提高。如果传播通过教授和模仿进行，那么可以预期到传播速度应该会快得多，因为逐渐有了更多的榜样能够教会那些不知情的猴子。而且，通常猴子本来就有把食物上的沙子擦掉的行为。我曾经看到过一只澳大利亚常见的涉水鸟——鹮（ibis），出于明显的同样原因清洗一片薯片。因此这一行为的获取可能并不是如想象中的那么不同寻常。有可能每一只猴子都是通过试错学习获得了这一技能，尽管很可能也有一部分社会学习起了作用。

事实上，逐渐增加的实验证据表明行为模式可以在各种各样的物种之间进行社会传播。当一只被训练啄开食物表面的鸽子被放到一群尚未掌握该技能的鸟群中时，这一行为传播的速度要快于那些没有榜样的鸟群。所谓的传播实验在最近几年发展得更加复杂，研究内容也扩展到鱼类、鸟类和哺乳动物的行为是如何进行社会传播的。

在一项研究中，研究者训练一只圈养的黑猩猩从一个设备中取得食物，而另一只黑猩猩则用其他的方法解决同样的问题。然后研究者把它们都放回本来的群体中，并观察那个被传授的技能是如何传播的。第一个群组的32只黑猩猩中的30只都掌握了被传授的技能，而对照组中没有一只学会自己解决这一难题。最近一项对猩猩进行的研究结果也得出了类似的结论。至少黑猩猩和猩猩都有社会化地传播技能(或者你也可以说是模因)的能力。

我们的近亲是否因此拥有第二继承系统呢？有一些证据表明它们是有的。对非洲黑猩猩进行的长期研究记录了不同群体的行为细节。安德鲁·怀特恩召集了各个项目的负责人把有关潜在文化差异的数据进行汇总。他们总结出了在一个基地常见但在其他基地并未出现的行为模式。举一个例子，坦桑尼亚马哈尔的黑猩猩经常牵着手互相理毛，而在仅仅150公里外的珍妮·古德尔贡贝基地的黑猩猩却没有这种行为。多个基地的黑猩猩都使用枝条状工具取食白蚁和蚂蚁。在贡贝，黑猩猩使用相对较长的枝条伸进蚁穴取得蚁类，然后用手把枝条上的蚂蚁捋下后食用，而在塔伊丛林的黑猩猩则使用相对较短的枝条，因为较短的枝条取得的蚂蚁也较少，所以它们直接从枝条上食用蚂蚁。只有在刚果共和国的一处基地上，研究者观察到黑猩猩同时使用两根枝条，它们用一根插进白蚁土堆开一个口，然后再用另外一根更细的枝条伸进去收集白蚁。几内亚波叟的黑猩猩使用石锤砸开坚果，而科特迪瓦塔伊丛林的黑猩猩除了石锤还会使用木锤。在贡贝的黑猩猩则两样工具都不使用。通过这些系统的比较，研究者目前发现每个群组约有十几到二十几种差异行为特征，总共约为39种。

简单的生态和基因无法解释这些差异。考虑到我们已经确定行为能够在圈养的黑猩猩中进行社会传播，因此现在大家普遍接受了野外群体之间的行为差异至少一部分源自长期维持的社会传统。换句话说，黑猩猩拥有某种文化。它们的有些特征经过了许多代的传承——还记得吗，第二章中提到有证据表明塔伊丛林的黑猩猩在4000多年前已经开始使用石头来砸开坚果。

随后对苏门答腊猩猩的研究发现了二十多种类似的行为传统。因此它们也许同样有资格被认为拥有文化。同样的，鲸目动物似乎也有着多样的社会传统。例如，在西澳大利亚的鲨鱼湾，海豚会弄破海绵动物并在探索海床的时候把它们套在自己的嘴上。这一行为似乎并非源自基因原因，很可能是由社会原因所造成。而且有证据表明它们从自己的母亲那里学习觅食策略。单个变异的社会性稳定行为目前已经在各种各样的其他物种中被发现——从昆虫和鼠类的觅食技巧到一些鸟类的方言叫声。

研究者提出新喀鸦甚至可能有累积型社会传统。盖文·亨特和罗素·格雷展示了这种乌鸦的不同群组对于露兜树带刺的叶子做成的工具有着不同的设计。这些工具被用来勾出狭缝里的幼虫，工具款式从简单被撕下的一条树叶到复杂的加强设计。在一个地区出现的设计会在该地区稳定存在几十年。亨特和格雷认为更复杂的设计源自简单的设计。如果这是正确的，那么这也许是非人类动物界首次被记载的技术积累的例子。然而，后续对它们制造技术学习的研究表明个体的试错学习扮演了重要角色。社会传播对于向后代介绍工具和使用方法所发挥的作用也许是有限的。

总之，一些动物有能力维持行为传统。但我们要承认的是，社会维持的特征数量是相当少的。数量最多的传统存在于我们的动物近亲群体中，但是对比决定每个人类文化的成千上万的“模因”来说，就连黑猩猩的社会持续特征的数量也是极少的。许多学者甚至根本就不赞同把动物传统称作“文化”。我个人认为如何称呼并不重要。不管怎样，我们都不可否认人类和动物近亲之间巨大的量化差异。而且似乎质化差异也在其中扮演了重要角色。其他动物似乎没有能力完全开发灵活累积的文化继承系统的潜力。它们没有表现出任何类似让众多方案能够持续改善和提高的齿轮效应。考虑到我们一直在讨论的语言、心理时间旅行、心智理论和创新力的局限,这个结论也就不足为奇了。一个关键原因可能是因为动物的文化传播机制不适用于传播和积累大量的信息。

比较心理学家已经分辨出行为传统中可能涉及的不同类型的社会学习。最原始级别就是传染(contagion)。我们都知道,打哈欠是可以传染的。看到别人打哈欠会随之提高你也打哈欠的几率。这种传染行为在其他灵长类动物中也同样存在。打哈欠的传染也许是一种进化行为,它是疲劳个体想要影响整个群体停下休息。稍微复杂的级别是,任何与物品的互动都会激起其他同类的注意。这一效应在当房间里有超过一个小孩时能被重复观察到。只要他们中的一个开始玩一个玩具,这个玩具会马上获得其他儿童的注意,无论这个玩具之前被大家忽略了多久。动物们在看到其他动物专注地探索一个物品时,也会出于同样的原因对那个物品产生兴趣。连章鱼在看到其他章鱼从两个物品中选出一个后,也更容易选择同样的物品。从进化角度来看,这种注意其他同类认为有回报的物品的行为是可以理解的——毕竟,也许你也能够从中取得好处。

通过模仿他人进行学习是社会学习的一个更加复杂的形式。[①]

① 一些比较心理学家对此进行了更进一步的区分。比如,模仿其他个体的目标和模仿取得这一目标所采用的方法应当被区分开来。两者都涉及对被模仿者意图的理解,但是通常被称作“仿真”(emulation)的前者,不需要涉及对被模仿者具体行动的模仿。黑猩猩被认为更多进行的是仿真而非模仿,但是这一区分并不总是非常明确。

比较心理学家之间关于到底是什么造就了模仿学习存在着大量辩论。为了排除先前的关联学习，一些研究者主张只考虑模仿新行为的证据。其他学者则乐意把所有模仿行为都视为证据。和人类新生儿一样，黑猩猩和猕猴的幼仔当看到人类对着它们吐舌头的时候更容易跟着吐舌头，而在控制条件下它们吐舌头的几率则低一些。对于这一行为的一个常见解释是归因于镜像神经元系统，之前已经讨论过，这能将个体看到的行为和自身行为联系在一起。事实上，镜像神经元系统最早就是在猴子身上发现的。然而，让人吃惊的是，几乎没有证据表明猴子会有其他的模仿方式，尽管这违背了我们强加给它们的名声。猴子不学样。

然而其他动物却可以——至少在某些情况下。模仿声音在动物王国是普遍存在的。许多鸣禽模仿自己父母的叫声，这种叫声传统因而被维持下来。不过，模仿声音比模仿行动要相对简单得多。当模仿声音时，个体需要把自己的声音与听到的声音相匹配，而模仿行为时，个体的行为和被模仿的行为看起来是不同的。对他人行为的观察，比如舞步，没有办法直接与自己的行为做对比。要模仿行为，你需要在心中假想被模仿者的感知。但是，声音模仿有时也是相当复杂的。我知道的最令人印象深刻的声音模仿者是昆士兰州的琴鸟（lyrebirds）。雄性琴鸟通过歌唱和跳舞来吸引雌性。它们不仅可以模仿其他鸟和动物的叫声，还精通模仿链锯、迪吉里杜管、相机快门，甚至开啤酒罐的声音。

一些哺乳动物也会模仿复杂的歌曲来吸引异性。雄性座头鲸因它们的歌声而著名。一个座头鲸群体中的所有雄性都会唱同一首歌，尽管歌曲随着时间会有所改动。我的同事迈克·诺德（Mike Noad）观察到了澳大利亚东海岸的歌曲如何经历了彻底改变。

1996年,82只鲸鱼中的两只被记录下唱出完全不同于其他同类的歌曲。它们的歌曲是典型的迁徙到澳大利亚西海岸的另一只鲸鱼团队的曲子——感觉就像是这一对鲸鱼在从南极返回的时候走错了路。接下来的一年中,约40%的雄性学会了这首新歌曲。它简直成了一首热播金曲。在随后朝南迁徙的过程中,几乎所有雄性都唱起了这首新歌。如此快速的传播一定是依靠模仿行为。研究者随后发现这种在不相关的个体之间传播歌曲的情况也出现在其他座头鲸群体中。

座头鲸也许还会模仿其他行为。在巴西海岸,它们还被观察到做出一个奇怪的行为:身体竖直尾巴伸向空中,它们长时间保持这个动作在海里漂流。这一行为随着时间推移有所增加,这表明了可能存在社会传播。在圈养环境下,一些鲸目动物的确表现出了一些身体模仿的行为。比较心理学家路易斯·赫尔曼展示了海豚能够根据命令进行模仿,甚至能够模仿人类模特的行为。当人们转身并拍打手臂时,它们设法用自己不同的身体映射人类模特的行为。但这些海洋哺乳动物属于例外情况,并不能代表所有情况。极少证据表明其他哺乳动物也如此乐于模仿。

其他著名的例外情况出自类人猿。比如,一个野放中心的猩猩被观察到能够模仿人类活动,包括挂吊床、安放驱虫剂和用扫帚扫地。你可能还记得,甚至有一只被观察到尝试模仿生火。此外,类人猿似乎能发现人们在模仿它们。我们首次发现相关的证据是当艾玛·科利尔·贝克模仿黑猩猩卡西的每个举动时。在这种情况下它重复动作的次数要多于其他各种对比情况,它甚至通过对动作中稍作改动来测试艾玛的坚定度。这种对于被模仿的反应随后也在其他类人猿身上被观察并记录下来。猿类语言先锋研究者基思

(Keith)和凯瑟琳·海耶斯(Katherine Hayes)教会黑猩猩维基在听到"做这个"的命令时模仿他们所有的动作。维基充分理解了这个要求以致随后甚至能够模仿完全全新的行为。这种"按我做的做"的范例可能是评估理解模仿的最直接方法,而且类人猿大都表现良好。但对于猴子进行的类似尝试至今无果。[①]

图示 8.1 黑猩猩卡西似乎能识别出自己的行为被人模仿。

类人猿是否也会通过模仿来互相学习新技能呢?安德鲁·怀特恩和他的同事们就这一问题进行了大量研究。比如,他们向黑猩猩展示一个装有食物奖励的人造水果造型的谜盒。一组黑猩猩看到人类示范者拉开然后扭动插销,接着转动并移走一个销钉,再转动把手取得里面的食物奖励。另一组黑猩猩看到示范者使用一根

① 一项研究发现了当僧帽猴被人类模仿时,它们表现出了类似变色龙效应的反应。它们对模仿自己的人类表现出比其他人类相对多一些的亲密行为。

手指捅出插销，转动然后移走一个销钉，然后往上拉把手来打开盖子。黑猩猩们优先使用它们观察到的方法打开盒子，这表明它们通过社会模式获取知识。然而，在其他实验中，黑猩猩没有表现出稳定的社会学习行为，或者表现出了没有模仿行为的社会学习过程。逐渐清晰的画面告诉我们，黑猩猩能够模仿，但它们不经常这么做。

意料之中的是，研究者们对这到底意味着什么有着各种争论。在一项开创性的研究中，维多利亚·霍纳（Victoria Horner）和安德鲁·怀特恩发现了对解释大有帮助的数据。他们使用人造水果任务的一个版本发现了黑猩猩和人类儿童行为之间的巨大差别。一位示范者首先把一根棍子插进人造水果顶部的洞里，然后把棍子插进下方的另一个洞里。黑猩猩和儿童都模仿了示范者的两个动作，并取得了食物。在第二种情况下，装置是由透明材料制成的。这样就能明显地发现，插进顶部的第一个动作与打开装置并没有任何关系。你可以仅仅把棍子伸进下面的洞里，然后取得奖励，随后的黑猩猩都是这么做的。它们不再模仿第一个动作，而是直接进入第二个步骤。然而，3 岁和 4 岁的儿童会继续模仿多余的第一个动作，然后再把棍子伸进下面的洞里。人类儿童似乎常常“过度模仿”，而黑猩猩则模仿到能够实现它们近期目标的程度。

尽管这个实验中的黑猩猩表现更为高效，甚至可以说更为理性，但正是儿童的过度模仿对文化知识的忠实传播和积累有着至关重要的作用。[①] 之前已经提到过，两岁大的儿童常常过度模仿，就算有更快的方法能够实现目标。马克·尼尔森最近研究了喀拉哈里沙漠中的儿童们这方面的表现，结果表明他们和欧洲及澳大利亚的

---

① 人类的其他“传播偏见”对于文化累积可能也是非常重要的，例如从众、成功、声望偏见等。

儿童表现一致。然而，类人猿似乎不会过度模仿(见图示 8.2)。也许忠实模仿是造成人类和人类近亲文化传播存在差异的关键原因。它让我们的文化在第二遗传体系中逐渐累积。

图示 8.2　年轻雄猩猩普图(Putu)试图打开安德鲁·怀特恩的一个谜盒(照片由马克·尼尔森提供)。和黑猩猩一样，猩猩没有表现出过度模仿的行为。

人类与动物在教授方面也存在差异。哺乳动物通常为它们的幼仔提供安全的环境进行学习。成年动物鼓励或不鼓励幼兽的某些行为。但它们是否会根据对学生知识的评估来计划学习活动呢？没有任何明显证据表明动物有类似课程表的东西。没有复杂的认知能力，如预见和心智理论，灵活定制的教授活动似乎就是不可能的。因此很长一段时间以来我们都认为其他动物肯定不会教学。然而，最近我们逐渐发现动物的一些行为至少表现出和教学类似的功能——就算老师自己没有意识到它在教授。

教学的简单定义就是老师在没有即时好处的情况下会为无知学生调整他或她的行为，而且这一行为能够激发学生的学习。就算使用这个定义，我们在动物王国里也只能发现十分有限的证据表明教学行为的存在。研究者观察到猫会把半死的猎物，如老鼠，扔到它们的幼仔面前，这显然是为了让后代学会基础的捕猎技能。类似的行为在其他一些的肉食动物身上也被观察到。最引人注目的例子来自于狐獴(meerkats)。年幼的狐獴在出生后前三个月就开始学习处理危险的食物,如蝎子。成年狐獴帮助幼仔逐步认识猎物,一开始它们为嗷嗷待哺的幼仔带来死的猎物,然后是残废的猎物。成年狐獴把蝎子的毒刺去除,这样幼仔就能安全地与猎物互动。当幼仔长大一些,它们逐渐开始收到完整的活猎物。成年狐獴的这些行为显然有助于幼仔的学习。这应该有理由被称为"教学",因为成年狐獴根据学习者改变自己的行为,而且过程中老师没有得到即时好处,这些行为还为幼仔带来了不同的学习体验。

然而,成年狐獴的行为并不是基于对幼仔技能水平的评估。回放研究发现真正诱发这些行为的是幼仔的叫声。如果研究者播放年纪较大的幼仔待哺的叫声,成年狐獴就会带回活的猎物,哪怕它们的幼仔还没有到处理活猎物的年龄。相反地,在一个幼仔年纪较大的群体中播放非常小的幼仔的叫声会增加死猎物被带回的几率。尽管这些行为的功能类似教学,但与人类灵活教学涉及的机制还相去甚远。

随着研究的增多,我推测能够在更多其他物种中找到功能型教学行为。一些虎鲸为了猎杀象海豹而采用危险的搁浅技能。成年虎鲸被观察到在幼仔早期经历的攻击中把它们往前推,更重要的是,还会帮它们从海滩上回到海里。功能型教学可能在许多意料之外的地方被发现。来自蚂蚁的例子也许算动物王国第二引人注目的教学案例。了解食物源的蚂蚁会指导其他蚂蚁。它们会"连接在一起"前进,这样会拖累领导者的步伐,但是能够确保后面的跟随者了解路线。尽管如此,目前的文献中只有屈指可数的类似功能型教学案例,而且每个案例中的教学行为都局限在某一个类型。它们没有表现出人类的灵活教学和几乎无限的可定制教学内容。

令人好奇的是，目前尚无证据表明我们近亲存在功能教学行为。我们已经讨论过，它们在野外似乎不会描述似的互相指向物体。的确，极少证据表明黑猩猩或猩猩的传统是通过指导维持下去的。黑猩猩使用锤子或铁砧砸开坚果，而幼仔需要花费多年才能学会这个过程。黑猩猩母亲通常不会指导幼仔或者帮助它们。它们会允许幼仔近距离观察，而且允许它们时不时地从成功打开坚果的同类那里获得几口甜头。主动的指导能够让这个技能更快更高效地传播。

灵长类动物学家克里斯托夫·伯施在经过多年的观察后，记录了两个例子，其中黑猩猩母亲表现出了主动教授行为。一个例子是，一位 5 岁大的黑猩猩花费几分钟试图砸开坚果，但是仍未成功。本来正在休息的母亲起身加入，它拿起锤子，慢慢地转动直到找到一个更好的位置。这位母亲一共砸开了 10 个坚果后继续去休息，其中 6 个被它的女儿吃掉。那个女儿，学会了更好地使用锤子的角度后，在接下来的 15 分钟里打开了 4 个坚果。另一个例子中的母亲帮助它的孩子把坚果放在铁砧上的更好位置处。这些行为看起来就像教学，尽管怀疑论者可能用更精简的方式进行解释。无论如何，令人惊讶的是，这些行为是极其罕见的。经过几十年的系统观察，这两则例子是文献中仅有的可能涉及猿类教学的案例。不管采用丰富还是精简的解释，很明显黑猩猩通常不会互相指导。

人类教学大量依赖于语言、心智理论和心理时间旅行，动物教学由于所有这些已讨论过的原因而受到局限。由于类人猿通常没有分享意图和经验的动力，它们的教授能力和动机也大大受限。在最新一项研究中，研究者向黑猩猩、僧帽猴和人类儿童呈现打开谜盒的步骤顺序。儿童通过语言和手势互相教授方法、互相模仿并共享奖励。那些获得过类似社会支持的儿童在任务中表现更好。相反地,黑猩猩和僧帽猴表现出为自己争取奖励的行为,并且没有教授其他同类的行为迹象。

类人猿具有某些合作和社会学习的能力,它们通过这些能力保持行为传统。然而,缺乏模仿和教授两大坚实有效的支柱,有知识和无知的个体都无法通过齿轮效应来建立持续增长和不断累积的文化遗产。

人类有着互相交换想法、过度模仿和教授他人的强烈欲望。我们的发明、技能和知识因而得以传播,并能适应当地状况,或者被他人调整至最优化。人类社会群体经过许多代的合作来累积文化资本,这些合作的程度已经足以改变其成员的适应性水平。下一章我们会进一步讨论,人类发展出的有力促进可靠合作的道德准则和间接互惠合作的方式。有了恰当的文化知识,我们能够在沙漠或北极生活。我们甚至可以离开地球,在太空中生活。人类的第二继承系统让我们取得了其他任何有机体都未曾掌握的巨大力量。这也让我们面临新的挑战,因为巨大的力量伴随着严峻的责任(改编自伏尔泰——或是蜘蛛侠的班叔叔的名言)。尽管我们遭受过很多失败,但是我们中的大多数都试图去做正确的事。对于正确和错误、善与恶之争,我会在下一章做出详述。

第九章　正确与错误

目前为止，在所有人类和低等动物的差别之中，道德感和良知是最重要的。

——查尔斯·达尔文

我在一个德国小镇的一所房子里长大，这所房子是我的外婆在战后用自己的双手盖起来的。她当时和自己的两个女儿相依为命，我的外公在东部的前线牺牲了。他们的老房子也被炸毁了。1945年，我的妈妈7岁，她和她年幼的表妹一起藏在地洞里好多天，外面的炸弹多如雨点。她从来都不喜欢谈论战争，但是我长大一些之后开始询问到底为什么会有人向我们的镇上丢掷炸弹。当发现是自己国家做出了可能是历史上最十恶不赦的种族灭绝暴行时，我无法描述自己的心情是多么痛苦。街上那位友好的老爷爷曾经是纳粹党卫军长官这件事让我觉得恶心，也让我怀疑所有年长的德国男人。当还是青少年的我第一次踏进集中营旧址，亲眼看到用来烧毁尸体的熔炉时，我绝望地为人性而哭泣。

道德规范把正确与错误的想法和行为区分开来。良知帮助我们评估自己和他人的选择。如果正如达尔文宣称的那样，道德感是人类和动物的最大区别，那么到底为什么我们能够做出如此丑恶的罪行呢？当然，人类时不时会违背自己的良知。大部分普通士兵，就像我的外公，仅仅只是听从命令，他们没有别的选择，他们无法叛变或者逃亡。困在如此的情境中，他们中的大多数无疑会相信政治宣传，认为自己才是好人——尽管这可能很难想象。[①] 但是那些实施最残暴行为的人呢？集中营的警卫不可能在杀了那么多无辜的、毫无防卫力的人们之后还觉得自己在做正确的事吧？他们——以及历史上其他犯下如此罪行的作恶者——失去了同理性和同情心，良知和道德感吗？

集中营医生约翰·克雷默(Johann Kremer)曾在日记中描述了与自己那可怜的金丝雀之间的亲密关系。当那只鸟因痛苦死去的时候他感受到了无尽的同情。在日记的另一部分，他仅仅简略记下了自己在奥斯威辛集中营中的恐怖工作，例如取出被处死者的身体器官。最众所周知的残忍的集中营守卫之一是希尔德加德(Hildegard Lächert)，又名血腥布丽奇特(Bloody Brigitte)，她是一

---

① 比如，德国军队中的士兵在往东行进时，他们可能以为自己能够把上帝带给无神的布尔什维克。毕竟，希特勒与教皇签订了协议，德国需向梵蒂冈支付税金(直到今日仍然如此)。

名护士，也是三个孩子的母亲。连这些人似乎也并非完全没有道德感——他们有同理心，也会帮助他人，但是他们没有把道德感运用在集中营的工作中。[①] 受害者被他们理解为害虫，因此可以被施以暴行。

有关什么是道德，什么是不道德，我们有着各种争论。不过整体来看人类是具有一些道德感的，尽管它们有时看上去会存在偏差。

不管人类具体的道德是什么，可以明确的是，我们在表现出道德行为时能够感受到愉悦的心情，而当我们认为自己不道德时会感到痛苦。良知和道德对于人类长期合作和文化进化是极其重要的，它们能够指导我们的行为。它们的心理基础又是什么呢？根据弗兰斯·德·瓦尔的观点，道德的基础可以被细分为三个层次：1. 由同理心和互惠行为构成的基础；2. 保证个体行为规范的群体压力；3. 对道德推理和判断的自我反思能力。我会按照顺序对每个部分进行论述。

除了如精神病患者这样在病理角度有缺陷的人以外，人类都能够感受到对他人产生的同理心和同情心。同理心有时等同于读心的能力。不过，人类设身处地的思考能力通常基于推理或是复杂的移情模式（有时被分别称为“冷”和“热”过程）。要注意的是精神病患者可能也擅长于推理读心，并把这种推理用来设计更残忍的虐待行为。德·瓦尔和其他学者在把同理心比作道德的基础模块时，他

---

① 在当时这些人所在的群体中，他们享有较高的声望。就像阿尔弗雷德·诺斯·怀特海（Alfred North Whitehead）所观察到的，“在既定的时间和地点，道德到底是什么？是当时当地大部分人所喜欢的行为，而不道德则是大家所不喜欢的行为。”

们是指关心他人良好生存状况的移情能力。我们可以分享他人的感受,从而有动力去减轻他们的痛苦或增加他们的快乐。我们努力避免对其他群组成员造成不必要的伤害,我们倾向于向他人伸出援助之手。反过来,他人也会同情和帮助我们。

我们知道,与非血缘关系的他人合作的关键驱动力是互惠互利:我们支持那些帮助我们的人,反之亦然。我们的公平感会监督给予和获取大致上是否平衡。由于文化是持续长期合作的产物,所以不难理解人类天性中进化出了支持互惠和同情的特质。想要开始互惠合作,某人就要先表现出友善的态度。

人类是否性本善呢?迈克尔·托马塞洛和他的同事提出有证据表明人类婴儿在接受道德教育之前,已经表现出了基本的亲社会本能。他们分享资源,帮助他人达成目标,并提供有用的信息。我的女儿妮娜在18个月大的时候,做出了一个令我吃惊的举动,她咬下一口饼干,然后喂我吃。研究表明学步儿童在没有明显的奖励和鼓励的情况下会帮助别人。在一岁大的时候他们开始指出被藏起来的物品。他们这么做是为了帮助你,因为他们自己并不想要那样物品,而且在你找到之后,他们会停下指示的动作。当你掉落某样东西的时候,他们会试图帮你捡起。一旦他们开始学会说话,他们经常说出事实,并且通过提供有用的信息来完成对话目标。这些发现都正好契合托马赛洛的观点:婴儿与其他人类的想法以深厚的社会方式联系在一起。在18个月大时他们表现出明显的同理心的迹象,并会安慰处于悲痛中的他人。学步儿童会挥手告别、微笑甚至大笑。他们不停地轮流拥抱和亲吻你,他们之间也是如此。

这样一幅友好婴儿的画面会让你感到温暖和可爱,但这对于实际情况来说是过于乐观了。婴儿和成年人一样并不总是友好的。

幼童有时是极度以自我为中心和缺乏同情心的。“可怕的两岁”(the terrible twos)[①]的说法在现实生活中是有所依据的。幼儿经常不停索取,如果得不到就要脾气,接着还可能完全拒绝配合大人。儿童可以是残酷的、不予帮助的,或是极度惹人厌烦的。因此很容易和他们开始交往的说法并不完全令人信服。

幼童帮助他人的概率低于稍大的儿童,当帮助他人需要付出代价时情况更为明显。他们起初需要成年人较多的鼓励来进行亲社会行为。甚至是3岁大的小孩,在研究中使用游戏方式为自己和他人赢得奖励时,他们的表现相当自私。他们乐于索取多于自己应得的“公平份额”。随着年龄增长,他们的选择逐渐开始倾向公平,就算这么做会导致他们自己利益受损。3岁到7岁的孩子开始更多地帮助(a)和自己紧密相关的人,(b)曾经与之有过互惠行为的人,和(c)曾看到过与他人有分享行为的人。换句话说,随着经历的增加,他们选择与那些能够为合作带来最大效益的人们进行合作,其中包括:家人、朋友以及有着互惠行为好名声的人们。尽管一些亲社会倾向可能存在于我们的天性当中,但是这些结果表明经历能够塑造儿童的亲社会性,因此这些倾向是社会性的,而非通过生物继承。一岁的小孩通常会因为自己的亲社会行为,体会到足够多的直接或间接的奖励和赞同。类似地,他们也会体验足够多因反社会行为而受到的惩罚。的确,他们一开始学会走路,就开始面临各种可被接受行为的界限,因为成年人会频繁为他们给出反馈。

---

① “可怕的两岁”是指18个月到3岁左右的儿童逐渐开始出现自我意识,因此会表现出情绪不稳定的状况,也会出现较多的叛逆行为。——译者注

自然是残酷的。我们无法逃避的事实是,所有动物都需要食用其他有机体来获取营养。就连素食者或严格素食者也只能选择食用哪些有机体,而不能选择是否食用有机体。达尔文对于生命的观点就是强调健康个体的存活,这表明人类和其他动物一样,内心应当是自私的。在各种各样的情况下,如果个体利益和他人相矛盾时,很明显人类有时愿意互相伤害。

托马斯·霍布斯(Thomas Hobbes)观察到人们争吵的原因通常可被分为三类。第一是有限资源引发的竞争。那些更擅长压榨他人获得食物、领地或配偶的人们能够比这些方面较弱的人留下更多后代。因此,很容易理解这种形式的好斗会广泛存在,甚至在婴儿期已经常见。第二是自我保护。当一个潜在的可能具有进攻想法的人出现在附近时,就算是爱好和平的人也会被迫保护自己。自我防卫的一种形式是先发制人。因此,不愿意因为第一个原因而发起争吵的两个人可能会因为都具有怀疑情绪而最终卷入争斗。

为了阻止对方先开始进攻,冷战政客(以及进化心理学家,如史蒂文·平克)告诉我们最佳策略是可靠的震慑:如果你打了我,放心,我一定会还击。我们还击恶行的方式正如我们回报善行。那些表现出对于任何侵略都有能力和决心进行报复的人,通常不太会被他人侵犯。想要保证震慑是有效的,重点是要表现出坚定的决心和能力。你需要坚守自己的想法,因为明显缺乏决心的表现会让无情的对手利用你可观察到的弱点。平克认为可靠震慑的需求引向了霍布斯提出的人类敌对情绪的第三个原因:为了一些鸡毛蒜皮的小事而争吵,如分歧、侮辱和其他无礼的迹象。人们会为一些乏味和愚蠢的事情打到不可开交,从停车位到对于他人母亲的无礼言论。原因可能是因为在这些事情上让步会损害到一个人的名声和荣誉。的确，当有旁观者时，人们对于小事的争执比没人看时更为激烈。报复、不和等，自然随之而来。

霍布斯认为不文明的人类生活是不高尚的，是“恶劣、粗鲁和短暂的”。只有通过政府集中控制暴力行为的文明才能逃脱由恐吓、侵犯和报复组成的恶性循环。集中的力量能够保证侵犯者受到惩罚，这样也就降低了出于三种原因中的任何一种而进行的敌对行为。可能会被警察抓走的风险降低了使用暴力取得自己想要的东西的行为。随之也有了更少先发制人攻击他人的理由，为了震慑他人而报复每一个侮辱行为的做法也会相应减少。霍布斯认为，通过这样的方式，人类的敌对倾向能够得以遏制，文明社会也能繁荣起来。几乎毋庸置疑的是，法律和秩序能够降低暴力，并从整体上增加合作，但这并不是说人类的天性是坏的。

认为人类性本恶和认为人类性本善一样具有误导性。婴儿不是生来就是邪恶的（然后才被教育为文明人），也不是生来只有善心（随后才被玷污），而是同时具有亲社会和反社会的倾向。我们是充满矛盾的物种：我们杀害同胞，但我们也会献血。我们与众不同的文化进化依赖我们非凡的合作能力，但我们也会通过合作实施种族灭绝。我们可以是无私又富有同情心的，也可以是贪婪和残忍的。我们同时有着天使和魔鬼的特质。从道德角度看，只能两者择一，但是从进化角度看，两者都能在特定情况下帮助人们形成适应性的优势。

社会压力，或者是德·瓦尔提出的第二层道德，显然不局限于国家强制的、制度化的法律。合作型的群体成员有着共同的目标，例如保卫领土或共享特定资源。为了这些共同目标，成员可能愿意通过奖励和惩罚、支持和反对向其他成员施加压力。许多不成文的社会规范指导着我们的行为。举一个例子，在有些文化中，我们在柜台前面排队。在这些地方，人们不会给那些插队的人好脸色看。无论规范是什么，我们都与维持和谐的社会环境息息相关，在这个环境中我们反对欺骗，鼓励服从合作规范。就像阿尔伯特·爱因斯坦（Albert Einstein）写到的："说到底，人类和平合作的基础首先是建立在互相信任之上，其次才是法院和警察之类的机构。"

互相信任就是相信他人会做"正确的事"。每一个人类群体都继承了有关合适行为的准则：义务的、禁止的和高尚的。这就像是由权利和责任组成的社会合同：你必须这么做；你被禁止那样做；如果做到这样就会对你十分有利。尽管存在许多文化差异，但是某些道德准则似乎是通用的。义务通常包括回报好处、遵守承诺以及保护弱者免受伤害。大部分群体都禁止杀戮、偷盗和撒谎。[①] 这样做的原因是显而易见的：经常撒谎、杀人和盗窃的人们是无法建立起长久合作型社会的。最终，还有超越职责召唤的高尚行为。冒着个人受伤或牺牲的风险保护整个群体或其利益的行为被视为英雄行为。这种举动能够提高个人声望并且可能获取奖励。总体看来，道德准则就像是人类维持合作型社会运作的用户使用手册。

前一章曾提到过，合作总是具有风险的，因为人们可能作弊——因为只取得好处而不付出的诱惑总是存在的。或者他们只想享受权利不想履行责任。如果太多个体屈服于这种诱惑，那么合

---

① 通奸、违背承诺、制造痛苦和乱伦也是通常被禁止的行为。要知道大部分文化也会指明这些准则存在例外情况。例如，建立在帮助他人的基础上的制造痛苦的行为是可以被接受的——比如牙医帮你拔蛀牙时。

作体系就会崩溃。① 这就解释了为什么动物间的合作主要基于血缘关系，而不是复杂和脆弱的互惠系统和名声。而人类则通过创造强制公平、禁止欺骗和鼓励慷慨的道德准则来解决这一难题。这些标准让他人的行为变得可预测，并能鼓励可信任的合作。最关键的是，上一章也曾提到过，行为是否遵守这些准则不仅受到直接参与的个体的监督，还受到其他负责奖励美德和惩罚违规行为的群体成员的监督（间接互惠）。经济学家恩斯特费尔（Ernst Fehr）指出第三方惩罚有利于维持稳定合作，而缺乏制裁会导致合作减少。

众多研究表明人们愿意惩罚违反规则的行为，就算自己不会从惩罚中获利，就算惩罚行为是有代价的，就算他们自己也曾经有过违反规则的行为。② 惩罚通常基于强烈的道德坚持，并且能对道德准则的整体遵守产生深远的影响。如果没有惩罚，投机取巧和欺骗行为的诱惑是相当高的。纵观历史，人们不遗余力地侦察和处理不道德行为（通常导致各种热心的诉讼）。而英勇的行为则会受到奖励，做出英勇行为的人们也会受到直接受益者以及其他人的认可。总体说来，好的名声会吸引未来的合作。因此，成为一个诚实、安分守己和慷慨的人是能够带来回报的策略。

事实上，对于狩猎采集社会（hunter-gatherer societies）的研究表明人们有着牺牲小我的倾向，这推翻了长期以来大家所认为的人

---

① 大量有关合作游戏的研究检验了促成或摧毁合作的策略。游戏理论把“一报还一报”看作是一个进化而来的稳定策略。实施这一策略的人们一开始都是友好的，如果发现对方不能坚持合作原则他们会对其实施报复，他们也会原谅，对方愿意重新开始合作时他们也能重新合作。这种方法所鼓励的合作不存在太多风险，也无便宜可占。因为并不总能确定他人会不会合作（例如，他们可能解释说自己已经努力尝试了），所以，允许他人有一次失误然后继续合作是更友好和持久的策略。但是到了某个时刻，人们会停止和那些不配合的人们的合作——大部分人相信事不过三。

② 自私的个体甚至会假扮出利他的姿态——也就是伪善。

们更倾向于取得个人即时利益的说法。不仅如此，经济学实验结果还表明，比起自己赢别人输的情况，人们通常倾向于取得双赢。人们会在本可以表现自私的情况下做出慷慨的行为，就算反对不公平会造成资源丧失，他们仍愿意这么做。人们在不必分享的时候仍选择与他人分享，在不必付出的情况下仍为公共资源作贡献。我们相信能够建立一个更好的世界——我们也这样告诉别人。每天有几百万条有关我们应该如何表现的信息在人们之间传播。

连年幼的儿童也常常告知别人他们所学到的道德准则。当两岁大的蒂莫学会了脚不能放在桌上这条规矩之后，每当我懒懒躺着把脚跷到桌边的时候他都会及时制止我。连客人们也没有逃过他的指责——在确保每个人都把脚放在地上后他才肯罢休。就算缺乏成年人的详细指导，儿童也能够学会各种规则，例如保证游戏正常进行的规则。他们还热衷于教导别人。这一倾向隶属我们经常提到的一个普遍动机：与他人的想法进行连接。这加强了准则的传播和标准化，我们支持那些遵守准则的人，同时向违背准则的人施加压力。美德、荣誉和礼仪是大部分人生活追求的中心，许多人花费大量的努力来追求高尚的生活（或者至少在大众看来如此）。在我们的群体之中，道德是重要的。

与其他部落来的陌生人进行合作会存在更高的风险，因为内部群体压力对他们来说也许没用。人们可能会谋杀或是偷盗外来人，就算这些行为在他们自己的群体内部是被禁止的。有大量研究表明人们对待自己团体成员和其他团体成员的方式存在差异。就算团队成员的划分是随意和临时的（比如根据 T 恤的颜色），人们还是能够马上对队内成员表现出亲社会行为，而对于圈外人士表现更多反社会态度。尽管今天我们同时属于不同的团队（你的村子，你的体育活动团队，你的政治党派，或者你参与的社会心理实验团体），但是许多人类历史初期的案例都表明我们主要团结在自己的直接部落之中。所以在与其他部落互动时，仪式、种族符号和其他表明种族间存在相同基本价值和道德准则的标志对于鼓励信任是重要的。

在人类历史中，促进群体内及群体间道德准则标准化进程的一个重要因素是宗教。在大部分社会中，基础合作准则都以神圣之名表现出绝对的和不容置疑的特征。宗教承诺上帝会奖励追随者并惩罚违反者。从某种程度上来看，这是间接互惠的终极形式。宗教降低了监管的需求，因为信徒在一定程度上会通过良知规范自己的行为，以便避免来自上帝的——而非来自世俗的——惩罚。当然，人们可以在没有这些威胁和承诺，或是尽管存在这些威胁和承诺的情况下，衍生并遵守一系列的道德准则。不过，宗教方法被证明在规范人们行为的方面取得了极大成功（尽管我也想到了一些例外情况）。信奉同一宗教的信徒可以认定他们共享同样的基本准则。如果你们有着同样的上帝，毫无疑问你们会被同样的准则约束。

帮助和伤害他人是最基础的道德领域，不过道德准则也经常延伸到身体和精神的权力、忠诚、服从和纯洁。有关什么可以称之为道德有着各种争论。一个常见的区别存在于道德准则和习俗之间。道德通常被认为是能够被规范和强制实施的，因为违反的行为会造成伤害，而习俗则不同。比如，在哪些场合该穿哪些衣服是约定俗成的准则，但违反这些准则并不会伤害他人。然而，从别人那里偷衣服则侵犯了主人的权利，从而在道德角度是错误的。连学前儿童都可以很容易理解这一区别。然而，在一些文化中，把动作和伤害联系在一起的精神逻辑能够把非常明显的随意习俗转为道德。举一个例子，在一项研究中，人类学家理查德·史威德（Richard Shweder）和同事们让布巴内斯瓦尔的北印度儿童按照严重程度列出违背习俗的行为。这些孩子们的回应中最严重的是："一位长子在爸爸死后第二天理了发并吃了鸡肉。"这些行为被认为比兄妹通奸或丈夫殴打妻子更为严重。类似吃错食物之类的违规行为被有些人认为会在来世造成极大的灾难。因此精神想法能够对人们制造强大的压力，这些压力让他们勤勉地遵守社会准则，宗教也就相应地被证明是文明崛起的催化剂，数量空前的人们因宗教表现出遵从和合作的行为。

许多道德指导原则和规范主张忠诚、信任和关怀——这对于大规模合作是极为重要的。黄金法则中最著名的原则之一是："对待别人就像你希望别人对待你一样"（或者说"己所不欲，勿施于人"。）这一原则包含了同感和互惠的重要关系，这正是人类道德和合作的基础。这一准则的不同版本在众多文明的早期著作中都能找到，包括巴比伦、中国、希腊、印度、朱迪亚和波斯。通过在部落间传播相同的道德准则，人们能够文明地增加共同合作。道德团体逐渐扩张。然而，我们已经了解到，组内合作的副作用就是可能会对圈外人产生反社会行为。事实上，不同宗教信徒之间的冲突曾引发了历史上一些最恶劣的战争和迫害。

随着启蒙运动的开始，欧洲社会开始出现比中世纪更文明、更理性、更具有同情心的态度。比如，虐待和残忍的死刑开始逐渐令人反感，而且这些道德准则开始传播开来。对于残忍行为的态度转变并没有终止群体间的冲突和战争。不过，同情的范围逐渐变得更具包容性。对于有些人来说，同情仍然仅限于亲属之间；对于另一些人，这个态度扩展到了一些特定的团体成员，包括团伙、宗教、国家，或“种族”。达尔文曾预言文明最终会带领我们把同情的对象范围扩展到全人类：

> 随着人类文明的进步，小的部落融合为大的社区，使用最简单的理由也能说服每个个体把自己的社会本能和同情心扩展到整个国家的每个成员身上，哪怕自己并不认识每一个成员。一旦到达这个阶段，那么就只存在人为障碍来阻止同情扩展到所有国家和种族的人们身上。如果，人们的外貌和习惯存在非常大的差别，那么很不幸，经验告诉我们人们需要花费较长时间才能互相把对方视为同伴。

在纳粹大屠杀之后，各国人民终于就这一点达成了共识。联合国发表了《世界人权宣言》(the Universal Declaration of Human Rights)。第一段写道：“人人生而自由，在尊严和权利上一律平等。他们赋有理性和良心，并应以兄弟关系的精神相对待。”这一宣言呼吁我们把道德标准的范围扩展到全人类，停止奴隶制和虐待，给予每个人公平的权利——换句话说，对待所有人如同对待自己的亲戚。随着历史推进，人类合作的规模在逐渐成长扩大。我们终于把团体压力的施加范围扩展到了全人类，所有人都遵守一样的基本道德准则，避免伤害，鼓励帮助。尽管仍有冲突不断发生，但是不同文化间人们的合作和尊重在人类历史中首次真正成为可能。人权宣言声明中尚未提及动物权利，但是我们最终一定会到达那个阶段。

德·瓦尔的人类道德的第三个层次是我们自我反思判断和推理的能力。我们根据自己的道德评估来限制自己的行为。我们反思自己行为以及欲望的原因，而且我们能够做出改变。我们思考情况“应当”是怎样。我们可以把自己的想法和判断告知他人。我们可以尝试建立一个内在一致的体系，并且反思别人的体系（甚至包括2500年前提出的体系）。从每周的宗教布道到艾曼纽尔·康德(Emmanuel Kant)的绝对命令(categorical imperative)，我们在正确和错误之间仔细思索，并寻找区分两者的原则。道德推断并不是牧师和哲学家消磨时间的话题。我们经常同家人、朋友和同事争论我们自己的困境，并讨论他人的选择。

让·皮亚杰的早期研究和随后劳伦斯·科尔伯格(Lawrence Kohlberg)的研究检验了儿童如何开始捍卫他们的道德选择。研究者向儿童们呈现一个道德困境，然后询问他们做出判断的原因。科尔伯格发现幼童考虑的重点是避免惩罚，而有着更多社会经验的稍大儿童认为服从规则是为了“大我”的利益。最终一些儿童的选择是基于道德原则的内在一致理论。

考虑到我们在道德推理方面的差异，我们会想到每个人的道德判断之间也会存在巨大差别。不过，近期的研究表明一些有关公平、伤害和合作的评估是通用的。比如，想象你开着一辆电车，因为失控原因电车可能会撞死5个人，但是你可以把电车转向一边，只杀死那边的一个人。牺牲一个人而救活5个人被普遍认为是道德正确的做法。然而大部分人认为，为了救5个急需器官移植的人而杀死一个所有器官都健康的人的做法是不可取的。我们能够马上知道哪些行为是正确的而哪些是错误的，就算我们不能清楚阐述这些判断背后的理论。事实上，有关道德责任的判断是非常复杂的，通常涉及有意和无意的结果，以及行动和疏忽之间的差别。

研究表明人们的道德本能通常先于他们明确的道德推理。我们对于违背道德的行为常常有着立刻的情感反应。[1] 这些反应的可靠性引导一些研究者认为人类可能先天拥有一个通用的道德语法体系(从某种程度上来说类似乔姆斯基的通用语言语法体系的说法)。但这也有可能是因为文化传播。无论如何,我们可以违背自己的道德直觉;尽管我们通常倾向于寻找证实我们直觉的信息,但是我们也可以违反自己的本能并修改第一印象。当人们决定成为一个素食者的时候他们的情绪反应可能也会随之改变。我们甚至能够理性地把直觉当作工具使用。举一个例子,在我还是学生时,每当我无法决定在考试中选择哪个论文问题,我会掷硬币,但这只是为了根据结果观察我的本能反应。如果看到硬币结果后我的感觉是放松的,那么我就接受硬币给出的答案,否则我就会忽略硬币的指示。

精神场景引起的情绪反应可以对我们的道德心造成强大和重要的影响。想象别人如何看待我们会让我们体会到羞耻、谦虚和尴尬,有时我们会通过脸红表达出这些情绪。同样地,想象某些过去或是未来可能发生的事件也会让我们感受到羞耻或骄傲。因此,对假想的困境、过去的过失以及预见的未来事件的预测和“预体验”的情绪反应会影响我们目前的决定。比如,可预见的懊悔情绪让我们停止追求虽然当下享受但根据预测会在事后让我们感到尴尬的行为。我们通常在知道自己没有能力支付账单的时候不会去一家昂贵的餐厅就餐。

---

① 这涉及古老的情绪评估系统。比如,恶心的反应不仅能够帮助我们远离致病菌,并且能够让我们避免违背有关性行为及其他方面的道德准则。要注意的是,许多更复杂的情绪,如感激和内疚,可能是后来在合作的情景下合理进化而来的。比如,对欺骗行为产生的愤怒情绪,确保我们惩罚或制止这些违背合作准则和道德标准的人。

这些自我反思推理和计划的能力极大程度上指导着我们的日常行动。我们能够模拟当下行为对未来自己(或他人,或大局)可能造成的情感和实际的结果。然而最新的研究表明这些推理会受到某些偏差的影响。举一个例子,我们倾向于系统化地夸大自己的期望情绪。面对一个目标时,我们期望的兴奋情绪通常强烈于实际实现这个目标时感受到的情绪。当我们失败时,我们感受到的负面情绪也常常低于之前所预料的。丹·吉尔伯特和他的同事认为这些偏差的一部分原因是由于我们常常预测未来事件的主旨但是忽略细节。我们可能会想象一个度假场景带来的愉悦感受,但是忽略交通和恶劣服务造成的烦心感受。造成这些偏差的另一个原因可能是,正是这些夸大的正面和负面的结果帮助激发我们做出各种未来导向的选择。毕竟,未来是不可知的,现实状况又是紧迫的。对个人选择带来的未来和道德结果的考虑需要与更确定的当下欢愉一较高下。如果对未来失败的恐惧和对未来奖励的预测被放大,那么追求未来导向的行为可能变得更为简单。

总体来说,为了让自我反思的道德推理能够战胜更古老和更直接的欲望,我们需要拥有一定程度的"执行功能"(比如第五章中提到的决定追求哪个选择的执行能力)。我们需要自我控制:能够因为其他目的而抑制某个冲动。举一个例子,在互惠利他行为中,我们需要抵制欺骗和更为保险的短期利益带来的诱惑,否则我们会在未来付出更高的代价,如入狱、信誉破坏,或是声望受损。

对儿童来说,这个执行控制起初是困难的。在著名的名为"棉花糖测试"的研究中,心理学家沃尔特·米歇尔(Walter Mischel)测试了在哪些状况下幼童有能力在简单的情景中控制自己的冲动。被测儿童面临两个选择,一个是马上能得到小的奖励(例如棉花糖)，一个是等待随后更大的奖励。他发现4岁儿童大多表现出推迟实现满足感的能力。儿童愿意推迟的态度取决于许多因素，包括奖励本身以及等待的时长。另一个重要的因素是奖励是否在场；推迟满足感在面对奖励时变得更为困难。仅仅想到奖励就会减少推迟的时间长度。看着奖励的照片比看着奖励实物让儿童推迟更长的时间。就连把一个真实的奖励想象成只是一张图片也能增加儿童推迟的能力。我们明白这些效果后，就可以有效利用一些策略来提高自我控制力。儿童自我控制力的差别预示了几十年后的不同结果，包括用来衡量健康、财富和成功的众多方面。

第五章中曾提到过，成年人能够把满足感推迟几个小时、几年，甚至一辈子。因此自我反思道德推理能够控制我们的行为、欲望和思想。[①] 我们能够遏制生物欲望——甚至包括求生和繁殖的意愿——这全靠我们的信念。我们可以创造道德哲学，追求高尚的事业，追随高级的理想。我们可以做出慎重的选择，也许还被告知可以拥有自由意志。代价就是我们需要为自己的自由意志行为负责。

尽管“人”这个字在日常语言中指任何一个人类个体，但是在法律和哲学中，“人”通常是指一个具有自我意识，能够决定自我行为的实体。人被视为拥有个人权利和义务。这样说来，婴儿不算“人”。如果一个实体不能做选择——例如因为它不具有制止某个行为的执行控制能力——那么他就不能承担道德责任。如果你的行为是被某人所强制的(比如，你被别人从窗台推下)，这不是你的自由意志决定的行为，对于随后的后果你个人不必承担责任(例如，你在跌落的过程中对他人财物造成的损坏)，但如果是你主动跳下

---

① 达尔文写道：“道德文化有可能达到的最高境界，就是当我们意识到应当控制自己的思想时。”

的，那么情况就不同了。类似的，如果你不能通过自我反思推理决定自己的选择和结果，这种自我意识的缺失对于道德和法律责任来说非常重要。举一个例子，如果你被下药了，你的行为可能不被认为是自由意志的产物。然而，如果人们认为你能够控制自己并且本应该预见这一行为带来的恶劣结果，那么他们会要求对你实施惩罚或是期望你能自我忏悔。

发明家托马斯·米奇利（Thomas Midgely）发明了防止发动机爆震的含铅石油。他随后帮助开发商把氟利昂（CFC）用于冰箱制造中。几十年来铅和氟利昂被用在汽车和冰箱中，但最终它们位列人类历史上最严重的污染物。米奇利是否应当比 20 世纪其他人承担更多造成污染的责任呢？我不知道他是否能够预见自己发明带来的后果。相同的行动和结果可能会导致截然不同的道德责任评估结果，这取决于对此人的预见力、控制力和意图的判断。①

就连学龄前儿童都能够分辨故意和非故意的行为。然而你也许记得，读心可以是非常困难的。比如，唐纳德·拉姆斯菲尔德（Donald Rumsfeld）在 2012 年观察到，存在“未知的未知（unknown unknowns），也就是我们不知道自己不知道的事。”大部分人同意你不必为未知的未知承担道德责任。但是你也许需要为自己知道自己不知道的事情负责——你本应该花更多精力去弄清楚。

证明道德责任有时是非常复杂的，这在几乎每个法庭上都有所表现。当然，没有人希望自己被定罪，因此每个人都努力按照

① 一些法律体系认为结果比意图更重要。当然，法学学者对于法律、人格和责任的哲学所进行的辩论从未停止。

对自己有利的方式解释情况,有时甚至通过欺骗和谎言。更糟的是,被告可能不仅欺骗他人,他们还会欺骗自己。欺骗在自然界是常见的,但是人类更进一步学会了自我欺骗。比如,我们回避讨厌的信息。人们通常在找到自己最喜欢的信息之后会停止搜寻,而在不满意现有信息的时候会极大延长继续搜寻的时间。在医学唾液测试中,如果颜色改变代表疾病,那么人们会很快结束测试,但是如果颜色改变代表健康,人们愿意等待更长的时间。罗伯特·特里弗斯和我的同事比尔·冯·希普尔(Bill von Hippel)回顾了众多研究结果,这些结果表明人们按照明显的自欺欺人的方式搜寻、注意和铭记信息。比如,前文提到过,比起自己的糟糕行为,人们更容易记起自己好的行为,但是在回忆他人行为的时候却没有这种倾向。因此罪犯和受害者分别按照对自己有利的方式去回忆事件也就不足为奇了。罪犯认为自己的行为是好意的、合理的和正当的,而受害者所回忆的罪犯行为是恶毒的、不理性的以及不合理的。

从某种程度上来看,这是自我意识的对立面。似乎我们在系统地向自己呈现错误的自我。我们怎么能够同时扮演骗子和被骗者的角色呢? 冯·希普尔和特里弗斯认为自我欺骗源自更为常见的人与人之间的欺骗行为。我们没有根除投机取巧和欺骗行为,但是我们发现了应对这些行为的方法。我们寻找欺骗的迹象并加强诚实的合作。想要继续欺骗他人,骗子需要寻找新的滥用他人信任的途径。这两种压力激发出骗子和被骗者之间的博弈。自我欺骗是错综复杂的另一层,用来提高欺骗他人但同时保持合作的虚假表面的机会。拉姆斯菲尔德可能会把这称之为“未知的误导”(unknown misleading)。也就是说,我们有时似乎不知道自己正在误导他人

（就算内心深处我们也许能够预感到事实[①]）。如果你相信自己的谎言，那么你就不会表现出泄密的迹象——这让察觉你的谎言变得更加困难。而且，如果你被抓住，惩罚很可能会被减轻。对蓄意欺骗的道德审判和惩罚要重于无意的“错误”。[②]

因此，连集中营的警卫也可能有自己的道德观点，这些观点让他们相信非人性、雅利安民族以及元首的统治。这个世界上的大部分罪恶行为，都是被那些在某些层面上认为自己在做正确行为的人们所实施的。有关善与恶之争，如果你分别从两方面来看，会发现其实只是对于“好”的两种定义之争。人们能够以“善”之名作出极为可怕的行为。想一想西班牙宗教法庭和现代人体炸弹就明白了。不管我们做什么，我们通常能够找到理由认为自己是正确的。

然而，我们的自我反思能力让我们在错误的时候能够辨别出来，尽管我们自己可能不想承认。我们的嵌套思维让我们检验自己的选择，评判我们的评估，并质问我们的道德。我们能够识别自己内心的魔鬼，并想出策略控制它们。科学家设计双盲实验来避免自己被欺骗。我们能够辨别自己的伪善，并为目标作出努力。我们能够根据新的对事实的分析来改变自己的想法。我们能够感受到懊悔的情绪并试图弥补自己的失误。我们会祈求原谅。我们能够勇敢地为希望看到的世界而改变。

---

① 如果要把这称为自我欺骗而非仅仅是偏差，我们需要假定当事人可能同时知道真相和谎言。当一个人忽略或是抑制可用信息时，可以称之为——呼应前文所述概念——未知的已知（unknown known）。有一些实验证据能够证明这个观点，这些证据表明在特定情况下，比如通过转移他们的注意力，人们确实会展示出真相，尽管他们似乎已经被自己的谎言说服。

② 也许一个类似的社会解释也能解释我们情感预测中的惯常偏差。想要在一个未来导向的项目中进行合作，你也许会通过夸大成功的正面结果或是缩小失败的负面结果来获益。如果你相信自己对于未来结果的论断，那么你可能更容易获得帮助。在你的预测偏离结果的情况下，你在看似相信自己的判断时会比看似故意误导别人时获得较少的惩罚。

人能够分辨是非，这证明了他们在智力方面优于其他动物；但是人也会做出错误的事情，这证明了他们在道德方面劣于其他不会如此做的动物。

——马克·吐温(Mark Twain)

如果你的狗在地毯上大小便，它可能会看起来十分内疚。你希望它明白自己做了错事，因为你不希望这糟糕的事情再次发生。你的狗可能会害怕惩罚，但这是否意味着它有良知或道德感呢？非人类动物是否表现出德·瓦尔的三个道德层面中任何一面呢？

我们的动物近亲表现出的一些特质会让人想起人类魔鬼和天使的两面。它们可能表现出亲社会以及反社会的行为，它们会帮助也会伤害他人或其他动物。二战后，人们普遍认为只有人类才有能力发起残暴的战争。相同动物物种的不同成员之间的冲突通常在一定控制范围内，并且不会造成过于严重的伤害。不过，我们之前也提到过，珍妮·古德尔发现我们的近亲也会进行突袭，并残忍杀害其他黑猩猩。成年雄性之间的有力纽带和对其他群体成员的敌意让古德尔认为黑猩猩处于人类破坏和残忍能力的初级阶段。古德尔相信是计划和语言让黑猩猩的突袭区别于人类战争。

和人类一样，黑猩猩有时会使用暴力取得自己想要的东西。而且它们也会为了保卫自己拥有的东西而采取暴力。因此它们有霍布斯所提出的人类争吵的两个原因——尽管我没有找到证据可以证明它们有能力密谋先发制人的进攻和实施可行震慑策略。① 要注意的是，雌性也可以和雄性一样冷酷无情，以下是古德尔所观察

① 人类的策略，如果是基于理性(而不是什么内在倾向)，则需要一些远见和读心能力。

到的：

> 17点10分，梅丽莎(Melissa)带着吊挂在自己胸前的三周大的雌婴基尼(Genie)爬向一枝较低的树枝，后面跟着自己六岁大的女儿格里莫琳(Gremlin)……派森(Passion)和它的女儿珀姆(Pom)合作进行了一场袭击。当派森把梅丽莎逼到地面后，开始不停地咬它的脸和手，珀姆试图把梅丽莎怀里的婴儿拉开。……终于，派森把婴儿夺走了，但是梅丽莎又把它夺了回来，并咬了派森的手。派森跳来跳去，从梅丽莎背后抓住了它并深深地咬住她的臀部(伤口在肛门上方，穿透了直肠)。梅丽莎就像没有注意到这凶残的攻击，继续与珀姆扭打。派森突然抓起梅丽莎的手，不停咬着它的手指，咀嚼着。与此同时，珀姆绕到梅丽莎的腿边，咬了婴儿的头部。梅丽莎仍然坚持着，派森似乎想要把它翻过身。然后，派森用一只脚踹了梅丽莎的胸腔，珀姆拉着它的手。梅丽莎依然护着自己的宝宝，它咬了派森的脚，同时珀姆咬了它的一只手。整个厮打过程中，所有参与者都在大声嚎叫。最终，珀姆设法带着婴儿跑了。这时格里莫琳——在整个打斗过程中它都在试图帮助自己的母亲，但是不停被推开——猛冲向珀姆，梅丽莎设法夺回了婴儿；但几乎是同时，珀姆再次把婴儿抢走并跑开。珀姆带着尸体(因为观察者觉得婴儿是在珀姆第一次咬向它的额头之后已经死去)爬上了一棵树……梅丽莎试图也爬上同一棵树，但是一段枯树枝断裂，它掉了下来，它已经精疲力竭了。最后，它从地面看着派森拿着尸体开始食用……
>
> 梅丽莎在失去自己的婴儿十五分钟后再次靠近派森。两

个母亲沉默地对视。然后梅丽莎伸出手,派森摸了摸它流血的手。当派森……继续食用婴儿,梅丽莎开始轻拭伤口。它的脸肿得很厉害,它的双手都严重受伤,它的臀部不停流血。18 点 30 分,梅丽莎再次遇到了派森,两只雌黑猩猩简单拉了拉手。

当我第一次读到这段内容时,我哭了。派森和珀姆的行为绝对是骇人听闻的,更可恶的是这并非单一事件。这个双人组合在 4 年的时间里杀死了至少两个,多则六个黑猩猩婴儿。这种行为违背了所有我们有关合作型群体生活的原则。无数例子表明尽管人类杀人犯对他人有着恐怖的漠视,他们并没有破坏合作社会的其他方面。黑猩猩的杀婴行为可能发生在约 5%的婴儿身上。这些现象在其他动物身上也曾被观察到过,例如狮子和鬣狗。同类相食是一种能够引起极其强烈的道德反感的行为,但是在世界各地的人类部落中也曾发生过类似的行为。狒狒和大猩猩,和黑猩猩一样,也被发现食用被杀死的同类幼仔。不过,古德尔的轶事记载表现的不仅仅是群体成员间的可怕侵犯,故事的最后还以非暴力关系的恢复为结尾。黑猩猩常常在冲突一结束就恢复和平关系。派森在 18 点 42 分拥抱了梅丽莎。

黑猩猩有能力进行大量的亲社会行为,尽管它们没有霍布森提出的通过集中管理暴力来加强法律和教化公民的政府。它们会表现出似乎是安慰那些受折磨的同伴的行为。研究者分析了众多自发的侵犯行为,并发现旁观者会频繁地亲吻、拥抱受害者,并为其理毛。受害者比其他成员更容易吸引到这种注意力,尤其是在刚刚结束严重(温和的反义词)的打斗时。黑猩猩,和人类一样,会安抚和安慰受害者。而猕猴则没有表现出类似的同情心迹象。

当我们在心中想象一些场景，例如梅丽莎的挣扎，我们会有情绪反应。看到他人的情绪也会激发我们产生类似或是相关的情绪，黑猩猩看到视频中的负面情绪后的心理反应表明它们的负面情绪也能够同时被激发。有证据表明黑猩猩能够读懂面部表情中的情绪。[①] 举一个例子，它们能够自发地把表示正面和负面情绪的图片与描绘它们最爱的食物和兽医工作程序的视频片段进行配对。因此，安慰痛苦的黑猩猩的行为，可能是受到由它们的情绪经历引发的同情关怀所驱使。

有证据表明其他物种也能够感受到同情心。众多经典实验表明啮齿类动物对笼内其他同伴的痛苦是很敏感的。研究者发现老鼠能够按下杠杆来放低被绳子勒到的老鼠。在最新的研究中，老鼠表现出的亲社会行为很难用同情心以外的原因加以解释。例如，老鼠会放走笼子里的另一只老鼠，而它们之间的社会联系是被阻止的，并且充当解放者角色的老鼠并不能得到什么直接奖励。就算另外一个容器中有巧克力引诱它们时，它们也会这么做。

一些广泛流传的有关动物解救处于危难的人们的报道，也许能够用同情关怀来解释。举一个例子，当一个 3 岁大的男孩掉进芝加哥布鲁克菲尔德动物园的大猩猩领地时，一只雌性大猩猩轻轻抱起这名儿童并把他带到 20 米以外的入口处，管理员可以在那里把儿童救出。然而，精简解释总是存在的。在这个例子中，这只大猩猩是被人工饲养的，它的妈妈对它疏于照看，管理员训练这只大猩猩不要忽视自己的后代。在训练过程中他们使用玩具娃娃做道具，当

① 黑猩猩似乎使用这种表情来向其他同类传达信息，这些信息包括乞求、顺从或主导、以及请求和解。人类和类人猿有着类似的面部表情，网上有许多相关的比较照片。不过，要注意的是，我们经常把黑猩猩表示恐惧的龇牙咧嘴的动作误读为高兴。

大猩猩把玩具娃娃带给管理员做检查时会得到奖励。也许是这种训练，而不是同理心，解释了为什么它会把失去意识的儿童带给管理员，我们尚不清楚真相到底是什么。

还有一些其他讲述动物帮助人的故事，例如被训练使用手语的黑猩猩华秀曾扮演救生员的角色，这次想用精简的解释可是不太容易。一只雌性黑猩猩被带到一个小型岛屿饲养地，但是她的日子过得并不开心。当她试图跨越护城河的时候不小心跌进了河里。尽管华秀几乎不认识这个新来的黑猩猩，但是据说它迅速跑过去进行救援。它跳过电网，拉着一根柱子稳稳地踏入水中，它伸出手拉起了河里几乎快要淹死的同伴。这可以被称作最精彩的动物英雄故事中的一篇①。

弗兰斯·德·瓦尔提出，人类的灵长类动物近亲从根本上来说都是天性善良的。有迹象表明它们具有基本的道德情感、同情心和互惠觉悟，他把这些和第一层的道德联系在一起。还记得吗，许多灵长类动物会互相理毛并能借此建立同盟关系。它们随后会在不同情况下互相帮助。黑猩猩之间能够建立长期的友好关系，有些人把这称作友谊。近期的实验室实验表明黑猩猩可以是非常乐于助人的。比如，在一项研究中，黑猩猩被发现为其他同类开笼子门，尤其是当其他被圈养的黑猩猩曾经帮助过它们的情况下。黑猩猩也会帮助人类，举一个例子，它们会帮忙捡起并归还人们不小心掉落的东西，就像人类婴儿一样。黑猩猩可以是非常友善的。

相反地，如果是有关食物的情况，黑猩猩经常是不帮助其他同

---

① 华秀也曾做出过一件不光彩的事，它咬下了神经外科医生卡尔·普利巴姆(Karl Pribam)的手指(但事后它用手语打出了“对不起”)。

类的，它们非常偶尔会做出分享行为。母亲极少把食物分享给自己的孩子，它们这么做的时候通常也只是分享吃剩下的食物，如水果皮。人类把这样的行为定义为自私。我们在儿童断奶后仍然持续多年帮他们喂食。我们经常是礼貌地把自己最好的食物用来招待客人。黑猩猩没有表现出任何类似的好客行为。有时它们会协作猎杀猴子、灌丛野猪或其他猎物，然后它们可能会分享战利品。不过，这个分享通常是不公平的。[①] 总体来讲，黑猩猩对于食物极具竞争性，只有在对乞求者的行为感到厌烦时才会分享——也就是说，它们通过分享来避免不得不进行的防卫食物的行动。

在有些研究中，黑猩猩表现出不愿帮助其他同类获得食物，就算这么做对它们来说轻而易举。研究者向它们呈现一个有着两个选择的装置：一个选择包括同时给自己和熟知同伴的食物奖励，第二个选择是只有给自己的食物奖励。结果表明它们完全不考虑同伴的福利。不过，最近的一项研究发现它们表现出一些亲社会选择。类似的对绒猴、小绢猴和僧帽猴的研究表明它们存在帮助其他同类的行为。还有一些灵长类动物，包括倭黑猩猩，在野外也会比黑猩猩更乐于分享食物。

分享的极限严重限制了黑猩猩能够做到的合作类型。在一项研究中，两只黑猩猩同时拉一个设备来取得自己无法取得的食物，如果食物是分开放置的，它们可能会分享奖励。然而，如果奖励是一起放在一个盘子里，更有主导权的黑猩猩通常会吃掉大部分食物，有时甚至是全部吃掉。合作也就随之瓦解。[②] 有趣的是，3 岁大

---

① 一项研究表明与雌性分享肉类的雄性黑猩猩随后会获得更高概率的交配机会。

② 群居食肉动物，如土狼，在打猎时比灵长类动物更加依靠合作。这也许会让它们肩负更多的对利于合作和分享的基因的选择压力。

的人类儿童被发现在合作任务中比在其他情况下更愿意与他人分享，而黑猩猩则不会优先选择与合作伙伴分享奖励。

分享信息是另一种形式的帮助。我们不止一次看到，人们有互相分享想法的欲望，而非人类灵长类动物的交流似乎不依赖这种形式。灵长类动物中两个常见的会互相告知的例外情况是：食物和警报叫声。乍一看这些情况下告知其他成员似乎只是有利于其他成员而不利于发出信息的个体。发出信息的个体可能会失去食物或者引来猎食者。然而，更详细的研究发现这些告知行为可能对于发出者也是有利的，因为吸引其他同类到食物源，可以使个体能够在进食的时候得到同伴的保护，从而免受猎食者的攻击。类似地，警报叫声能够吸引其他同类以便做好可能的防卫准备。令人好奇的是，就算其他同类在场的情况下，这些动物仍然会发出食物和警报叫声，这就相应降低了它们想要主动告知其他同类这一解释的可能性。

考虑到动物在读心、语言、心理时间旅行和推理方面的限制，我们已经看到了它们能够提供的帮助的类型存在诸多局限。不过，逐渐清晰的是，类似人类道德基石（第一层）的特征存在于其他灵长类动物身上。黑猩猩可以是残酷无情的也可以是友善的。有迹象表明它们具有同理心、能够帮助其他个体以及对互惠行为存在敏感度。

根据这些证据是否足以得出结论认为非人类动物可以拥有道德生活呢？心理学家和积极分子马克·贝科夫（Marc Bekoff）认为答案是可以。当把道德定义为“一系列相互联系，关心他人，能够培养和规范社会群体中复杂互动的行为总和”，许多动物都可能有资格被认为拥有道德。相信动物和人类在道德方面是平等的，这可能是非常吸引人的想法，但是这一浪漫观点把门槛降低了太多。道德，正如我们看到的，不只是一系列行为的总和。对人类来说，根据不同的意图、控制和相关规范，同样的行为可能被认为是好的也可能被认为是坏的。

群居动物不得不与它们的同类好好相处。但这是否说明它们表现出了第二层道德的要素呢？近期对恒河猴的研究表明，它们对于自己群内成员照片的评估要比其他群体个体照片的评估更为正面。因此也许这种内外部偏差有着古老的根源，可能存在各种社会压力促使它们增进群体凝聚力。就算没有法律、法庭和警察，动物仍然需要使用某些方式来奖励遵守准则的行为以及惩罚违反准则的行为。

然而我们究竟可不可以说动物拥有社会准则呢？一些杰出的研究者认为不可以。迈克尔·托马塞洛认为就准则达成共识需要“共享意向”，这在第六章中提到过，因此社会准则只限于人类群体中。因为缺乏联结想法和分享目标的动力，我们确实很难相信动物能够建立社会准则。[①] 儿童派生出新的社会准则或是执行已有的社会准则，不仅仅是因为他人的权威或者是对自己可得好处的了解，而是因为他们对于有着特定准则的群体存在归属感：“我们这么做，不那么做。”当儿童被展示了如何玩一个游戏后，如果他们看到别人使用其他方式，他们通常会表示抗议。

然而，也有研究者相信社会准则存在于一些非人类动物群体

---

① 举一个例子，在一项研究中，黑猩猩在涉及具体目标而不是社会目标的任务中进行合作。就算在涉及具体目标的任务中，当人们停止合作时，它们也没有试图让研究者重新参与。儿童则会试图通过沟通来让成年人重新参与到任务中以便实现具体目标或社会目标。

中。人类学家雪莉·斯特鲁姆(Shirley Strum)认为狒狒拥有群体强制执行的社会准则。当一位外来的雄性恐吓一只幼仔时,它们会围攻这位雄性。它们会不停这么做直到那只雄性停下来。斯特鲁姆相信这是证明成年狒狒不应该恐吓幼仔的准则存在的证据。然而,考虑到杀婴行为的严重风险,对此的精简解释也同时存在。其他狒狒可能只是在保护幼仔。

另外一个著名的案例可能表明灵长类动物拥有公平的社会准则。研究人员训练僧帽猴使用卵石换取黄瓜片。当另一只猴子在交换中获得一颗葡萄——这是更吸引它们的奖励,那么第一只猴子会拒绝再为黄瓜片参与任务。这是否说明僧帽猴拥有公平概念,拒绝合作是因为它们感到自己被不公平对待了呢?怀疑论扫兴者认为这些灵长类动物拒绝继续参与任务可能是因为没有得到葡萄的挫败感,而不是因为感受到了不公平待遇。后续实验发现仅仅看到一颗葡萄也会让黄瓜片失去吸引力,不管有没有其他动物在场。但也有另外几项研究发现了一些支持黑猩猩和狗具有公平观念的证据。因此,争论仍在继续。

黑猩猩不会表现出任何内疚或羞愧的明显迹象,例如脸红,来显示自己违背了良知。[①] 也几乎没有证据证明动物会监督其他同类遵守或是违反规则(如果它们有的话)的行为。有报告称地位高的灵长类动物会制止打架行为,但是很难区分它们是出于“社区关怀”,或者单纯只是想要终止一场烦人的骚乱。在一项研究中,忍住不发出食物提醒的猕猴遭到了其他成员的攻击。这些明显的惩罚

① 达尔文已经提到过,只有人类会脸红。脸红也许反映了我们明白自己在别人面前表现出的样子,这也被认为是对自己的不恰当行为的补救表现,为了降低被社会排斥的可能性。

可以被解读为是对社会准则的强制实施。然而，那些实施惩罚的个体可能是被直接影响到了。几乎没有迹象表明旁观者（没有直接受到影响的个体）会奖励义务行为或惩罚禁止行为。我也没有发现任何证据表明像华秀一样的动物，在救了那只年轻黑猩猩之后，会因为英雄举动从其他成员那里获得地位和尊敬。（不过，这可能只是反映了证据的缺失，而不能就此认为获得了证明行为不存在的证据。）我们知道，在人类社会中，第三方对道德准则的加强和推进是至关重要的。考虑到动物王国中交流和目标教育的存在局限，我们很难看到动物如何武断地发表意见和进行说教。

仍有可能黑猩猩和其他群居动物拥有社会准则的前身，但是几乎没有理由相信它们具有任何类似人类道德规范的准则。

一个道德体是指有能力反思——赞同或反对——自己过去的行为和动机的个体；人类当然理应得到这一头衔，而这个事实正是人类和其他较低等生物之间的最大区别。

——查尔斯·达尔文

就算我们接受道德有各种各样类似的建构模块，但是德·瓦尔认为第三级别很清楚地把人类和动物区分开来。连贝科夫也同意这一观点。人们能够进行自我反思的道德推理和判断。我们评估行动之下的意图和信仰，似乎没有证据表明动物存在哪怕稍微类似的行为。

道德自我反思需要灵活进行道德场景构建的能力，我们已经了解到，这对于迄今为止讨论到的许多特质都是极为重要的。我们能够思考过去、现在和未来的动机、信仰和行动。这些反思让我们能够深思熟虑地管理自己的行为，甚至是想法和欲望。就像哲学家克里斯汀·考斯佳(Christine Korsgaard)所提出的，只有人类拥有规范的自我管理的能力。我可能要加一点，那就是只有人类创造了真正的有权力通过新法律的政府，评估违规行为的法官，以及执行裁定结果的狱警。

然而测试人类道德推理和判断的方法很难直接用于动物对象身上。为了试探反对征兵制的拒服兵役年轻男人所声称的良知，德国官方曾让他们想象一个这样的场景：如果你的女朋友在丛林里被强奸，而你的手上拿着枪，你会怎么做？这一评估需要对象具有语言以及构建和思考心理场景的明确能力。没有证据证明其他动物能够思考有关面临一个场景自己该怎么做的反设事实。在法庭上，以及在八卦时，人们常常通过重建过去的事件来判定过失和责任。我们讨论至此，所有动物身上存在的局限让自我反思道德推理对它们来说成为不可能。

唯一可能的动物道德价值判断的迹象来自于猿类语言计划。最近对于超过十一年的数据库的详细分析记录下了两只倭黑猩猩(坎兹和潘班尼莎 Panbanisha)和一只黑猩猩(潘潘西 Panpanzee)对于符号“好”和“坏”的使用情况。符号“好”被使用了几百次，“坏”的使用次数则少得多(坎兹使用了 24 次，潘班尼莎使用了 174 次，潘潘西使用了 83 次)。举一个例子，在被问到：“你知道自己的表现怎么样吗?”时，黑猩猩回答“坏。”这是否表明它进行了自我反思道德推理呢？没有更进一步的阐述和详尽的测试，我们仍不能确定它们真正想表达的意思。一个精简的解释可能会提议认为猿类只是简单地把符号和特定的行为联系在一起，就像人类饲养员经常在特定情况下使用这些表达(比如，“潘潘西表现坏”)。在另外的场景下，一只倭黑猩猩在吃一颗李子，然后它按下了表示“好”的符号，研究者推测它是在评论水果的味道——而不是评论一个道德问题。偶尔恰当地使用这些符号表明这些人工饲养的猿类个体也许能够学习判断。研究者认为他们的发现提供了证明道德前身存在的证据，而并没有反映自我反思道德推理的迹象。

总之，从德·瓦尔的第一层到第三层道德，我们掌握的动物身上的道德证据逐渐递减。在第一层，我们掌握了相当有力的证据证明动物可能具有类似同理心的感受，在不相关的个体间也存在互惠合作的例子。在第二层，有一些迹象表明我们的近亲能够通过施加压力来支持合作群体生活，但是没有有力的证据表明动物会就明确的准则进行说教，也没有第三方来惩罚违反道德的举动或是奖励美德行为。说到第三层，尚没有证据表明非人类动物能够进行自我反思道德推理。

动物权益律师史蒂文·怀斯（Steven Wise）提出黑猩猩和倭黑猩猩应当被赋予法律人格。目前，一些著名大学中开设有动物法律的课程。就我个人而言，我认为是时候我们需要明确把道德关怀扩展到人类近亲动物的生存状况了。但是黑猩猩是否应该被赋予人权呢？

我们知道人格通常涉及自我意识和自我控制的概念。黑猩猩也许能够在镜子中识别自己，但是根据已知的证据可以看出，它们似乎无法意识到自己的知识和意图，以及行为带来的长期结果。

不过，有一些证据表明它们（有时）具有抑制即时欲望并延迟满足感的执行控制力。我们在第五章读到过，黑猩猩和其他动物不一样，它们能够为了几分钟后更大的奖励而暂时不索取小奖励。在一项研究中，黑猩猩能够借助玩具转移自己的注意力从而等待更长的时间。在本来能够马上取得小奖励的情况下，它们玩玩具的时间长于其他情况。这些结果表明黑猩猩也许能够对自己的欲望进行一定的控制。然而，这是否说明它们能够对自己的选择负责任呢？

由哲学家彼得·辛格（Peter Singer）和其他学者共同带领的“类人猿计划”团队强烈主张将类人猿纳入我们的“平等共同体”中，享受合法强制权利。他们尤其强调生存权利、个体自由的保护以及禁止虐待。1999 年，新西兰因此禁止在类人猿身上进行实验，其他国家现在也开始推进类似法规。然而，要赋予权利需要更多的条件，因为权利伴随着责任——例如尊重他人的权利等。尽管我赞成任何提高圈养类人猿生存条件和保护野生类人猿的方法，但是考虑到已有的证据，它们几乎没有希望成为我们道德社区中的正式成员。

尽管我们可能非常乐意将生存权利、自由和免受虐待拓展到类人猿的群体内（也因此同意处死杀害类人猿的人类），但是我们是否乐于接受硬币的另一面呢？我们是否愿意因为谋杀而审判一只类人猿呢？2002 年，珍妮·古德尔所研究的一只 23 岁的黑猩猩弗罗多（Frodo）在坦桑尼亚抢走并杀害了一个十四个月大的人类婴儿米亚萨·萨迪奇（Miasa Sadiki）。我记得这只黑猩猩并没有被审判。此外，我们是否应该监督猿类之间的权利侵犯行为呢？对雄猩猩强奸雌性或者黑猩猩杀婴的起诉是没有意义的。其实在欧洲中世纪，动物常常因为不道德行为，如谋杀和偷盗，而被审判。它们和人类一样可以有自己的律师，并且受到和违反同等法规的人类一样的惩罚。比如，1386 年法国法莱斯的一个法庭，审理了一只母猪杀害一个婴儿的罪行并为其定罪。绞刑吏随后在公共广场上绞死了这只母猪。它的小猪仔也被控告，但是经过审议，因为它们尚且年幼最终被无罪释放。

我们缺乏有力证据表明动物能够思考自己的选择并考虑自己行为带来的道德后果，我们无法严肃地把它们纳入社会契约的范围之内。它们不符合法律对人的定义，也不应该被追究责任。[1] 我提倡有关更好地对待、保护和尊重动物的新法律条款，这些条款应当更明确人类应尽的义务，因为我们有能力衍生出道德原则，有关哪些行为是对待其他动物的错误行为。我们可以把同情心扩展到包括其他生物的范围，并且考虑它们的需求和喜好。

在过去的几百年间，我们看到了人们对权利、残酷行为、同理心和大我的思考所带来的巨大变化。史蒂文·平克记录了我们日常生活中暴力行为的大幅下降，他甚至还把世界大战以及卢旺达大屠杀的极端残暴程度也都考虑在内。[2] 在当代，人们更加重视同情心的存在；人们更多地反思自己的选择并认识到和平与文明能够带来的优势。我们在进行全球化的合作，我们对道德评估的交流和执行比以往更加快捷和有效。奴隶制、虐待、强奸、决斗和死刑都不再为大部分人所常见。尽管人们仍在做出许多糟糕的行为，但是我们似乎已经进步了许多。

我们会考虑他人。我们不仅把权利范围扩展到全人类，而且正逐渐扩展到所有的生物范围。对动物进行的残忍行为直到最近才开始遭到人们反对，但是谢天谢地这种行为也在减少。畜牧业和动物屠杀越来越多地受到规范。动物伦理委员会对研究提案的审查

---

① 这不是说它们就应当被认为是合法的“东西”。也许法律需要更为彻底的检查标准来超越划分人和东西的简单二分法。有感情的动物个体是否应该和椅子受到一样的对待呢？

② 至少按照比例，暴力致死的人数有所下降。

包括研究课题和方法是否得当。血腥竞技,从斗鸡到猎狐都在逐渐消失。野生动物吸引更多的游客而不是捕猎者。赏鲸成为比捕鲸更大的产业。许多人开始意识到我们的行为,从污染到采伐森林,造成了动物栖息地的破坏,甚至物种灭绝,并感到应对此担负道德责任。一旦意识到自己行为的后果,我们就会感觉自己有道德义务来反思这些行为。我们对于地球上的生命的自我觉悟和态度在最近几十年里发生了彻底的变化。但是如果我们希望人类动物近亲在未来依然生活在我们身边,我们就需要作出更多改变。应该得出怎样的道德结论我就交给你们自己去考虑了。我相信你能够作出正确的选择。

第十章　注意，鸿沟

（人类的）成功归功于把人类和其他动物区分开来的一些东西：语言、火、农业、写作、工具和大规模的合作。

——伯特兰·罗素

和许多前人及后辈一样，伯特兰·罗素自信地断言是一些特质将人类和其他动物区分开来。尽管我们似乎在许多领域位于领先地位，但是这种断言并非建立在彻底的比较之上。事实上，如果你降低标准，你可以认为鹦鹉能够说话，蚂蚁拥有农业，乌鸦可以制造工具，以及蜜蜂能够进行大规模的合作。我们需要深入挖掘我们的成功到底因为什么。在前六章中，我介绍了有哪些现有的证据表明人类在语言、心理时间旅行、心智理论、智力、文化和道德方面不同于其他动物。在每一个领域中，各种各样的非人类物种也有着某些能力，但是人类的能力在一些特定方面是特殊的——而且这些方面存在许多共同点。

在所有6个领域中，我们重复发现两个使我们与众不同的主要特征：想象和思考不同情况的开放式能力，以及与他人互相联结场景构建式想法的深层驱动力。似乎主要是这两个特质帮助我们祖先跨越了鸿沟，将动物交流转变为开放式的人类语言，记忆变成心理时间旅行，社会认知变成心智理论，解决问题变成抽象推理，社会传统变成累积的文化，以及同理心变成道德。

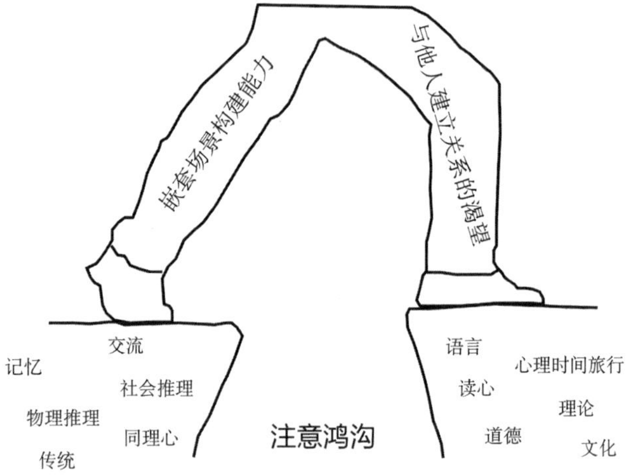

图示 10.1　联合起来跨越猿类和人类之间鸿沟的两个基本能力的极简图示。

人类是热心的场景构建者。我们能够讲述故事，勾画未来场景，想象他人的经历，思考可能的解释，计划如何教学，以及反思道德困境。嵌套场景构建不是指一种单一能力,而是指一套复杂的功能(回忆一下我提到过的剧场比喻),这一功能建立在一系列帮助我们模拟和反思的复杂要素之上。

模拟的基本能力似乎也存在于其他动物身上。当老鼠处在一个熟知的迷宫中时,它们的海马区中所谓的“位置细胞”(place cells)会被不断刺激,这表明老鼠能够在脑中认知地前进,考虑一条路线,接着考虑另一条,然后做出决定。在老鼠睡觉和休息的时候,相应的位置细胞活动序列也被记录了下来,这表明它们有着帮助学习迷宫构造和各种选择的神经基础。导航的挑战可能也为心理场景构建的基础做了选择。此外,我们看到类人猿表现出一些其他相关的能力。它们能够思考隐藏起来的行动,学习并解读人类的符号,通过心理计算而非物理计算解决一些难题,具有复杂的社会性和其他传统,互相安慰,在镜子中识别自己的映像,在玩耍和欺骗中表现出假扮的迹象。类人猿有着想象能够替代真实世界的其他心理场景的基本能力。在特定场景下,它们的能力可以与 18 个月到 24 个月大的人类儿童相提并论。

不过,人类的心理场景构建能力在两岁大的时候会开始爆炸式的急速提高,而黑猩猩的能力则不会。人类儿童在清醒的时候花费大量时间进行幻想游戏。他们使用娃娃和玩具等道具不厌其烦地想象和重复各种场景。思考,从根本上来讲,是想象行动和看法,有科学家认为儿童在玩耍过程中检测假设,考虑可能性,并做出因果推理,这并非完全异于(成年)科学家的行为。玩耍能为儿童提供练习的机会,帮助他们形成期待并进行检测。儿童通过角色扮演把某个场景下发生的情况表演出来。逐渐地,他们学会深思熟虑地想象各种场景和结果,而且不再需要表演出来。他们学会在心中进行模拟。他们学会了思考。

最终,儿童能够想象的事件范围扩大到几乎没有限制。他们开始进行反事实推理,把已经发生的和没有发生的场景进行对比。他们逐渐开始考虑未来可能发生的事情。我们的开放式、可增殖能力的一个关键是递归地把一件事情嵌套入另一件事情中的能力,这让我们能够把基本要素如人、物品和行动通过结合、再结合变为新的场景。这种嵌套对于反思来说也是极为重要的:我们思考自己的思考的能力。嵌套思维让我们可以对已产生的心理场景进行推论(就像我们能够画出一幅自己正在画画的画面)。

我们能够把各种各样的场景串联成为更大的画面。叙述帮助我们解释事物为什么是这个样子,并且让我们有机会预测和计划事物将来的样子。我们能够反思过去的经验并使用嵌套的假设步骤构想复杂计划之间的关系。就算我们最近的动物近亲也没有表现出这种开放式的嵌套能力。对此的一个解释是,它们没有必须的工作记忆能力来把信息递归地进行嵌套。迈克尔·柯博利支持递归是人类特有能力的说法。我们重复地得到支持这一观点的证据,在其他情景下,如建筑、烹饪和音乐,也很容易看到相关证据。你可以使用自己的递归思考方式来想出更多领域。

儿童也会学习思考是如何能够控制行动的。为了让嵌套场景构建能够提供适应性优势,人们需要一些执行控制,比如,因为更慎重的长期目标而压抑当下的欲望。站在遗传的综合角度来看,自然选择不可能在私人白日梦上花费大量精力,我们的场景构建能力一定对存活和繁殖有着外在后果。我们的想法是重要的。回到剧院比喻中,这里起决定性作用的是我们内心戏中的观众。神经生物学家伯纳德·巴尔斯(Bernard Baars)提出意识是一个广播系统:它把单一的瞬间信息传播到大脑的各个区域，以此达到协调和控制。那些我们意识到的信息被提供给所有子系统。[①] 意识提供了凝聚力，能够让复杂的神经系统都面向同一个方向。因此，对场景的有意识模拟允许我们思考复杂的计划。只要我们能够控制当下的欲望，我们的心理模拟和反思就能够获得对行动的控制。当达到一定程度后，我们就能掌握自己的命运。

个人的模拟是灵活和强大的，同时它也会导致我们做出误入歧途的决定。在澳大利亚北部的高温天气中，一条河似乎是在邀请你下到水中游泳——除非你注意到警告有鲨鱼的标识。作为个体，我们经常估算失误，做出错误期望，以及对应当做出哪个选择感到迷茫。嵌套心理场景构建不是一个水晶球，更不是一个逻辑化的超级计算机。灵活的场景构建想要成为人类的终极生存策略，它需要第二条腿才能站稳。

我们的祖先发现能够通过更多地与他人交换想法来极大提高心理场景构建的准确度。我们给予他人意见，比如为可能出现的鳄鱼树立警告标识。我们的想象演出不仅可以在自己的大脑中进行，还能扩展到身边的其他人。我们交换想法，给予反馈。我们询问他人，告知他们——比如，详细描述自己曾在相似的情况下发生的事情。我们对他人的看法感兴趣，就算不知道是否能从中得到重要或有用的信息。人们对于他人想法的兴趣度存在差异，但是总体而言我们有着与身边的人交换想法的动力。在倾听别人意见的情况下，我们随后的期望和计划会取得更好的结果。总体看来，考虑别人的

---

① 当然，剧院比喻没有提到有鬼魂在机器里观看心理演出。这一想法是不必考虑的，因为它只是把问题转化为谁在鬼魂的大脑里观看心理演出。而巴尔斯有关系统中的广播的说法，倒是有可能的。

建议是一个很好的建议——最好先收集来自不同来源的建议——然后再做决定。

我们看到嵌套场景构架者能够在与其他构建者的合作过程中以很多方式获得益处。比如，我们的观众可以因为共同目标而被召集在一起。我们能够孵化复杂的计划，划分劳力和保证合作的进行。我们可以累积成就并传递给下一代。为了保证这能够成功进行，我们似乎被植入了永不知足的联结想法的欲望。

灵长类动物是社会性动物，而且证明社会压力驱动灵长类动物智力进化的证据正在逐渐累积。人类把这种社会性提高到了一个全新的高度。和其他灵长类动物不同，人类通过哭泣来获取关注和同情。我们询问什么是对什么是错，并努力把事情做得更好。我们互相对视，分享自己的想法，并且吸收别人的想法。这种渴望联结的欲望对于符号和文字的创立一定是至关重要的，因为这样我们才能有效地读懂他人的想法并表达自己。我们有动力把自己的心理场景构建融合进更大的体系。我们能够从他人的经验中学习，哪怕是二手的或三手的经验。我们的动力最终带我们进入了今天由移动电话和社交媒体组成的网络之中，在此我们能够全球化地交换想法。

就像迈克尔·托马塞洛和他的同事所阐述的那样，我们建立并追求共同的目标，这在我们动物近亲的身上是看不到的。就连两岁的儿童也可以在社会学习、交流和意图解读的任务中胜过类人猿。其他动物也许会给出警报和食物提醒，但除此之外它们没有表现出渴望与其他动物分享经历和知识的迹象。我们再一次看到，在所有6个领域中，人类的这种合作动力是明显存在的，并且扮演着极其重要的角色。语言是我们交换想法的最基本的方法。我们互相谈论过去并为未来制订计划。我们阅读并把自己的想法告诉他人。我们共同推理并解决难题。我们建立描述周围世界的社会表达。我们互相教授和学习。我们争论什么是对什么是错。这些例子足以提醒我们人类互相联系的欲望是多么强烈。缺乏这种动力的人常常遭受严重的社会困境（也许可能会被诊断为自闭症）。我们渴望互相联系的欲望对于累积文化的创造是必不可少的，正是这些文化塑造了我们的想法并赋予我们了不起的力量。

我们的嵌套场景构建能力，甚至能够让我们根据过去的经验在内心想象他人的建议。[①] 所以你也许会问自己在某个情景下你的妈妈会说什么。我们在意自己的父母、朋友、英雄或上帝是否因为我们所做的事情而感到骄傲，就算他们不再活着（或从未存在过）。我们考虑他们会如何回忆我们。这些想法可以是重要的驱动力，它们驱使我们为了更“崇高”的荣誉、勇气和光荣而超越当下令人满足的利己行为。

我们能够为崇高的性格和美德行为立下志向。我们对于无私的行为做出巨大投入，例如反对压迫或污染，或者帮助一个社团、一个人乃至一只动物。当我们接受一个目标，我们似乎成为一个更大事件的一部分，从这些努力中可能会延伸出对一些意义的最深层感受。人类最卓越的一个特征就是能够通过抗争来做出改变。我们可能有意地进行随意的友善行为，传播话语，为不公而战，教导下一代，或是开始一场革命。没有渴望交换想法的欲望，这些特质不会存在。

总之，嵌套场景构造以及联结场景构造想法的动力使猿类特质

① 听到声音是非常正常的。放松。麻烦的开始是当你把这些内部的声音归因于外部来源时。

转化为人类特质。它们创造了有力的反馈循环，动态地改变了大部分的人类状况。它们把我们带到其他动物无法到达的地方。

因此，鸿沟从某种角度来看，可能比我们预料的要小得多。在过去的600万年间，猿类和人类之间只进化出了一些基本差异。从另一个角度来看，这条鸿沟显然是巨大的。这两个特质代表了极大的差异，包括无数的认知、情绪和动机的结果差异。

儿童们的玩耍行为，展现了两条腿如何步伐紧密地带我们走向引人注目的各种新的可能性。儿童们经常通过一起玩耍来扮演想象中的场景。他们协调各种角色，例如医生和病人，并且把事件可能的发展情况表演出来。这些社会构建教会孩子们某些特定情况，以及如何交涉他们的场景构建想法。孩子们通过模仿和指导互相学习，采取和执行社会传承的法则。他们喜欢玩游戏。他们不顾一切想要取得胜利，就算没有实际的奖励。

我们已经了解到玩耍如何赋予儿童练习思考的机会。他们开始选择自己更擅长的技能，这通常来源于父母的鼓励，并开心地不断演练。第五章中提到过，我们的场景构建心智甚至能够让我们仅仅在大脑中排练而不用实际行动，通过这样的方式我们也确实能够提高实际结果。我们提供自己的反馈，或想象他人可能给予的反馈，这并不需要实际的奖励或者惩罚。我们创造未来场景以及向具有专业技能的人们咨询的能力，让我们逐渐在自己选择的领域里成为专家。人类专长的多样性归功于不同的人们选择在不同的领域学习和完善技能。想一想奥林匹克运动会吧。就算在同一个领域，我们的特长也各不相同。每个人都是独特的。我们广泛的合作和劳动力划分意味着，群体以及其中的个体在技能互补的情况下能够比每个人都擅长同一件事获得更多益处。具有多种能力的个体所组成的群体拥有独特的优势。也许正是因为人类是异乎寻常地具有社会性和合作性,我们才能进化出如此巨大的个体差异。

除了玩耍,儿童们还喜欢故事。故事中包含他人学会的课程,就算是完全虚构的叙事也能为倾听者提供潜在的有用信息。大部分故事都会涉及一个克服困难的英雄,倾听者能够学会如何解决难题——以及哪些美德是值得追求的。简言之,故事让我们足不出户就能获得经验,这让我们不用冒失去生命或是断肢致残的危险。因此喜欢听故事并以此作为娱乐的欲望能够有力地促进文化传播。

今天,我们可以在任何时间任何地点观看或是倾听故事,只需要点一下按键。虚拟剧院把他人的场景以非凡的效率传递到我们的大脑中。尽管我们喜欢独自享受这种故事讲述方式,但是在过去,讲述故事是完全社会性的活动。至少也是一个人向另一个人展示或讲述。当把故事讲述给一些人时,每个人都被带入了同一个场景。每个听众都有了相似的想法、情绪和学习经验。因而,不管是讲述还是表演故事,都能促进统一群体的价值观、道德准则和期望。人类文化和信仰系统通过故事扩张到了更大的范围。人类祖先和起源的故事塑造了我们的社会身份:我们是谁,以及我们从哪里来。故事提供含义和解释。① 故事制造出人与人之间的纽带。

黑猩猩之间通过互相理毛来创造纽带并维护和平,人类文化群体之间通过分享心理体验而联系在一起。人们在节日时聚集在一

① 一个故事能够解释我们如何从一点到另一点,同时也能引导我们识别其中的因果联系:草地是湿的因为早上下雨了。反过来,解释还能帮我们预测:现在正在下雨,因此河面会上升。至关重要的是,它们也提供了控制的机会。我们经常不明白某些事所涉及的真正的因果联系,但是故事能够告诉我们在过去曾经使用过的哪些方法是有效的。许多技术和仪式的发明都是为了控制那些对我们来说重要的事物,有时会成功(例如,制造火),有时却不能(例如,制造雨)。

起，通过仪式和典礼重申自己的文化身份。他们穿着特定的服装，参与传统仪式，表演和扮演，讲述有关传奇和祖先的故事。我们一起唱歌一起跳舞，我们共同观看他人的表演。我们举办演唱会、游行和演出。我们庆祝生日和婚礼、庆典和节气。动物似乎并不关心上述的所有。实际上，动物和儿童动画片里塑造的形象是不符的，例如电影《马达加斯加 2》(*Madagascar* 2)，事实上动物似乎并不喜欢派对。

有趣的是，能够娱乐他人的人通常有着更多的性选择优势。艺术家、演员和音乐家通常比没那么具有娱乐性的人们拥有更多的伴侣。这种优势有力驱使人们参与更多创意活动。和拥有其他专长的人一样，娱乐从业人员通过练习演出来提高自己的能力。和使用心理场景、工具和句子的方式一样，我们结合再结合表演、舞蹈和音乐中的基本要素来创造新的娱乐作品。

此外，在许多文化中，娱乐、派对和仪式中都充满了致幻的药物或练习，如冥想或催眠式的重复舞蹈。精神药物，尤其是酒精(尽管完整的列表中从咖啡到可卡因都包括在内)，在社会交换中是有力的润滑剂。动物也有对药物成瘾的能力——这就是为什么它们经常被用于药物研究——但是药物在人类社会中扮演着非常奇特的角色。先贤、圣人、女巫和萨满教巫医很早就开始使用药物来拓展他们的心智，他们想要借此获得智慧并进入充满精神、上帝和财富的世界。我们仍不知晓这些行为最早可以追溯到什么时候，我们同样也不知道它们对于人类心智的进化起到了怎样的持续影响。很显然一些药物是危险的，会导致各种各样的问题。尽管如此，仍然有许多人不遗余力地铤而走险，试图通过这样的方式来操控自己的心理状态。无论对此是否进行社会制裁，我们的故事、仪式和娱乐活动中都充斥着这些行为。

人类和猿类之间的差别显然不仅仅是智力或天生的理性。我们的场景构建和共享能力让我们能够放开担忧，沉迷于陶醉、庆祝、激情和过火的欲望中。人类心智的这些方面导致了我们一些最奇特的行为。在古希腊神话中，宙斯（Zeus）的儿子狄奥尼索斯（Dionysus）就代表了这些倾向，而阿波罗（Apollo）则代表和谐、秩序和理性。这两个对立面的挣扎是我们流行文化常谈到的重点话题，从弗洛伊德的本我与超自我之间的斗争到麦考伊医生（Dr. McCoy）和斯波克（Spock）之间的争论。试图平衡这些势力的就是我们的决策制定自我，或者你想说是科克船长（Captain Kirk）。[①] 我们的心智是复杂的怪兽，我不准备假装自己有能力为它们伸张正义。我一直试图把重点放在造成我们和动物近亲区分开来的基本原因之上。

我们相通的场景构建心智创造了千变万化的虚拟世界。我们对共享的非物质想法、理想和其他虚幻的想法达成共识。比如，我们发明社会角色、机构和符号，我们集体赋予它们特定的权威和力量。裁判、偶像、CEO、官员、牧师、银行和国家象征在我们的社区中具有重要的功能，这些对于规范我们极其复杂的合作网络也是十分关键的。但是这些角色的名声、力量和责任仅仅存在于我们的集体心理中。动物无法感知到。我们只不过是共同想象这些概念，同时假装一切都是真的。目前为止，对我们来说这一切的确是真的。

我们进化出了一个文化世界。我们集体想象出的想法和概念塑造了我们的现实构成。当孩子们长大，他们开始面临这个人造环

---

① 麦考伊医生、斯波克和科克船长均为《星际迷航》系列科幻影视剧中的角色。——译者注

境下的选择压力。人类文化进化和人类心智的进化难分难解地纠缠在一起。孩子们在我们塑造的环境下成长发展,他们学习的内容,珍视和相信的东西都由这个环境决定。生物学导向的科学家有时会低估社会和文化的力量。[①] 我们不应该这样做。我们在很大程度上社会化地构建我们的心智。很容易理解为什么有些人会倾向于推论出鸿沟是我们文化培育不断成长之心智的结果。然而,同样的社会化不能把金鱼、猫或者马的心智变为人类心智,至少目前看来是这样的。有一些证据表明被人类养大的类人猿会表现出适应某种文化的倾向,它们的表现在一些指标上稍稍优于它们动物园里的其他亲属。[②] 但是,我们不能把它们转变为卡夫卡所想象的会沉思的黑猩猩。人类是唯一做好准备并跨越鸿沟获得文化的物种。因此,我借助人类如何在生物角度适应祖先创造的文化世界的讨论做出结论。

没有其他动物存在如此长时间完全无助的状态,或者遭受如此冗长、可悲和愚钝的晚年。

——约翰·赫歇尔

我们为文化所作的准备是有代价的。就像赫歇尔所观察到的,人类在婴儿期是极其虚弱和依赖他人的,在老年时也是一样。一个新生的人类一定是这个星球上最没有防备力的生物:几个星期之

① 社会科学家有时也会低估生物学的力量。两个要素都是非常重要的。当神经心理学家唐纳德·赫布(Donald Hebb)被问到天性和教育哪个对人格的贡献更大时,据说他机智地回答:“哪个对于长方形的面积贡献更大呢,长度还是宽度?”

② 我们仍不完全清楚,这到底意味着适应了某种文化的心智更为丰富,还是圈养的动物园动物的心智更为贫乏。恰当的比较应该在正常社会环境下成长的野生猿类身上进行。

后他们才能抬起头，一年之后才会走路。然而在子宫外时期大脑的成长对于我们的心智可塑性是至关重要的，因此也极大影响到我们从社会环境中继承文化的能力。人类大脑在子宫外的成长速度快于我们近亲的大脑——不管是看绝对值还是从比例角度来说都是如此（人类新生儿的大脑尺寸只有成年人的28%左右，而黑猩猩新生儿的平均尺寸是成年黑猩猩的40%左右）。

史蒂芬·杰·古尔德认为从某种程度上来看，人类避免所有方面的整体成长。我们持续学习新东西，并将玩乐和好奇的态度带入老年——这些特质只在大部分其他哺乳动物的幼崽身上出现。青少年特质保持到成年被称作幼态持续（neoteny）。只需一些基因变化就能造成巨大后果。想一想蝾螈或者墨西哥行走鱼吧。这些许多水族馆中的常见居民长着脚，能走路，它们的样子作为鱼来说实在太奇特了。原因是因为它们根本不是鱼，而是幼态持续的两栖动物。它们是未能长大的蝾螈目动物，没有经历变态过程变成成年，因而保持幼虫状态。黑猩猩婴儿的平脸让我们想起人类的脸。但是，随着黑猩猩长大，它们看起来越来越不像我们。古尔德认为我们是幼态持续的猿类，也许他是对的。

人类学家巴里·博金（Barry Bogin）认为只有人类在除了婴儿期和青春期之外，还需要两个发展阶段才能成长到完全成熟。在哺乳动物中，婴儿期指的是母亲养育的阶段。幼年期指的是断奶之后，性成熟之前。灵长类动物整体而言有着相对较长的婴儿期，其间个体快速成长，直到恒磨牙长出和母亲哺乳结束为止。在黑猩猩中，这些事件发生在它们4岁左右。然而，在人类中，哺乳通常在2—3岁大时结束，但是第一颗恒磨牙在6岁左右才长出。在断奶结束和第一颗恒磨牙长出之间的阶段被博金认为是“童年”——也许一个不那么完善的说法能够减少迷惑。不管怎样，博金的提议是建立在清晰的生物学标记之上的。

按照博金对于童年的定义，人类的童年以慢速成长、不成熟的齿列、不成熟的动机控制为特色，当然，还有更重要的，依靠他人获得食物和照顾。儿童时期大脑的成长与骨骼和肌肉的成长严格相关，7 岁左右时大脑重量的成长速度达到顶峰。其他灵长类动物在婴儿期之后，可以自己寻找食物，并且长出了可以使用的牙齿。然而当人类母亲停止哺乳，她们仍然需要为自己的孩子提供食物（或者需要其他人来做这个工作）。过渡到这一阶段让妈妈们能够再次孕育生命。黑猩猩的生育间隔几乎是典型人类狩猎采集者的生育间隔的两倍。因此，就算人类达到性成熟的阶段远远晚于猿类，但是人们能够更频繁地进行繁殖。

幼年期是下一个阶段。这一阶段的特征是年轻人开始照料自己，但是尚未达到性成熟。对于大部分动物来说这一阶段是短暂的——比如，老鼠的这个阶段只有几天——但是灵长类动物的幼年期相当长。举一个例子，狒狒的断奶期和青春期之间长达 3 到 4 年。人类的幼年期通常开始于 7 岁，伴随着雄性激素的分泌，阴毛开始生长，汗液的成分也开始变化。这一阶段被称为肾上腺机能初现（adrenarche），也出现在大猩猩和黑猩猩身上。幼年期的特征是成长速度的放缓，通常性成熟和成年的到来标志着这一时期的结束。然而，在人类身上，博金认为还存在着另外一个独特的阶段：青春期。

动物生命周期通常的特点是成长速度从最初的加速到随后的减缓。然而，人类青春期的一个标志就是，已经放缓多年的生长速度由于骨骼急速生长而重新提速。青春期通常开始于女性 11 或 12

岁，男性晚于女性一年或两年。女性在 19 岁左右完全结束这个阶段，而男性在几年后完成。这一阶段充满了探索、感官寻求以及社会关系中各种各样的变化，同时还可能产生导致精神障碍如精神分裂症和自闭症的脆弱感。众所周知，在达到社会和经济上成熟的过程中，青春期少年常常挑战已有的文化实践。

在人类青春期时，大脑的尺寸和基础功能发育到位，皮质层灰质逐渐变薄，白质增加。[①] 与这些大脑中的变化一致的是，青春期大脑逐渐变得能够控制行为：青春期逐渐提高的能力包括集中注意力、服从纪律和对抗诱惑。执行自我控制的能力也逐渐提高。就连简单的任务，如“当屏幕左边的灯亮时，看向右边；当屏幕右边的灯亮时，看向左边”，抑制误差(inhibition errors)的发生率要到青春期才开始逐渐下降。青少年在这个时期的最后阶段达到成年人的控制水平，同时身体也发育完毕。[②]

不管你是否赞同博金对于发展阶段的定义，人类的发育都明显比其他灵长类动物花费更长的时间，而且伴随着非同寻常的成长规律。这种发展路径为我们的第二继承体系获得动力并传播当地文化提供了丰富的机会。

使这些发展变化成为可能的一个关键是合作养育。除了母亲，其他人——包括父亲、叔叔和阿姨、祖父母甚至非血缘关系的其他群体成员——帮助教育、保护后代，并为其提供食物和必需品。对于狩猎采集群体的研究表明家庭能从共享食物这一社会准则中获

---

① 这表明神经突触被削减，轴突被髓鞘包裹，信息传递的速度逐渐加快。

② 然而，大脑的一些方面，例如白质的连接性在青春期后继续发育。被称为钩束(uncinate fasciculus)的处理社会情感加工过程的白质纤维束连接眼窝前额皮质、杏仁核和颞区，钩束的成熟期出人意料地晚。研究者发现它在人类三十五岁左右达到巅峰。

益。成年人通常有意地获取超过自己需求的食物，然后在群组中进行分配。更大规模的家庭通常对养育孩子有帮助。

人类养育后代的结构并不仅限于西方核心家庭的模式。比如，中国喜马拉雅山脉一带的摩梭族（Musuo）有着父亲不养育自己孩子的传统，但是他们需要照顾自己姐妹和阿姨的孩子们。这样他们就解决了父亲的亲代投资（paternal parental investment）的基本问题。在基因测试出现之前，男人们无法完全确定所谓自己的孩子是否确实是自己的。摩梭族支持在血缘关系上不那么亲近的，但是更加确定的亲戚——他们的女性亲戚的孩子们，通过这样的方式他们能够避免可能存在的帮助不贞妻子抚养后代的风险。人类养育子女的方式多种多样，但是共同点是都存在来自母亲以外的其他成员的支持。

合作养育本身并非为人类独有。[①] 不过，人类为后代们提供大量不寻常的照顾。在现代预防法和医疗护理出现之前的狩猎聚集社会中，约50%的新生儿能够长大成人。尽管这一数字之低让我们震惊，但是已经高于其他动物。许多动物完全不花费精力照顾后代，因为它们的存活率非常低。比如，某些鱼类产下的多达几百万的卵中可能只有一只能够活到成年。狮子生育的后代数量则少得多，但是它们花费大量精力养育它们，因而可以幸运地看到约15%的后代可以活到成年。灵长类动物的发展投资超过了大部分其他哺乳动物，从而超过了狮子的存活率，如黑猩猩达到了38%。亲代投资和子代存活率看来是成正比的。

① 举一个例子，狨猴是在小团体内共同养育后代，所有的成年猴，雄性和雌性，都帮忙携带和支持整个群体的后代。

虽然一些猿类可以活到超过生育期，但大部分在死去时仍有生育能力。黑猩猩从13岁开始拥有生育能力，低于10%的雌性能够活到40岁，因此它们到生命的最后阶段仍然能够生育。而人类女性会经历绝经期，在这之后虽然不能再生育，但仍然能够再存活几十年。人类群体中通常包含数量可观的超越生育期的老年人——这提出了一个进化谜题。老年个体占用了生育期个体的资源。这种现象从进化角度是说不通的，除非这些老年个体能够以其他方式对基因的存活和繁殖作出贡献。

对此的解释是，生育期结束后的老年人提高了整体适应度。祖母外祖母们为孙辈们提供一系列的支持，而且对于养育他们经常起着关键的作用。对于传统社会的研究证据表明，一位祖母或外祖母的存在能够降低婴儿死亡率。在一些人口中，研究者发现老年人的增加与孙辈数量的增加相关。显然，生育期结束后的老年期这一新的人生阶段能够帮助基因的繁殖。

人类总体上的寿命长于猿类，就连在狩猎聚集社会也能达到70岁以上。老年人能够利用比年轻人更丰富的经验和知识——或者你也可以说是模因。他们作为连接上一代的活着的纽带，掌握着有关群体可能面对的挑战的关键信息，包括觅食、捕猎、自然灾害和敌人等方面。从某种程度上说他们的功能类似一个非文字文化的图书馆——他们对于维护“模因库”是至关重要的（之前提到过，晶体智力通常不会随着年龄增长而消退）。所有人类社会都有受尊敬的智慧概念。这些被视为智者的人们通常都被认为是慈悲的、知识丰富的、有经验的和善于反思的。他们对重大生活问题有着超越常人的见解，因此在人们处于困难中，或需要作出有着深远意义的决定时，常常会咨询他们的意见。这是年长者能够为他们的孩子和孩子的孩子的成功作出关键贡献的另一种方式。年轻的群体成员反过来敬畏和支持长者，就算他们最终步入赫歇尔所感叹的冗长的“愚钝”状态。

我们是非凡的合作型灵长动物。孩子们看到自己周围的人们都是亲社会和乐于助人的。人们一代代地传授至关重要的心智技能和知识。因此我们能够积累智慧和技术，在无边无际的时间长河中把它们从一个人的脑中传递给另一个人。这种实践让我们能够开发约翰·图比（John Tooby）和欧文·德沃尔（Irvine Devore）所提出的“认知生态位”（the cognitive niche）——通过推理、计划和合作，我们攻克植物和猎物的防卫，击溃捕猎者和竞争者的威胁。心理场景构建和有用信息的快速交换使我们有能力灵活应对新的挑战，靠智力胜过那些需要通过漫长和传统的自然选择程序来适应我们的其他生物。① 不管人类走到哪里，都能马上累积关键信息来与其他大型动物竞争。有证据表明人类不止一次在到达新的海岸后导致被捕猎动物物种的大灭绝。

这让我不得不面对鸿沟的背景和创造问题：在我们的路径上，是什么步骤让我们从与黑猩猩的共同祖先那里走向了现代人类的岔路？又是什么力量造成了这些变化呢？

---

① 快速繁殖的小型生物体，如蚂蚁和细菌，对我们来说仍然很难控制，甚至有人有争议地认为它们比人类更成功，至少它们在个体数量、多样性和分布上胜过了人类。

第十一章　真实的中土世界

我的母亲去世后被葬在德国一个小镇弗雷登的当地墓园中，她在这个镇上出生，也在这里生出了我和其他孩子。在她的葬礼举办的那段时间，考古挖掘在附近发现了是 80 座坟墓——这些坟墓至少是 3000 年前的。听到这个消息我不禁想起我们之前那些世世代代在这里谋生的人们。我的祖先们是不是一直生活在这个区域呢？也许是吧。但很有可能我的家系其实更为复杂，说不定其中还有一些著名的先人，如成吉思汗(Genghis Khan)和埃及艳后(Cleopatra)。

让我来解释一下。在许多文化中，姓是通过男性成员传递下去的。我爸爸的爸爸的爸爸的姓是萨登多夫(Suddendorf)，我儿子的姓也是这个。通过教堂的记录,我们能够往上追溯8代,那时的祖先叫做迪尔克(Dirk)。如果我有时间机器,并乘着它去拜访迪尔克的话,我能不能认出他是我的祖先呢?名字可能是误导人的——当然,你与妈妈的家庭和与爸爸家庭有着相同的血缘亲近度。你有一对父母,一对祖父母,一对外祖父母,还有8位曾祖父母。也许你知道他们所有人的名字。简单起见,如果假设人们都在约25岁时生育下一代,那么在你出生时的100年前你的祖先包括16位曾曾祖父母,再往前25年就有32位曾曾曾祖父母。你知道他们所有人的名字吗?往上追溯8代,你会发现256位直接祖先。除了迪尔克,还有255位其他先人,我和他们都有着同样亲密的血缘关系。不管名字是否相同,但如果他们中的任何人没有生育后代,我今天就不可能存在。

如果我再往上寻找4代人,我会有4096位祖先需要拜访。越往上,数字增长的速度就越快。按照同样的逻辑,你出生之时的400年前,你共有65536位祖先。600年前,这个数字就激增到16777216。成吉思汗死于1227年,我的直接祖先在他的时代共有超过20亿位。你看,就算他没有在欧亚大陆散播自己的后代,我仍然有很大几率是他的后代。如果你有欧亚血统的话,你也很有可能是成吉思汗的后代。当然,如果这个计算方法是正确的话。

然而,在这个数据处理中存在一个严重的缺陷。这些指数增长最终的结果会变得十分荒谬。如果你追溯到约两千年前的埃及艳后时代,按照这个逻辑,你有超过百万的七乘方个祖先(一万亿乘以一万亿或者更精确地说是$1.2\times e^{24}$)。这个数字不仅超过了那时活着的人们的数量,还超过了所有历史上存在过的人类数量。为什么会这样呢?这个计算错在假设祖先都是不与他人发生关系的独立个体,但现实中并非如此。有时他们有着亲密的血缘关系,欧洲皇室的近亲婚姻就是例证。然而稍远的亲近繁殖更为常见，例如，人们在自己的村子里或周围找到自己的爱人。但是，如果耶稣的血统仍然健在，许多人，而不只是一小部分，都能声称自己是直接后代了。最古老的持续保持记录的家谱是孔子的后代，至今为止共约有80代，超过200万位被记录下的后代。

一些人类群体长时间处于相对隔绝的环境中，因此没有很多机会与其他群体进行联姻。澳大利亚土著人可能是被隔离最长时间的群体。除了零星拜访的印度尼西亚人和美拉尼西亚人之外，他们与其他人类隔离开来的时间跨度长达2000代（也就是说超过5000年）。他们可以声称自己是最纯正的血统，的确也是。我们中的大部分都是混血儿。

想要了解鸿沟的起源，必须首先理解我们从哪里来。有了现代基因科技，就算没有历史记载，我们也能够检测到人们的祖先。大部分DNA在传向下一代的时候会被混合，以确保后代的基因中存在变化。然而，有一些DNA没有被重新结合，这些基因能帮助遗传学家重新构建我们的血统。Y染色体（女性体内不存在）只能从爸爸传递给儿子。线粒体DNA在细胞体中，只能通过女性卵子传递下去，它不存在于男性的精子中。也就是说，你有着和你妈妈以及你妈妈的妈妈相同的线粒体DNA，你的兄弟姐妹的体内也有。不过，连这些不重新结合的DNA偶尔也会发生随机突变，成为遗传标记。共同祖先导致同一个地区的人们通常有着相同的标记。当他们其中一部分移民离开，他们会带着这些标记，这让他们和新土地上本来就有的居民区分开来。这样遗传学家就能够通过DNA来追溯人类移民的历史。通过比较不同地区人们的DNA，就能够计算出他们最近的共同祖先曾经生活在哪里。考虑到随机突变的发生有着相对恒定的比率(尽管一些 DNA 区域会比其他区域吸引更快的突变),他们也可以估计这些共同祖先生活的时间区间。

尽管有人合理地担心这些新的遗传知识会被种族主义者和保险公司滥用,但它确实为重新构建人类的历史打开了奇妙的新大门。举一个例子,非洲比起其他地方有着更多的基因突变,这一事实为我们提供了有关共同起源的知识。比如,所有非洲以外的人们的线粒体 DNA 都可以细分为两个血统,或者说所谓的单倍群(M 和 N)。其他的血统只存在于非洲。换句话说,比起非洲两组不同群体的 DNA,瑞典、日本、澳大利亚土著人和玛雅人的 DNA 更为相似——也就是说,他们在血源关系上更为亲近。对此有一个更加简单的解释:非洲进化出了人类,然后非洲人的一个亚族搬到其他地方并最终散播到世界各地。

对全世界男性的 Y 染色体的分析帮助研究者做出了一个估计,那就是距现在最近的共同祖先——你想的话也可以把他称作亚当(Adam)——生活在约 6 万年前。[①] 所有活着的人类都是他的血缘后代。对线粒体 DNA 的分析表明,我们最近的女性共同祖先——我们可以叫她夏娃(Eve)——约在 20 万年前到 15 万年前生活在东非。首先要注意的是她存在的时间早于“亚当”。存在这一缺口的一个原因是男性和女性在繁殖潜力上并不相同。女性在她们的一生中可生育的后代数量从零到约十二个,而男性的后代数量则是从零到几百个。这表明一些男人可以是许多人的祖父或爷爷。

---

① 最近一项研究对此提出了挑战,研究结果表明这一时间应当向前推到 14 万 2 千年前。顺便提一下,有证据表明成吉思汗可能传递下了一个特定的 Y 染色体,它存在于中亚一大区域的 8% 的男性体内,但是其他地区的这一比例仅为 0.5%。

尽管几百人可能有同一个祖父，他们不可能都有同一个祖母。所以在家谱上，最后一个共同祖母出现的时间远远晚于最后一个共同祖父。这不是说当时只有一个男性个体或女性个体存在。可能有成千上万的个体同时活着，他们中的许多都生育了后代。这个瓶颈代表的只是我们所有人的最近的共同祖先，就算我们中的大部分人也与亚当的和夏娃的其他同伴存在血缘关系。

DNA 研究对于理解人类的起源具有越来越大的影响，[①]它为我们提供了超越化石研究的独立信息源。幸运的是，许多主要发现都与考古记录发现的结果相符合。最古老的现代人类解剖学化石距今约 20 万年，是理查德·利基带领的团队在埃塞俄比亚发现的奥摩化石（Omo）。

最早的线粒体单倍群（L0）包括非洲西南的科伊桑人（Khoisan），他们以语言中的咔嗒声而闻名。从这一群体中分化出

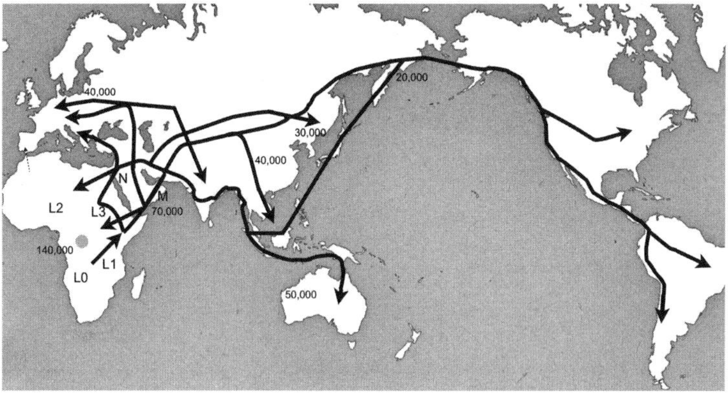

图示 11.1　根据已知 DNA 和化石证据简单绘制的人类移民趋势图。

① 现在你能够得到自己的 DNA 测试结果，并揭开自己深层的家谱（例如，https://genographic.nationalgeographic.com/）

三支非洲血统——L1、L2 和 L3。距今 8 万到 6 万年间，L3 群体迅速扩散到全球各地，并逐渐形成了非非洲人类(non-Africans)体内的两大单倍群(M 和 N)，据估计他们约在那时迁出非洲。他们首先分散到亚洲，约一万年到两万年后到达澳大利亚。他们在约 4 万年前定居欧洲。他们从东亚搬到美洲，并迅速在新世界扩散开来。

数千年来，我们的祖先在世界上大部分的大陆地区定居下来，极大改变了他们发现的陆地环境。不到一千年前，他们最终到达了最后一个主要的可居住陆地，他们将其命名为奥特亚罗瓦(Aotearoa)，说英语的人们把它称为新西兰。奥特亚罗瓦没有人类，甚至都没有哺乳动物，只有一些蝙蝠品种，毛利人乘着独木舟来到这里，渴望找到一块富饶之地。毛利人带来了一些鸡，他们把鸡称作恐鸟(Moa)，但是当他们在树丛中发现大量的鸟类之后就不再饲养恐鸟。这些体型较大的不会飞的本地恐鸟从来不曾被哺乳动物猎食过，因此随着不断增加的毛利人对它们的持续捕杀，这些恐鸟很快就灭绝了，这一切大约发生在一个世纪以内。随着蛋白质变得稀缺，毛利人开始依赖甲壳类动物，有时甚至吃人。这不算什么不寻常的事态转变。当人类第一次踏足富饶之地，他们总是贪婪地享受和剥削。经常伴随着当地大型动物的大量灭绝。有些情况下，生态系统会整体崩溃，就如复活节岛上发生的那样。其他情况下，可能会出现资源严重匮乏的时期，人们只能设法重新建立可持续的生态平衡。

不过，我们许多迁徙的祖先并未找到处女地，他们可能到达了其他人族占领已久的土地。当现在人类出现在亚洲时，直立人已经在当地生活超过 100 万年。尼安德特人曾生活在欧洲和西亚。丹尼索瓦人生活在西伯利亚。在印度尼西亚，一个身材矮小的人种生活在弗洛雷斯岛上，他们让人想起托尔金笔下的霍比特人。我们不知道他们相遇后具体发生了什么，但是我们知道这些远古亲戚都消失了，不过至少在丹尼索瓦人和尼安德特人的例子中，发生了和新来者联姻的情况。在有些情况下，新移民也许建立了和平关系，并且从有经验的本地人那里学会了重要的当地知识。其他情况下，尤其是当物资匮乏的时候，他们就要和当地人争夺资源。最终，我们的祖先获胜了。但那些远古人们是谁呢？他们从哪里来？有关古人类的进化和他们的心智我们又了解多少呢？

1925 年，雷蒙德·达特（Raymond Dart）在南非发现了一个三岁的混有猿类和人类特征的儿童化石。他把这个物种叫作非洲南方古猿（*Australopithecus africanus*），在最终发现更多其他样本之后，这一物种被称为“消失的纽带”。随后的发现表明大量直立行走、大脑发达的人族曾漫步在这个星球上，他们的领地有时会发生重叠。其中一些是我们的祖先，其余则是逐渐繁茂的人族家谱树上的不同分支。

这些纽带的“消失”仅仅是指这些人族灭绝了。然而，这不是说目前的化石记录是完整的。事实上，新的证据不停地被发掘出来，化石中也缺少各种各样没能保留下来的信息。牙齿和石头制品能够存在上百万年，但是软组织和植物体很快就被分解掉了。建立在竹子之上的文明在遥远的未来几乎不会留下任何痕迹。毫无疑问化石记录中缺少了许多信息，其中很多永远无法被重新发现，学者们对于这些缺失的信息有着众多争论。举一个例子，把一套化石鉴定为新物种的古人类学家和认为这些化石属于已发现物种标准变化的一部分的古人类学家之间会存在争论。一些古人类学家更倾向于“分支”(split),而其他的一些人则倾向于“汇总”(lump)。[①] 就算不考虑这些争论,现有证据描绘出的曾经人族的画面也是充满细节和错综复杂的,其中有许多不同的人族种类,科学家并没有为了拼图中丢失的重要一块进行疯狂搜寻。图示 11.2 显示了人族的多样化,这些就是目前认为的曾经在过去 600 万年间统治地球的物种。接下来我会逐一详细介绍。

我们如何把化石重新赋予生命并理解他们的想法和行为呢?常见的出发点就是把他们与现存于类似环境下的动物进行对比。现存猿类长期以来被用于激励研究者思考我们祖先的成长历史、外貌和行为。简单地假设我们和动物的最后共同祖先是“类黑猩猩”(chimpanzee-like)的——也就是说从它们开始我们分道扬镳进化出了现存鸿沟——这一看法是具有诱惑力的。然而,这个假设是有问题的。比如,我们应该把最后的共同祖先假设为更像黑猩猩还是更像倭黑猩猩呢?我们知道这两个物种之间存在很大差异,但它们和我们的血缘关系是一样近的。如何知道我们的祖先是像黑猩猩一样好斗的、雄性主导的,还是像倭黑猩猩那样的过度使用性来解决问题的和平主义者呢?事实上,很有可能两者都不是。在过去的 600 万年间,人类发生了翻天覆地的变化,黑猩猩和倭黑猩猩也有着相同的时间来进化出自己的特质。那么,简单的类比就不够了。

---

① 就连在生物界,大家也在争论活着的有机物中哪些特质能够让它们被辨识为一个物种。一个简单的判断是同一个物种的成员应该能够繁殖可存活的后代。不同物种的成员之间不能进行异种交配。当然,这样的测试不能直接通过化石进行,除非能够提取 DNA。因此,讨论通常集中在小碎片如骨骼和牙齿的对比。不出意料,科学家们对此存在各种争论。新化石的发现者通常有描述“分支”的动力,而不想进行“汇总”,因为如果他们发现的是新物种,那么他们就是该物种的著名的发现者,他们甚至能够为这个物种命名;但如果他们只是发现了现有物种的新样本,那么激动的情绪就少了许多,而且他们可能要努力取得更多的资金来继续挖掘。但是,就连持最强烈怀疑论的“汇总者”也承认存在着许多不同的人族物种。

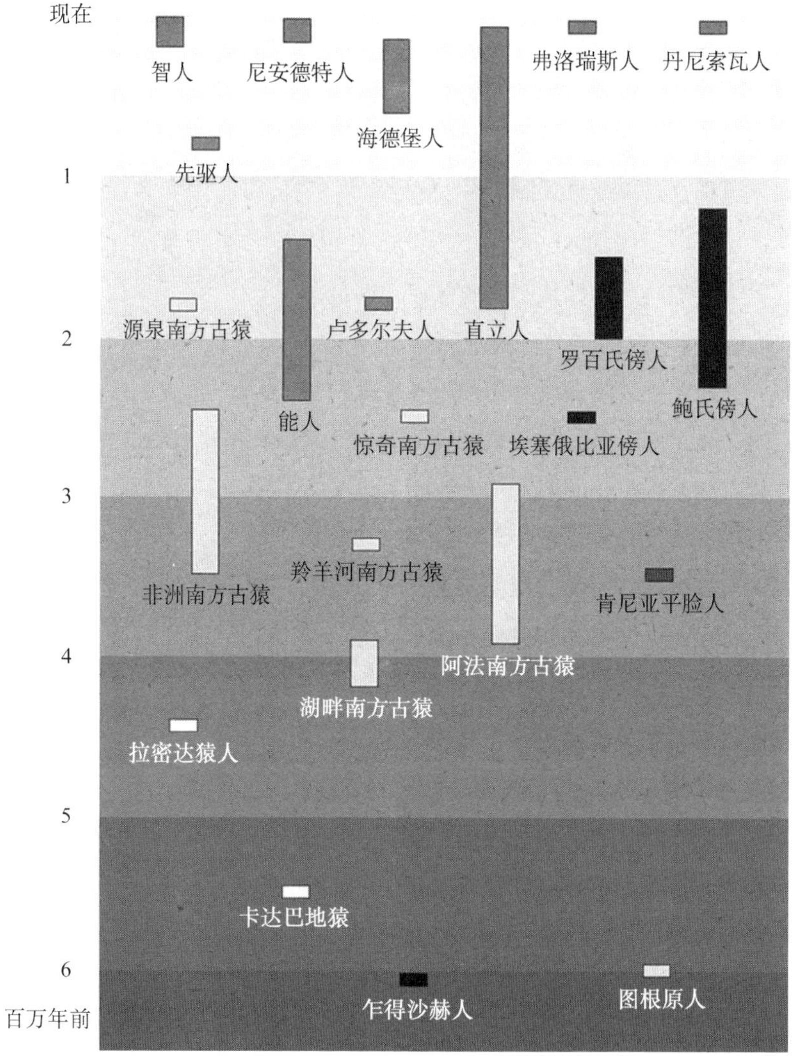

图示 11.2　目前普遍达成共识的过去600万年间的人族分类。“分支派”会细分一些物种，如把直立人细分为直立人、东非直立人、可能还有北京人和格鲁吉亚人。而“汇总派”则把它们归为一类。比如，一些“汇总派”认为尼安德特人是智人的一个亚种（也就是尼安德塔智人）。柱状图代表了估算的化石年龄。延长的柱状表示研究者发现了不同时期的多种化石。深色柱状表示不同属的共同分配。

第三章中提到过，相近物种间的特质分布能够被用来推理这些特质在共同祖先中的同源起源，类人猿最后的共同祖先可能有着复杂的心理技能。很可能它们可以思考当下感知以外的事物；从视觉上识别自己以及推理隐藏的位移；使用工具、模仿同类并识别出自己正在被模仿；维持多种社会传统；使用排除法进行推理。这些可供支配的心智特性让它们做好启程的准备，而这个旅程最终导致了人类心智的产生。

想要弄清楚随后的旅程中到底发生了什么，以及我们如何进化出与最近的近亲区分开来的能力，我们需要依靠其他的线索，例如化石和基因。我既不是古人类学家也不是遗传学家，因此我只能通过谨慎阅读现有文献来大致描绘这一路径。

有关随后人类起源的理论不计其数——关于我们的祖先在什么时候因为什么原因以哪种方式变成了人类。一些学者强调人族身体扮演的角色，例如瞄准投掷、大脑更好地降温和长距离跑步的能力。其他学者认为社会性的变化是我们成功的原动力——保证规则强制实施的集体惩罚，以及配偶绑定和合作养育后代。还有人认为某些特定的发明是关键，如对火的控制和烹饪技能的提高，或者婴儿襁褓和符号的发明。情况很可能是，这些因素中大部分都起到了一定作用，但是尚不明确它们在影响我们祖先的路径上的程度高低。下面我概述一下目前已知的有关人类旅程的主要事实[①]，并且评估它们对嵌套场景构造和联结想法的欲望造成的结果。让我

① 可能会让人稍感宽慰的是，目前存在一些多多少少似乎可信的人类起源说法。但不幸的是，貌似可信的想法总比决定性证据更容易得到。比如，水猿理论（aqua ape theory）认为人类祖先曾经长时间回到海里（类似海豚和海豹那样），或者至少生活在海滨。对海水环境的适应也许能够解释人类的一些奇妙特征，唉，但是似乎并没有直接证据表明人族曾经在任何时间段里生活在海水环境中的。

们来一场短暂的家庭团聚吧。

根据分子生物学证据，人类和其他现存非人类灵长类动物的最后的共同祖先生活在七百万年前到六百万年前之间。最近的分析表明真相可能比长久以来大家所认为的要更加复杂。人族和黑猩猩的血缘似乎最初在 700 万年前分支开来，但随后又发生了杂交，最后在 630 万年前永久分开。一些类似的杂交可能也发生在其他物种身上，例如与大猩猩祖先之间的杂交。黑猩猩比大猩猩更接近人类，但是人类 DNA 的一些部分与大猩猩更为接近。有可能在约 1000 万年前人族与大猩猩分开之后又发生了一些杂交行为。通向人类的随后旅程（如同这些最初的旅程一样）既不简单也不直接。

研究人员已经发现了来自这一时期的一些相关化石。最古老的样本来自于乍得，据估计已经有超过 600 万年的历史。这个被称作乍得沙赫人（Sahelanthropus tchadensis）的品种有着宽大的眉骨、较小的犬齿和 365 立方厘米的颅容量，这相当于现代黑猩猩的颅容量。2001 年，研究者发现了六百万年前可能是直立行走的另一种人族的化石，图根原人（Orronin tugenensis），后被称作“千禧人”（millennium man）。研究者不清楚这些化石是人类还是黑猩猩的祖先，又或者是两者的杂交物种。2004 年，研究者发表了对一例化石的描述，其可能是在最后共同祖先分支开来后一支早期人族卡达巴地猿（Ardipithecus kadabba），这个族群生活在超过 550 万年前。它们似乎是我们现在已经较为了解的一支人族的先驱。

2009 年研究者详细描述了一个几乎完整的骨骼化石，这是超过 440 万年前的一支古老的人族物种——拉密达猿人（Ardipithecus ramidus）。它们的脑容量也与现代黑猩猩相当（300—350 立方厘米),但它们的犬齿已经变小,而且在地面时使用双脚站立。但是阿尔迪(Ardi)仍然长着用来爬树的抓握脚趾,以及不同于黑猩猩的灵活手腕。曾经有广泛的假定认为当我们的共同祖先从树上爬下之后,和现代黑猩猩和大猩猩一样用指关节支撑着走路。然而,阿尔迪的灵活的手腕告诉我们这并不是一个共有的祖先特征。此外,有迹象表明黑猩猩和大猩猩的指关节行走方式有所差异,也许它们这一特征的进化是相互独立的。两足运动可能不是从四足动物的地面运动进化而来,而是从两足爬树行为,如我们常常看到的猩猩行为,衍生而来。

最常见的有关两足直立行走的出现和现代猿类与人类的分离的解释就是"东边的故事"(East Side Story)。这是由法国人类学家伊夫・科庞(Yves Coppens)提出的,这一理论指向了大规模地质事件及其带来的气候变化的后果。约800万年前,板块移动造就了东非大裂谷以及西部的山峰,这些地形现在把东非和非洲其他区域分隔开来。当大陆西部继续享受着热带雨林需要的降水时,东边的气候和植被在经受急剧变化。结果是,西部的猿类继续生活在相同的栖息地,但是它们东边的远亲们不得不学习适应逐渐不同的生存环境,森林变成了大草原。我们的祖先必须寻找树下的存活方式。和这个场景一致的发现是,几乎所有早期人族化石都来自于非洲的这个区域。① 很可能气候变化和草原的产生及扩张在人类的进化历史中重复扮演着主要角色。

直立行走并不一定是猿类适应草原的明显解决方案。比如,它

① 一些最新证据挑战了这被广泛接受的假设场景。乍得沙赫人被发现曾生活在东非大裂谷西部,图根原人似乎也曾生活在森林环境中。

会带来一些严重的副作用，包括背部问题和痔疮。直立行走还需要脊柱的重新排列和骨盆变窄，这限制了产道的尺寸，因此导致痛苦和危险的生育过程。这反过来强制婴儿在产后期的头骨发生逐渐移位，同时促进了大脑的成长。就像我们之前讨论过的，这一发展的优势是社会和文化输入能够更有效地在婴儿逐渐成长的大脑中形成。因此这看似存在缺陷的设计也许是人类心智进化的关键一步。

直立行走并没有让我们变成敏捷的短跑选手——从速度上来说，我们的祖先根本不是草原猎食者，如狮子和土狼的对手。事实上，越来越多的证据表明早期人族频繁被猎食。那么它们是如何存活下来的呢？一个优势是直立行走解放了双手，因而可以携带更多物品，这可能增加了防御的新机会。人类的手既有力量又能精确抓握，因此可以用棍棒击打和投掷物体。这些适应行为的早期迹象出现在地猿身上（200 万年到 300 万年之后在早期人类身上得到了更好发展）。在其他方面没有防备力的早期人族使用石头和棍棒进行击打，从而避开食肉动物，比如那些漫步在草原上的各种剑齿猫科动物。有时，投掷石头也许足够在猎食者进攻之前把它们击退。比起"人类猎人"的称号，研究者们认为也许是"被猎食的人类"这个称号最初驱使我们踏上了进化征途。

我禁不住想用自己的情景构建心理能力来扩写这个故事，着重描绘自然选择如何增强心理场景构建和远见的能力。很容易想象自然选择会将独特优势给予那些准备好进行防御的个体，而那些弱势个体则得不到。在最重要的时刻进行合适的防御是至关重要的，因此它们可能需要随身携带一些物品如石头和棍棒以便用来防卫。唉，我们不知道它们是否会使用这些防御工具，研究者仅发现几百万年之后的人族有使用武器的迹象。

地猿化石来自于东非埃塞俄比亚一个名为阿法尔三角的区域，那里发掘出了大量非同寻常的化石。1974 年，唐纳德·约翰逊(Donald Johanson)和同事们发现了一具几乎完整的人族骨骼，这个族群现在被称作阿法南方古猿(Australopithecus afarensis)，这具化石的主人就是著名的露西(Lucy)。第二年这支团队发现了同一物种的 13 个个体的化石。它们是一支成功存活超过两百万年的物种。

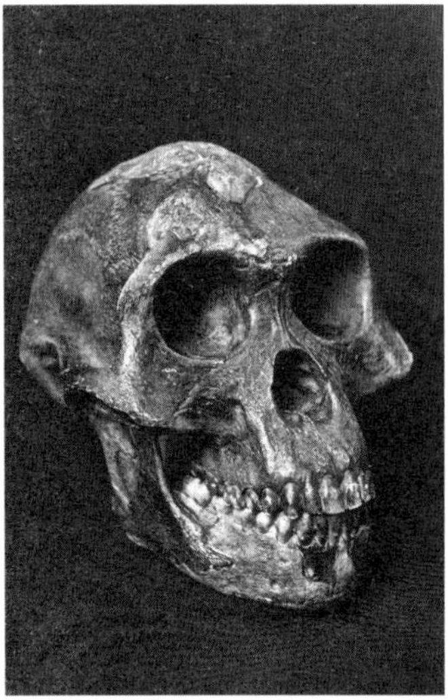

图示 11.3 复原后的“露西”头骨，阿法南方古猿，距今 320 万年。(所有骨骼复原由 Bone Clones 公司操作(www.boneclones.com)，照片由莎莉·克拉克拍摄)

当雷蒙德·达特发现第一个南猿化石，他找到的不只是猿类和人类身体构造之间同时还是心智之间缺失的链环。人类初级视皮层相对其他灵长类动物要小，所以这个区域的边界——月状沟(the lunate sulcus)[①]——在猿类的身上相对靠前，而在现代人类身上则是相对靠后。达特报告称南猿的初级视皮层比起猿类来说，和人类的更为相近。他总结说这些人族把

① 大脑外部折叠的部分被称作沟回，两个沟回之间的褶皱被称作脑沟。被称作月状沟的深深的脑沟把初级视皮层从顶叶分开。

更多大脑资源运用在储存和关联信息，用于视觉的资源则相对较少。不幸的是，对于远古大脑的推理通常基于颅腔模型——颅骨的内部骨骼——研究者对于借此到底可以获得什么信息一直存在争议。①

已知最古老的南方古猿——湖畔南方古猿（A. anamensis）生活在距今420万年前。阿法南方古猿在390万年前到290万年前生活在非洲，它们体重在30到40公斤之间，身高稍高于一米。它们的颅容量接近于或者稍大于现代猿类，约为458立方厘米（它们的南非亲戚，非洲南方古猿的颅容量为464立方厘米）。它们的骨盆和腿部都适合直立行走，有关它们直立行走的问题被一个最不同寻常的发现一劳永逸地解决了：玛丽·利基（Mary Leakey）在玩飞盘的时候，不小心跌倒在这些古猿变成的化石脚印旁边。370万年前坦桑尼亚北部一处火山喷发，地面被火山灰覆盖，随后的雨水把它们变成了类似石灰的材质。走过这个表面的大量动物都留下了永久的印记。其中就有一个直立行走的人族家庭。②

南方古猿不仅直立行走，而且开始脱毛。令人吃惊的相关证据来自于：虱子。这些臭名昭著的寄生虫喜欢生活在特定的寄主身上，而且一旦脱离寄主则很快死亡。大部分灵长类动物身上仅存在

① 汤恩儿童化石中包含一个独特的自然颅内模，但是有关月状沟的位置仍存在争论。达特的结论受到这个领域两个最具影响力的科学家的挑战和辩护，他们是迪恩·福克（Dean Falk）和拉尔夫·霍洛韦（Ralph Holloway）。在霍洛韦的回忆录中，重新讲述了他和福克就这件事以及其他观点产生的争论，其中包括在一次会议上两方手持互相矛盾的南方古猿头骨的颅腔模型（一个显示了枕骨边缘窦，一个则没有）进行对质，这次事件让他反思了投掷石膏颅腔模型能够对人造成怎样的伤害。

② 令人好奇的是，也有证据表明南猿的脚和现代人类有着一样的功能，但是同时代的人族种类依然能够很自然地爬树。最近发现的一只三百四十万年前的脚仍然长着对生大脚趾，和地猿的特征一样。

一种虱子。但是人类身上存在三种。一种是头虱。随着人类身体毛发的脱落，[①]它们开始进化到生存在人类头部，同时把胯部留给另一种虱子。DNA 对比发现阴虱在约 330 万年前迁徙到我们祖先的身上。人类阴虱最近的近亲存在于大猩猩身上，显然我们最初是从大猩猩的祖先那里被传染的。更重要的是，这一发现表明 330 万年前我们祖先的头发和阴毛已经被少毛的身体充分区分开来，这样才能让两种不同种类的虱子生活在同一个寄主身上的不同区域。换句话说，南方古猿的身上并没有长满毛发。（顺便提一下，第三类人类身上的虱子是生活在衣服中的体虱。这个物种约在距今 17 万年前到 8 万 3 千年前之间与头虱分离开来，这表明当时人们已经离开了伊甸园并常常穿着衣服。）

阿法南方古猿可能已经开始使用石器。2010 年研究者发现了距今 339 万年前的骨骼，上面有取走肉时留下的划痕，以及为了取出骨髓而留下的击打痕迹。这些结论曾引起争议。但是，一些人族确实在几十万年后发现了石头的用途。目前发现的最古老的石器距今约 250 万年。并且与另一个物种有关——南方古猿惊奇种（Australopithecus garhi）。它们的头骨在富饶的阿法尔三角被发现，颅容量达到 450 立方厘米。在各种有蹄类动物骨骼上发现的切割划痕显示了对这些尸体的宰杀过程中使用了工具。

同一时期似乎还有各种其他人族漫步在地球上。在东非大裂谷西部的乍得发掘的化石，尽管和南方古猿阿法种相似，但是被研究者指出属于一个不同的种类——南方古猿羚羊河种（Australo-

① 无毛的说法是存在误导性的，因为并非是毛囊消失，而是末端厚重毛发被更稀少、更短和更透明的毫毛取代，呈现出缺少明显毛发的外貌特征。

pithecus bahrelghazali)。米芙·利基(Meave Leakey)和同事们发现了一块距今350万年的化石,有着非同寻常的平脸,他们认为这是一个新的物种:肯尼亚平脸人(Kenyanthropus phatyops)(尽管汇总者认为这可能只是一个被压扁的南方古猿)。2010年,研究者在南非发现了两具局部骨骼,它们属于另一种不同的南方古猿。这个种类被命名为源泉南方古猿(Australopithecus sediba),它们生活在距今180万年前。虽然有关南方古猿种类的数量存在争议,但是不可否认的是确实存在不同种类,而且它们之间有着明显差异。考虑到现在新发现的频率,研究者很可能会发现更多的品种。考虑到重叠的生态位,它们之间一定存在为了资源进行的竞争。近源物种可能会因为开采不同的资源而进化成不同的分支(就像今天的黑猩猩和大猩猩)。

南方古猿最终分离成至少两个不同的进化路径。一些逐渐进化得更为健壮,并长出能够用来咀嚼坚硬食物如坚果和高纤维蔬菜的巨大下颌。它们曾经被称作健壮南方古猿,现在普遍把它们划分为一个不同的种类:傍人(Paranthropus)。傍人长着较大的咀嚼肌,这些肌肉连接到头顶独特的矢状嵴(sagittal crest)。人类没有矢状嵴,这个结构存在于大量咀嚼力强的动物如大猩猩身上。[①] 它们的牙齿较大,适合用于磨碎食物。在食物充足的时期,它们可能食用各种食物,包括动物蛋白质。在食物短缺的时期,它们能够回到食用其他种类无法食用的坚硬食物。

目前广泛接受的傍人种类至少有三种。最早的是埃塞俄比亚

---

① 考虑到之前提到过的人族和大猩猩祖先之间可能存在杂交,傍人有可能是这种杂交的分支。这反过来也表明我们的祖先可能因为与傍人的交配行为而感染了虱子。不过这只是我的猜测。

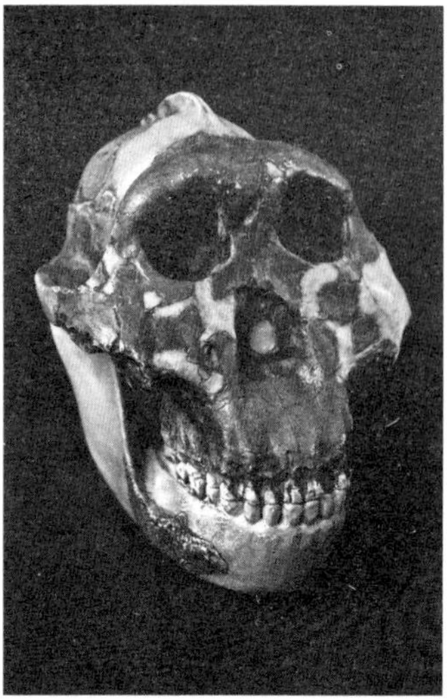

图示 11.4 鲍氏傍人(KNM OH5),“胡桃钳人”,距今 180 万年。

傍人(P. aethiopicus),接着是罗百氏傍人(P. robustus)和鲍氏傍人(P. boisei)。傍人的颅容量接近或者稍大于早期南方古猿:鲍氏傍人的颅容量平均为 481 cc,罗百氏傍人为 563 cc。它们运用自己的头脑使用石头和骨骼工具挖出植物块茎。这些工具上的磨损痕迹表明它们也被用来取得如白蚁类的食物。不像黑猩猩是用树枝勾取白蚁,傍人使用骨骼工具砸开白蚁土堆。尽管它们使用工具取得食物,但尚没有证据证明它们改变过这些工具的本来形状。

鲍氏傍人是成功谱写了为地球增光添彩的故事的人族之一,它们存活超过 100 万年。我们不清楚它们最终灭绝的原因。一个可能性是它们的摄食适应范围变小,因此当巨大环境变化影响了它们的主要食物来源,这就会导致它们无法存活。开始于 300 万年前的冰川循环运动愈演愈烈。在这种动荡时期,快速的适应能力显得极为重要。也有可能是其他人族造成了这一种族的灭绝。在几十万年间,傍人与最早被科学称作“人类”的物种共同生活在一起。

一些南方古猿的身形变得更加纤细,并进化成为人属(Homo)。人属长着较小的,不那么突出的面部,更小的肠道,更有效的直立行走行为和比南方古猿和傍人都大的颅容量。一项近期研究表明,约 240

万年前发生了有关咀嚼肌的基因突变，导致咀嚼力的下降，并且据研究者所言，这消除了对于颅骨和大脑扩大的限制。

人属最早的成员被路易斯·利基和同事们称作“手巧的人”或者纤瘦能人（Homo habilis），这是考虑到它们与当时已知最古老的石器之间的关系。有关这一物种的最古老化石距今约 240 万年，它们的平均颅容量约为 600 cc。能人制造的工具被称作奥尔德沃工具（Oldowan tools），因为它们最早是在坦桑尼亚的奥杜威峡谷被发现的，其中有被改良过的河卵石工具。通过去除河卵石的表面碎片，能人制造出有着尖利边缘的工具，这些工具能用来有效地切除兽皮以及剥掉骨头上的肉。更大一些的石头被做成用来砸骨头的锤子。这样能人就可以食用更大型的动物，如羚羊、犀牛和河马。

尽管肉类只是早期人族食谱中的一部分，就和现代黑猩猩一样，但是这些石器显著提高了取得高能量食物的效率。这并不是说能人算是高效的猎人。它们饮食中的一大部分仍是植物，而食用的肉类中许多可能是腐肉。至少在一些化石骨骼上我们可以看到，其他食肉动物的齿痕早于石器划痕。能人可能与食腐动物抢食捕猎者吃剩下的猎物。它们时常把尸体移到特定地点，然后在那里使用石器进行屠宰。近期在图尔卡纳发现了一处距今 195 万年的屠宰基地，那里有水生动物如乌龟、鱼和鳄鱼的骨骼。这些动物富含对大脑发育有益的营养物质，这激发研究者猜测饮食改变在早期人属大脑增大过程中扮演了关键角色。逐渐增强的认知能力反过来帮助它们安全有效地寻找高质量食物。

屠宰基地表明能人有时将物品运输到几公里以外的区域，有可能它们也会随身携带工具以备不时之需。棍棒和石器可以用来袭击靠近的捕猎者和入侵者。有科学家认为早期石器的尺寸是适合投掷的，以及早期人属的手能够恰当发力，而且它们拥有使用棍棒和瞄准投掷所需的精准抓握力。换句话说，这些人族曾经持械行进。

最终，人族开始使用武器打猎，但是我们仍不清楚这一实践的开始时间。人族从被猎杀和食腐进化到顶级猎食者，武器很可能扮演了关键角色，而且它们无疑也被用在人族群体内及群体间的冲突之中。然而，尽管精准投掷和击打能力在能人身上是明显存在的——毕竟石器就是因为这些能力才可以被制造出来——但是我们仍不清楚人族在什么时候开始系统化地使用瞄准投掷。(考古记录中有关投掷武器的确定证据显示它们出现的时间要晚得多)。

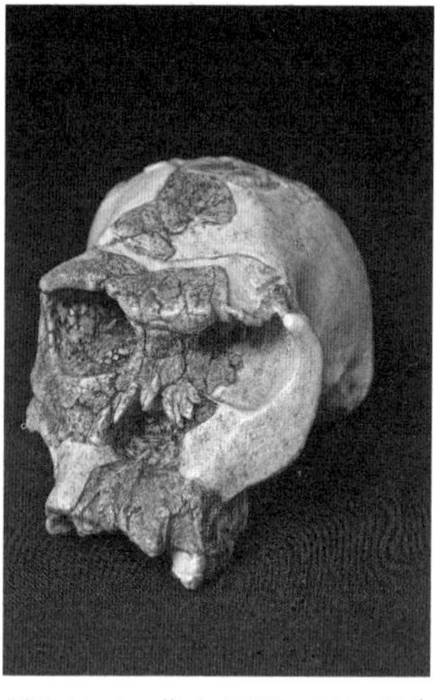

图示 11.5　能人(OH - 24)，距今180 万年。

一具距今 180 万年的化石头骨已经拥有 775 cc 的较大颅容量。一些科学家因此认为这一物种应当被划分为新的物种：卢多尔夫人(Homo rudolfensis)，但仍有可能这只是正常变异，或者甚至是两性异形。

能人存活到距今 140 万年前，它们的生活区域从南非到埃塞俄比亚。在图尔卡纳湖的东岸，它们同直立人——最终成为更成功的人族——共同生活了几十万年。

一些学者认为人族是从直立人开始的，而不是从能人。成年直立人身高可达一米八，而且有着 1000 cc 的巨大脑容量——几乎是南方古猿和现代猿类的两倍大。与南方古猿不同，雌性直立人的体型不比雄性小很多。尽管直立人额头低平，眉骨粗壮，下巴短小，但是它们的长相和走姿都很接近现代人类。它们和我们的脚印几乎难以区分开来。

1984 年，理查德·利基和同事们在图尔卡纳湖附近发现了一具几乎完整的距今 160 万年的直立人骨架，它被称作纳利奥克托米男孩(Nariokotome Boy)。它身高 160 厘米，脑容量约 880 cc，身体比例十分接近现代人类。最初研究者根据齿列和身体的整体尺寸认为这个男孩死于 12 岁。但是，对于其生长模式的细节研究表明它在死时仅 8 岁，这表明了直立人的生长速度远远快于现代人类。

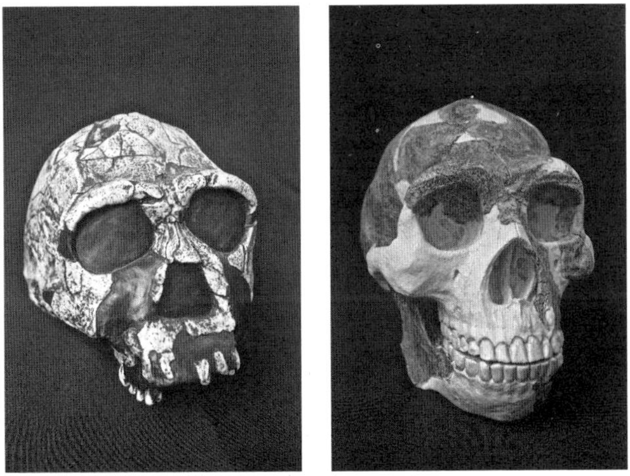

图示 11.6　直立人的两个样本：左边是来自非洲距今 160 万年缺失下颌的头骨；右边是来自中国距今 45 万年的头骨(也被称作“北京人”)。[1]

---

① 有关直立人化石是否应该被划分为几个不同物种仍存在争议。最常见的划分是根据稍微更薄的头骨和不那么明显的眉骨把它们分为非洲和亚洲种群，前者被称作“匠人”，后者是“直立人”。一些分裂者甚至主张直立人的称号只用于印度尼西亚样本，而把中国的化石称作“北京人”，把格鲁吉亚化石称作“格鲁吉亚人”。尽管这些化石在解剖学和地理位置上存在差异，但是它们之间存在非常多的共同点，这里我支持汇总者的观点，认为它们应当集体被称作“直立人”。

鉴于早期人族脑容量在统计角度并没有与现代猿类存在很大差异，[①]这些早期人属的大脑展示了惊人的增长速度。更大的脑部需要更多的营养供给。直立人和现代人类一样，有着相对较大的身体，较小的肠道和牙齿——这些特征都说明它们的饮食从根本上变得更高质量。关于此最普遍的解释是它们食用更多肉类。高蛋白食物的增加能够解释为什么肠道变小，以及可能因此促进了大脑尺寸的增加。

食用更多肉类的原因可能是由于运动优势的增加。肌腱、韧带和骨骼变得更加利于长距离奔跑。现代人类对比其他哺乳动物算不上是厉害的短跑选手，但是我们确实有着非凡的耐力。像土狼和迁徙的有蹄类如牛羚一样（而不像其他草原动物，更不要说灵长类动物），人类能够非常长时间地跑步，这也许给予它们在打猎和食腐方面独特的优势。跟着秃鹫跑到它们聚集的地方也许提高了直立人打败其他食腐动物并享用盛宴的机会。长时间奔跑受到的主要限制就是身体过热。[②] 毛发脱落和布满全身的汗腺使人类能够快速散热。和只用鼻子呼吸的猿类不同，我们在剧烈运动时通过嘴巴呼吸来加快气体流通。有可能直立人在打猎时经常是先准备好，然后开始追赶猎物，直到距离合适的时候再开始击打。甚至还有可能它们把猎物追赶到精疲力竭。这种打猎方式需要坚持不懈的毅力，也许还需要一定程度的远见，因此自然选择可能留下更好的心理场景构建和交换能力来支持合作打猎。现代人类猎人通过观察脚印来

---

① 用来做出这些估计的化石样本数量通常偏少，因此做出的统计比较也只有有限的效力。举一个例子，在罗布森（Robson）和伍德（Wood）的一篇评论中，他们得出的估算数据只是基于一个乍得沙赫人、8 个非洲南方古猿、10 个鲍氏傍人、6 个能人、30 个直立人，17 个海德堡人和 23 个尼安德特人。

② 温度过高也被认为是大容量脑部的关键问题。曾有科学家提出，如同精心设计的脑静脉循环进化的目的就是为了成为人族大容量大脑的散热器。

决定追赶什么猎物。我们不知道观察脚印的行为最早从什么时候开始出现,但是这对于识别一样东西能够符号性地代表另一样东西的能力来说,可能是关键的一步。

很有可能直立人朝向成为顶级猎人跨出了一大步。有研究者提出它们的捕猎能力超过其他大型食肉动物,这甚至导致了一些食肉动物的灭绝。但这种说法大部分只是猜测,而且有关打猎和食腐技巧的提高促进了直立人的进化的说法也存在其他替代解释。例如,克里斯汀·霍克斯(Kristen Hawkes)和同事们认为是祖母效应(grandmother effect)开始起作用,并且成为它们的关键优势。大脑尺寸和成年身体的增加表明直立人活得更久(尽管化石中老年对青年的比例估计仍然偏低)。气候变化引起的雌性饮食变化——可能是收集块茎类食物——和分享食物行为也许导致了生命史和生态的变化。它们的主要食物可能是通过收集而不是打猎。

理查德·兰厄姆(Richard Wrangham)认为烹饪食物是一个关键步骤。也许我们祖先做过的最聪明的事就是学会了控制火。① 烹饪让我们分解那些原本无法消化的食物,消除其中的寄生虫,并且阻止食物很快腐烂。已发现的与人属有关的被烧过的土壤和动物化石距今约 160 万年。然而,我们不清楚那是被谨慎制造的火,还是烧毁整个区域的野火。火一旦被控制,就不仅能够用来烹饪,还能带来许多其他优势,如更好的视线和取暖,攻击和防卫。在篝火旁边共同度过的夜晚,几千年间促成了人类进化、养育传统、沟通和创造中的各种里程碑。火赋予我们巨大的新力量(还记得普罗米修

① 火,尤其是如何使用火,对于旧石器时代人族的重要性在 1981 年让-雅克·阿诺(Jean-Jacques Annaud)的精彩电影《火种》(*Quest for fire*)中被有力呈现。

斯吗?),使我们能够驱赶猎食者,把猎物从它们藏匿的地方逼出。它让我们改变整个地貌,并锻造无数工具。[①] 然而,几乎没有证据证明是因为对火的控制,或是因为火的普遍使用,造就了直立人的崛起。最令人信服的早期使用火的证据是距今 79 万年前(尽管一篇最近的报告称火的使用出现在 100 万年前)。

直立人是第一个确定散布在旧世界各地的人族种类。目前最古老的直立人化石来自于东图尔卡纳,距今 180 万年。几乎同样年份的古老化石在格鲁吉亚被发现;120 万年前它们也出现在西班牙。然而,这些移民似乎是第一批快速东迁的群体。[②] 160 万年前,直立人曾生活在中国(北京猿人 Peking Man)和印度尼西亚(爪哇猿人 Java Man)。它们占领了这些新领地,并持续了非常长的时间。我们曾经以为它们在约几十万年前灭绝,但是新证据表明它们至少零星地存活到了离现在更近的时期。3 枚新的印度尼西亚头骨把时间追溯到了约 7 万到 4 万年前。其他研究表明爪哇猿人的后代可能存活到距今 2 万 7 千年前。如果这些数据是正确的,那么直立人曾生活在爪哇岛上长达 160 万年之久。直立人一定拥有一些独特的适应优势。它们不可能长出明显的新生物武器,如爪子、毒液或切齿,但是它们有着更大的大脑和更有力量的心智。最近对

---

① 从 16 万 4 千年前,就有证据表明石头被加热来提高尖利程度。借助火,木片可以变得更加坚硬,黏合剂可以软化。最终新的强大材料被制造出来,如陶瓷和金属。但这些仅发生在几千年前,并不是几十万年前。

② 这并不是说曾存在着一场计划缜密的大迁徙。很有可能它们只是持续地往更宜居的栖息地扩张。比如,气候变化把欧亚大陆的大片区域周期性地变成草原,猎食者很有可能只是单纯跟随猎物的脚步。随后的气候变冷让直立人群体不得不撤退到这些可容纳它们并为它们提供避难所的新区域。暂时的隔离反过来造成了当地的变化。避难所和气候变化在人类进化中的角色目前仍是饱受争论的话题,尤其是考虑到曾经漫步在这个星球上的明显多样的人族形式(包括直立人的不同物种)。

牙齿的分析发现，比起更早期的人族，直立人的牙齿微磨痕有着更多样的复杂程度。这一发现说明它们的技能没有专门化，而是达到了行为灵活度的新高度。比起完全专注于一种食物，不管是肉类，烹饪过的根茎类或其他食物，它们似乎依赖于更广泛的食物种类。这反过来说明他们心智能力的变化是成功的主要原因，而不是任何特定的食谱或行为。它们也许在鸿沟的两个关键方面都迈出了重要步伐：开放式的反思心理场景构建和心智联结。

心理场景构建的一些能力在它们使用的工具中有所体现。阿舍利(Acheulean)石器工业造就了史上最成功的工具装置。它包括匀称的手斧和切肉刀，不只一面有刃的双面石刀。泪珠形的双面手斧可以被十分灵活地使用。它们能够用来切割肉类或者植物材料。它们可以被舒适地一手抓握(见图示 11.7)，并且能够进行长时间

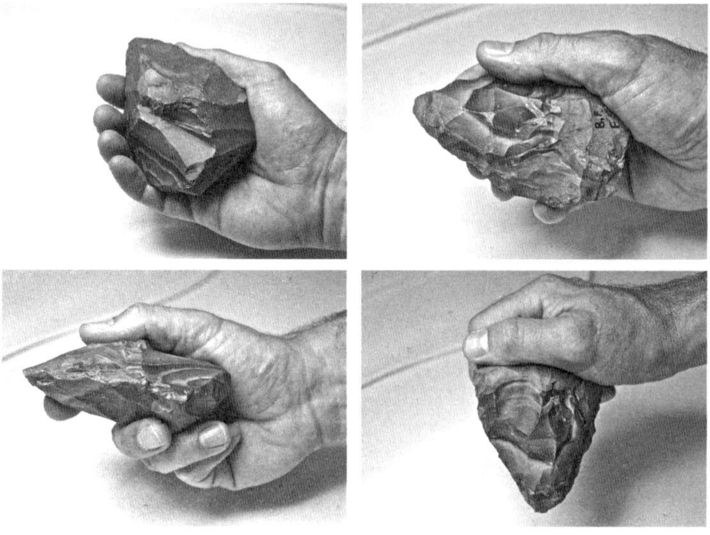

图示 11.7　阿舍利双面手斧，距今约 20 万年，来自现代以色列(莎莉·克拉克摄影，石器由凯里·希普顿提供)。

的有效切割。这些工具的发明显示了计划能力和设想最终产品的心理场景构建能力。这些石头都被考量过重量和尺寸的适用性，细心的敲击把它们打造成最终理想形状。这些石头首先被初步加工成形，然后经过更精细的打磨变成锋利和匀称的工具。工具制造者需要对石头的特性有所了解，并且能够预测它们破裂和变成碎片的方式。制作一把双面手斧是相当困难的工艺——我需要经过艰苦学习才能够掌握。就连有经验的碎石工艺师也需要花费大量的时间才能制作这样一个工具。花费这些努力并不是为了一次使用。这些工具被长距离携带，并被重复使用，这表明它们对于工具的未来用途具有一定远见。

也许最令人好奇的就是，这些万能工具都遵循一个标准设计。这种设计差不多持续存在了 100 万年。最早的例子出现在 176 万年前的非洲。图示 11.7 我手中握着的双面器制造于约 150 万年后。这是我们祖先所制造的存在最持久的一种工具。尽管工具变得更薄，更多修剪碎片被移除，但是随着时间推移，它们的变化并不大。这些多用途工具赋予我们祖先明显的优势①——不管是从字面还是实际角度而言都是如此。② 这些工具通常是由燧石制成，今天我们一些最神奇的制造都来自于硅，例如现代计算机芯片。

长时间以来这些工具都有着一样的款式，这表明直立人能够也有动力互相学习制造技术。他们高保真地维持着社会传统。但是，缺少变化表明了它们缺乏塑造我们的现代文化所需要的积累特征。为什么它们没有规律性地改善设计呢？也许它们的心智还做不到。

---

① 此处原文中“优势”一词为 edge，这个词同时有“刀刃”的意思。——译者注

② 要注意最早成功迁徙到亚洲的移民并没有带去阿舍利工具技术。双面手斧出现在更晚的东亚记录中，而且我们不清楚这是趋同发明还是被移民带来的技术。直立人早期移民已经不再使用更原始的被能人长期使用的奥尔德沃工具。这表明不是工具本身造成了差异，而是使用工具的心智有所不同。

托马塞洛重点提到的齿轮效应可能还没有出现。不过，这些工具在复杂度方面是有所提高的，其他易腐坏的发明物品可能存在技术累积的情况。使用木头和兽皮制造的工具很难留下痕迹，以及重要发明如新的交流和合作方式，则完全消失在历史长河中。

渴望与他人交换想法的内驱力主要是通过语言表达实现的。根据阿舍利工具传统所反映的社会学习情况，一些理论家认为直立人发展出了更复杂的交流系统。比如，威廉·卡尔文(William Calvin)提出的一个论点是，直立人逐渐使用更多瞄准投掷的方式来打倒猎物，尤其通过使用双面手斧。他认为依赖单手的瞄准投掷的技能提高了大脑左半球的动作序列能力，而大脑的这一部分随后负责语言功能。霍洛韦声称卢多尔夫人和直立人的颅腔已经反映了大脑中看似是布洛卡区的变化——这是左半球有关发音的一个区域。

其他学者指出根据直立人颅腔的尺寸能够推理出它们使用不同于祖先的方式进行意识联结。之前已经提到过，灵长类动物通过互相理毛来增加团队凝聚力，而人类群体经常通过互相交谈和共享经验来增强关系。罗宾·邓巴强调了闲聊八卦作为人际关系黏合剂的角色，并且想出办法来估算从理毛到八卦的转变发生在什么时候。灵长类动物的社会群体规模越大，它们的大脑皮质比也越大。通过将灭绝物种的缺失值放入描述这一关系的公式中，他估算出各种人族可能的所在群体的大小。[①] 如果这个算法是正确的，那么过

---

① 当模型可靠地描述当今两个因素之间的关系时，我们就能使用一个要素来推理历史上的另一个要素。比如，灵长类动物的大腿骨厚度和总体体重之间存在比例关系，因此一块化石骨骼的厚度能够被用来估算该个体的体重。但是，邓巴的估算方法是存在问题的。皮质比是皮质的体积除以整个大脑的体积。尽管我们能够通过测量人族头骨的脑容量来估计整个大脑的体积，但是其中多少是皮质是无法确定的。此外，群体大小可能受到其他变量的影响，如气候和食物可利用率等。尼安德特人有着非常大的大脑，但是大部分其他证据表明它们以小群体的形式生活在寒冷的欧洲气候下。

去300万年间群体大小逐渐从包括60个南方古猿的单个群体提高到超过100个直立人，再到150个现代人的群体。① 一旦估计出了常见的群体尺寸，你就能够预言（冒着可能引入另一个估算错误的风险）每一个物种可能花费在理毛上的时间。南方古猿利用清醒时约20%的时间来理毛，以此维持团队凝聚力，直立人则花费约三分之一的时间用来互相理毛。这一需求严重占用了它们用来从事其他重要行为的时间。也许我们交流想法的能力，开始于直立人不再能够单单通过身体接触进行有效联系之时。

我们缺乏有力证据来证实逐渐增强的联结想法的欲望和能力。② 然而最近的一项发现也许表明了早期人族社会意识的一个显著改变。一个距今177万年的头骨在格鲁吉亚的德马尼西被发现，头骨的主人是一位老人，牙齿缺失，并且存在随后出现的骨质疏松迹象——这表明它在无法咀嚼的状态下继续存活了相当长的时间。其他的群体成员也许曾帮它咀嚼食物。

虽然仍然存在许多未知方面，但是可以确定的是，直立人的心智已经足够聪明到允许它们散落到旧世界各个地方，并且在各种各样的栖息地上存活长达几十万年。

一些直立人的后代开始变得强壮并且出现了现代人类的特征。这些化石有时被一概而论归为"早期"智人或者前现代人类——另一个已找到的进化链条。从80万年前开始，各种各样可能相互独

① 根据邓巴的说法，这个数字是我们可记录的团体尺寸，是我们能够说出名字的朋友数量，是我们邀请到葬礼和婚礼的人数，这一数字也是常见采猎群体中个体数量的最大值，一旦超过，群体就很容易解散。我们很难评估这是否就是人类自然的群体大小界限。

② 有一些例证表明沉重的物品被明显移动到几公里以外的地方，这说明合作以及可能的共同意愿的存在。然而，我们尚未掌握确凿的证据。

立的物种共同生活在非洲、亚洲和欧洲。这些群体中已知的最古老成员是一个来自西班牙的被称作先驱人(Homo antecessor)的人族个体。它长着相对扁平的脸,较高的半球形前额,和略超过 1000 cc 的颅容量。第一块早期化石在德国海德堡附近被发现,是一块粗壮的下颌骨,下巴后缩,被取名为海德堡人(Homo heidelbergensis)。随后有许多早期人类化石在欧洲中部被发现,还有一些出现在非洲和亚洲。海德堡人生活在距今约 60 万年到 15 万年前。它们身高 180 厘米,体格强壮,眉骨极厚,平均脑容量高达 1200 cc。

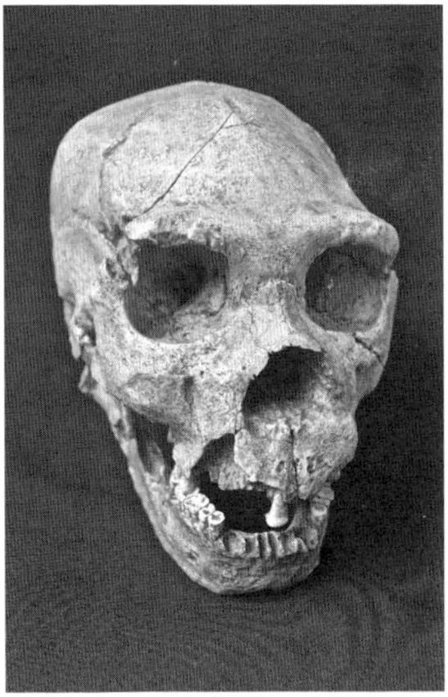

图示 11.8　海德堡人(阿塔普埃卡-5),发现于西班牙,距今 30 万年。

海德堡人也许以各种各样的方式进行合作。在西班牙发现的一具距今 50 万年的脊椎样本显示主人曾患有驼背。这种身体状况会导致极大的生活不便,这表明这只 45 岁的个体曾从其他成员那里获得帮助和支持。它们似乎通过合作来打倒大型猎物;大量的遗骸和石器在相同地方被发现。和能人屠宰基地的状况不同,这时发现的骨骼上的石器切割痕迹早于食肉动物的牙齿痕迹。引人注目的是,距今 40 万年的矛在德国比勒菲尔德附近被发现,同时被发现的还有 10 只被宰杀的马和薄片石器,这有力证明了合作猎杀大型猎物的行为存在的可能性。有可能这些矛主要被用来刺入猎物身体,但也有可能被用来投掷,利用复制品进行的试验表明它们的有效使用范围长达 15 米。

制造这些矛需要用到石器。制造一个工具来制造其他工具，这表现出了一部分嵌套场景构建的能力。早期人类也许还朝着现代人类心智迈出了其他的重要步伐。积灰和烧焦的骨头表明它们具有控制火的能力。2010 年，在肯尼亚发现的石刀表明它们存在于距今 50 万年前，这说明它们有着从一块石核重复制造出刀刃的计划能力。

从距今约 30 万年前开始，阿舍利双面器开始逐渐被更小的石核和石片（被称作“勒瓦娄哇技术”）所取代。生产这些工具需要复杂的步骤以及对于子目标的协调能力。它们首先修理好石核的形状，然后在一个准备好的可供击打的台面上制造一块（或多块）小型石片。因此，只用携带石核，不用带着双面石斧，就能在现场按需制造工具。新工具随之被发明出来。例如，石头把手就是大概在同时间开始出现（尽管一些近期证据表明可能早在 50 万年前已经出现）。这说明，工具不再只是从一个现成物品上制造出来，而是能够被添加新部分。复合工具有力表明了想象分层的嵌套心理场景的能力。比如，想要制造一个有着石头箭头的矛，你需要分步骤制造长杆、箭头和捆绑物。考古学家们，如史坦利·安布罗斯（Stanley Ambrose）和凯里·希普顿（Ceri Shipton）提出，复合工具，如石尖长矛和刀子的产生表明了心智能力发生了激动人心的变化。通过组装不同的配置制造出新的工具，这很像把不同的文字组装成句子。

早期智人很可能发展成了人类以及我们最著名的史前亲戚，尼安德特人。最早的尼安德特化石于 1856 年在德国尼安德谷被发现。目前有超过 200 件化石被研究者描述出来。尼安德特人从 16

万年前生活到距今 2 万 7 千年前，期间发生的极端气候变化为它们带来了重大的生存挑战。它们是适应了严寒的健壮群体，长着大鼻子和高眉骨。它们耳道的尺寸和形状明显区别于现代人类。它们中的一部分长着白皮肤和红头发。

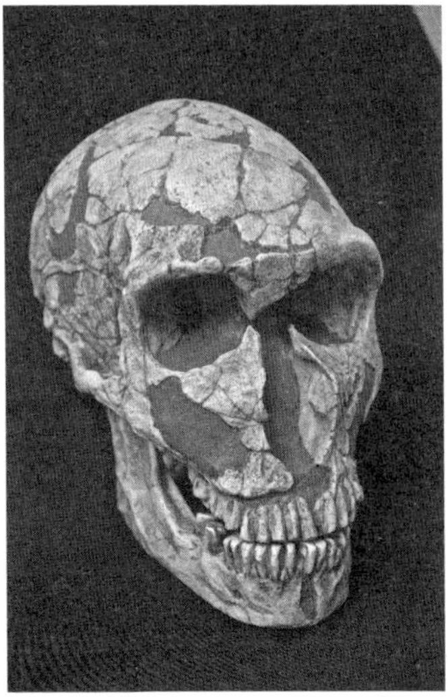

图示 11.9　尼安德特人（费拉西 1），发现于法国，距今 5 万年。

尼安德特人以小群体存在，有时生活在洞穴中，它们的分布从冰期的欧洲一直到中东。最近的证据表明它们可能曾迁徙到比之前我们所认为的更远的地方，一直到西西伯利亚。它们靠捕猎为生，大量依靠肉类来维持生命。它们的前牙显示出异乎寻常的磨损程度，可能因为它们使用牙齿来携带物品。来自于直布罗陀的证据表明它们的食物来源十分多样，包括鱼类和海豚（可能是在海滩上食用海豚尸体）。还有一些迹象，如砸开的骨头吸取骨髓，表明一部分尼安德特人有食人行为。

2010 年，研究者提取了克罗地亚发现的 3 个 3 万 8 千年前的雌性尼安德特人的 DNA，来构建它们的基因序列草图。目前的证据表明人类和尼安德特人的最后的共同祖先生活于距今 44 万年到 27 万年前之间。随后提取的 13 个尼安德特人的线粒体 DNA 表明 5 万年前发生了巨大的基因变异，但是西欧的稍年轻的样本表现出更小的变异。这一结果可能是因为当时的大灭绝，那时严寒吞袭了欧洲，存活下来的个体在气候好转之后重新回到这些区域。第一章中曾提到过，古代 DNA 比较结果表明现代非非洲人种继承了一些尼安德特人的基因。因此从某种程度上来说，尼安德特人并不算完全灭绝了。

不过，现有证据表明这个混合的程度非常低，因此现代人类取代早期人类的总体说法仍然是基本正确的。尼安德特人也许于 8 万年前在中东与现代人类发生了异种交配，当时它们已经在同一个区域共同生活了几千年(见图示 11.10)。现代人类最终在约 4 万年前迁徙到尼安德特人所占领的欧洲。当他们开始往更远的西边移动时，尼安德特人开始消失，3 万年前只有少数尼安德特人存活在西班牙和葡萄牙的西海岸。

图示 11.10　地中海海岸靠近海法的迦密山系列洞穴。这些洞穴被人族利用可以追溯至 50 万年以前，存留的活动遗迹遍及阿舍利文化到现代人类。尼安德特人和现代人类曾共同生活在这里长达几千年，或者至少曾重复回到这个地方(天气变暖时，现代人类搬到北方，天气变冷时，尼安德特人搬到南方)。这里可能就是异种交配发生的地方。

传统所认为的粗野的尼安德特人形象在最近几年被修正。它们容量高达 1426 cc 的大脑和我们的大脑容量相近，有些个体的脑容量甚至大于我们。尽管可能会遭受由外伤、关节炎和骨折引起的身体残障，尼安德特人能够活到相对较老的年龄，这表明它们会照顾伤者并有着同理心、合作和一些社会准则。此外，有关尼安德特人的土葬行为的证据表明，它们可能曾思考个体死后的未来情况，甚至可能有精神信仰。它们很明显曾使用火且穿衣服，而且它们不仅猎杀老弱病残的动物，还能捕猎青壮年的猎物。毫无疑问它们的心智比起猿类更加接近人类。

尼安德特人表现出明显的制造复合工具的迹象，因此它们具有一定程度的嵌套思维。它们是否和我们一样渴望与其他同类交换想法呢？牙齿生长模式表明尼安德特人的生长速度快于现代人类（甚至比更早的早期人族还要快），这说明它们花更少的时间教育年轻同类。然而，最近的发现提高了尼安德特人使用某些人类社会信号的可能性：它们可能偶尔穿戴贝壳作为首饰，并使用赭石做颜料。研究者假定它们曾经制作洞穴壁画。考古学家热烈争论这些象征性符号是不是由现代人类留下的，尼安德特人是否从现代人类那里模仿这些行为，还是说这些行为是尼安德特人独立发展出来的。很有可能它们拥有交换想法的象征能力。

那么它们是否具有说话所需的必要身体条件呢？认知科学家菲利普·利伯曼（Philip Lieberman）根据对尼安德特人声道的复原，长期以来坚持认为尼安德特人无法发出语言必须的基础语音。但是，最近发现的一块 6 万年前的尼安德特人舌骨——一块在喉头前灵活活动的骨头，对利伯曼的结论发起了挑战，因为这块舌骨的尺寸和形状都是非常现代的，这表明尼安德特人的喉头和现代人类非常相似。最近发现的一块更早之前的早期智人的舌骨表明这一现代形式的骨头可能在约 50 万年前已经出现。相比之下，一块 330 万年前的阿法南方古猿的舌骨更接近现代类人猿。更进一步的线索来自于现代 DNA 分析。研究者发现尼安德特人具有与现代人语言紧密相关的某个基因的现代版本。① 这一基因的出现早于尼安德特人和现代人的分裂，因此指向了一个更古老的起源。然而，有关揭秘语言的拼图仍有许多缺失，我们仍无法确定人族从什么时候开始说话。

让情况更糟的是，语言可能并不是通过说话开始的——可能手势早于讲话。尽管试图教会其他灵长类动物说话的尝试都以失败告终，但是一些类人猿成功学会了使用手势进行交流。一个障碍就是灵长类动物的发音主要是受到情绪控制而不能被自主控制，这和它们的手部不同。迈克尔·柯博利主张的观点是，早期人族的手势交流变得更加复杂，可能开始只是涉及陈述式指点和形象化模仿。语言可能逐渐从手势领域进化出来。柯博利认为只有现代人类用语音代替了手势——你可以认为语音是舌头做出的“手势”。手势语言仅仅是另一种形式的语言（而且我们在说话时仍然常常使用手势）。如果这种说法是正确的，那么就算尼安德特人和更早的人族不能说话，它们也有可能使用手势语言。

从解剖学角度看，现代人类可以追溯到 20 万年前。对牙齿的分析表明 16 万年前我们的祖先就已经步入了现代人类生活历史。

---

① 一个英国家庭的成员因为 FOXP2 基因的突变导致无法清晰发音。这个基因与负责控制发音的布罗卡区域有关。

不过更有力的证据表明完全现代的人类心智出现在更晚的时期。举一个例子，有关人类葬礼的最古老的明显证据，出现在以色列斯虎尔洞穴距今 11 万 9 千年前的古老场地（见图示 11. 10）。有关装饰和可能的种族标示的证据是在摩洛哥发现的距今 8 万 2 千年的贝壳串珠，上面存在佩戴的痕迹以及赭石印记。在南非的布隆波斯洞穴还发现了稍晚一些的串珠（7 万 5 千年前）。同一个洞穴里还曾发现了已知最早的抽象设计——使用赭石和骨骼的混合物刻画的几何图案。可能用在长距离抛掷武器上的箭头也被证明出现在类似时间段。最近在南非发现的 4 万年前的人工制品，如骨骼制品和有毒的箭头等都和今天采猎桑人（San hunter-gatherers）使用的工具几乎相同。这为物质文化和生活方式的连续性提供了证据。

已知最早的具象艺术位于法国肖维岩洞，创作时间约为 3 万 2 千年前，这幅作品曾在维尔纳·赫尔佐格（Werner Herzog）的电影《忘梦洞》（*Cave of Forgotten Dreams*）中有所呈现。从此，人们开始在众多领域展示自己的象征能力，包括雕塑、雕刻甚至还有乐器。德国盖森克洛斯特勒史前洞穴的富有争议的新发现表明小雕像和笛子在更早之前已经被制造出来，约 4 万年前。在早期文化作品中有一具著名的赫伦施泰因-施塔德尔雕像，它那半狮半人的形象展示了把基本元素组合成新作品的创意能力。

然而大部分早期洞穴艺术都缺乏任何明显的叙事性。我能找到的最古老的有着故事线的明显场景，来自于迄今为止发现的最精彩的洞穴之一。1940 年，18 岁的马塞尔·雷维戴特（Marcel Ravidat）在韦泽尔河旁的一座山上寻找自己的狗时发现了地上的一处洞穴。他和 3 个朋友 4 天后返回到这里，他们带着刀和火把艰难地进入了洞穴内部。他们发现了拉斯科洞窟，墙面上覆盖着约900种动物的彩色图画，其中有公牛、马和牡鹿等。约1万7千年前，早期人类画师带着驯鹿脂肪做的火把进入洞窟，使用自制的脚手架在洞窟的天花板上绘制了非凡的现实主义画面。在洞窟较低的井状坑部分是唯一有人类出现的画面，画面似乎在描述一个事件（见图示11.11）。

图示11.11 拉斯科洞窟井状坑画面复制品。或许这是人类创作的第一个插画故事？

有些人可能把这个场景解读为打猎时发生了事故。一个人形的图案仰面躺在地上，一头野牛正冲向他。那只野牛似乎被长矛刺中，它的内脏也流了出来。倒地的人形旁边是一支顶端站着一只鸟的棍子——这可能是一支投矛器。人的另一边是上下各三个圆点，分为平行的两排，还有一头披毛犀。也许是这头犀牛把野牛攻击到内脏流出，并且撞倒了男人。也许不是这样。对于这个场景有着各种各样的解释，甚至还有一些涉及星星、梦或催眠的秘传说法。大部分评论者能够达成的共识是，这幅画在讲述一个故事，尽管我们对于这个故事的内容还没有头绪。

在距离拉斯科一公里远的地方，罗杰·康斯坦特（Roger Constant）在他的农场上挖渠道，他希望找到通往那个著名洞窟的另一个入口。虽然失败了，但是他找到了一个7万年前的远古葬礼场地：一具尼安德特人的尸骸，周围堆放着熊骨。

当著名的拉斯科洞窟绘画被制作出来时，尼安德特人已经在这个区域消失了，但是在最终灭绝之前，它们似乎在持续进行着文化进化。米歇尔·兰利（Michelle Langley）和同事们展示了它们的行为复杂性随着时间的推移而逐渐增加，这和解剖学角度的现代人类是一样的。在某些实例中，现代人类的技术是进步的，但是在其他方面并非如此，有些方面甚至是落后的。有迹象表明更早的发明曾经遗失了几千年，然后又重新出现。人们曾简单认为，现代人类逐渐发明出复杂的科技并最终取代了粗野的尼安德特人，但是更多考古证据将这一简单的论断变得更为复杂。在某些文化发明的散播、累积或丢失过程中扮演主要角色的，似乎更有可能是一些本地因素，如气候、人口密度和冲突。

后尼安德特人和早期人族之间可能存在的一个显著区别是化石记录中年轻个体与年长个体的比例。一项对超过700个个体的化石牙齿进行的分析表明，年长与年轻人族个体数量的比例从晚期南方古猿（37只年长个体，316只年轻个体）提升到早期人属（42只年长个体，166只年轻个体）再提高到尼安德特人（37只年长个体，96只年轻个体）。相反地，由使用石器的后尼安德特人组成的欧洲群体则不相称地有着更多的老年个体（56只年长个体，24只年轻个体），[①]这说明存活率大大提高，从而也为累积文化信息提供了机会。

① 然而，这些比例也存在着一些问题，因为这些被比较的个体来自不同时期。比如，要考虑到年长个体的骨骼因为骨盐的流失更容易腐烂，因此越早的样本中可能会越少存在年长个体的骨骼。

个体的年龄在超过预计生殖成熟年龄的两倍时被视为年长。也就是说，该个体的第三代后代据推测已经诞生。只有高龄变得足够普遍时，我们才能期待祖母效应产生较大的牵引力。

新的证据表明，在一些聚集地上，除了尼安德特人和解剖学角度的现代人类以外，其他人族曾成功繁衍直到距今相当近的时期。正如第一章中提到过的，近期对南西伯利亚丹尼索瓦洞穴发现的3万年前的化石进行的基因分析表明，这些DNA既不属于现代人类也不属于尼安德特人。相反地，数据表明这些丹尼索瓦人是一支约50万年前走出非洲的早期移民的亚洲后代，这批早期移民分化为欧洲的尼安德特人和亚洲的丹尼索瓦人。此外，和尼安德特人一样，丹尼索瓦人似乎和现代人类之间存在异种交配。它们为今天的美拉尼西亚人提供了一部分基因材料。人族祖先的画面变得更为丰富多彩。①

另一个重大发现是弗洛里斯人（*Homo floresiensis*），它们是来自印度尼西亚弗洛瑞斯岛的体型矮小的人族。它们身高一米左右，在2004年被发现，当时全球都在收看彼得·杰克逊（Peter Jackson）根据托尔金的小说《指环王》（*The Lord of the Rings*）拍摄的电影。“霍比特人”的说法迅速吸引了大家的注意。人们开始意识到中土并不完全是一个虚幻的古怪概念。在史前时期，各种各样的人族曾漫步在地球不同角落。它们就像是托尔金小说中的霍比特人、兽人、精灵和矮人。弗洛瑞斯岛上的霍比特人长着较小的大

---

① 2012年，中国某地发现了一些1万4千年前到1万1千年前的奇特化石。这些化石头骨看起来与现代人类非常不同，它们有着粗壮的眉骨，下巴也不同于现代人类。它们烹食大型的鹿类，因此被称作红鹿洞人（Red Deer Cave People）。研究者尚不清楚它们是否属于新的物种或者只是已知多种人族的一部分。

脑(约 400 cc),但是却似乎制造出了相当复杂的石器。这一矛盾引发了一些争论,如这些样本是不是现代人类的畸形或病态形式,类似的争论在刚刚发现尼安德特人的时候也出现过。现有证据表明这些人族有着类似能人或直立人的特征(也许你还记得,直立人在附近的爪哇岛上存活到约 2 万 7 千年前)。弗洛瑞斯小岛的隔离环境可能导致了所谓的岛屿矮态,这个现象在许多动物身上都可以观察到。弗洛瑞斯岛上的大象的个头也相对较小。这可真是一座神秘的繁花岛啊。

就算一组化石最终被鉴定为人类的病理异常状态,而不是一个新物种,[①]但是不断出现的新发现表明我们很可能低估了曾经占领这个星球的人族的极大多样性。在我们与黑猩猩从共同祖先分支开来之后的大部分史前时期,多种直立行走的智慧人族曾与我们的祖先比邻而居。我们只是活到最后的那一群。

达尔文主张使用群体选择来解释如道德等人类能力的出现,[②]并且提出“在这个世界上,任何时期,任何地方,部落之间都在互相取代。”群体之间和群体内部的竞争选择出更强的心理场景构建能力和更好的心理联结能力,包括在语言、前瞻力、心智理论、推理、文化和道德等领域的进步。当一个群体合作起来攻击另一个群体时,最有效的回应通常是合作起来进行防卫。古代欧洲的村落和堡垒或者毛利人的“帕”要塞(Pa sites),曾目睹了人类在距今不久前频

① 让情况更加复杂的是,奇怪的化石很有可能属于已经灭绝物种的病理异常状态。

② 达尔文写道:“当一个部落中的众多成员都具有高度的爱部落精神,并且忠诚、勇敢、充满同情、乐于互相帮助,并且愿意为了大我牺牲小我时,这个部落就总能战胜其他部落;这就是自然选择。”然而,群体选择仍然是一个引发热烈辩论的话题。

繁发生的各种攻击事件。这些冲突带来的持续威胁选择出了一些重要特质，其中包括战争计划和战略、武器技术、组织和实施、恐吓和欺诈、勇猛和英雄气概等。一想到我们容许这么多战争和冲突的存在我就感到痛心，但这从进化角度来看的确是可行的（虽然我们的历史中充满了冲突，但是我们现在倾向于不那么暴力的群体竞争方式，如足球比赛[①]）然而，可行性不能被误认为是证据。

这种群体间竞争对于目前人类和动物近亲之间的鸿沟产生可能起着基础作用。冲突和竞争不仅会导致部落间的互相取代，还会造成紧密相连的人族物种和亚种的灭绝（就像人类所到之处其他大型动物会灭绝一样）。这种竞争可能会选择出更好的场景构建和群体成员间相互交流的能力。

目前并没有直接证据表明人族种类存在大规模的种族灭绝，因此这些冲突的影响尚处于猜测阶段。有迹象表明最古老的人族之间的暴力冲突发生在25万年前西班牙的早期智人之间。一些头骨显示出重击骨裂的愈合情况，还有一些个体身上存在曾被屠杀的迹象（可能还被食用）。愈合的头骨骨伤被解读为受到武器的攻击，这些迹象也曾在尼安德特人和旧石器时代的人类栖息地被发现。在伊拉克北部发现的一个距今5万年前的尼安德特人（沙尼达尔3）的胸腔曾被刺穿。实验表明这是由长距离投射造成的伤害，研究者认为这很可能是现代人类所为。在法国西南部，一个3万年前的尼安德特儿童的下巴在一堆现代人类的遗骸中被发现。它上面的切割

---

① 我们通过运动已经大大减少了群体竞争如战争和侵略带来的负面影响。运动竞赛让我们可以互相竞争、磨炼技能、增强合作、集中注意力，它们在我们生活的诸多方面取代了战争。当然，一些与运动相关的暴力事件仍然存在——想一下足球流氓吧——但是这已经与真正的战争大相径庭了。

印记明显显示出屠杀痕迹。尽管存在这些暗示性的发现，但是我们仍不清楚暴力遭遇战的普遍度和影响力。

有关暴力的有力证据来自于苏丹距今 1 万 2 千年前的古代墓地，那里共发现了十几具遗骸，它们的骨骼内或旁边有燧石投掷箭头。这起暴力事件之后的一千年中产生了众多乱葬岗和由武器造成的创伤。比如，回想一下暴力致死的冰人奥茨吧。尽管存在这些发现，想要合理判定史前冲突的规模仍然是难上加难的。

过去十年间积累的证据强烈支持走出非洲的说法，也就是说，现代人类取代了所到之处所有的古人类物种；而多地起源，也就是说直立人在世界各地独立进化成人类的说法则缺少证据支撑。但是最近几年出现了一些典范转移（paradigm shift）①。尼安德特人和丹尼索瓦人的新证据表明一些基因流存在现存人口中，随后可能会有更多证据浮出水面。非洲数据也表明早期人类之间存在异种交配。存在矛盾的多地起源说法的可能性不高，因为基因数据表明了来自东非的共同起源。与黑猩猩相比，人类的 DNA 是均一的，在地球不同地方的独立进化则不会造成这一结果。考虑到一些异种交配确实存在，就目前而言，将走出非洲和多地起源结合起来的想法最有可能利于理解现代人类的复杂路径。

不管是因为竞争、吸收或是其他原因，我们的其他人族近亲都已不复存在——虽然我们中的许多人携带着它们的基因。我们现存的近亲是生活在非洲和亚洲的赤道丛林中的猿类。我们作为上一个冰河时代的胜者走到现在，足迹遍布全球。我们征服了大部分自然界，并且培育植物，驯养动物，让它们满足我们的需求，我们使

① 典范转移是指某一个理论的基本假设发生改变。——译者注

用始料不及的巨大力量创建新世界，也经常在征服的过程中做出难以想象的残酷行为。

在这一章中，我尝试使用现有知识描绘出人类祖先变成人类的非凡旅程，列举了可能造成鸿沟的各种力量的合理场景，同时也划清了既定事实和各种猜测之间的界限。在做这些的时候我正是同时使用了两条腿——构建并反思场景的能力，以及渴望就它们进行沟通的动力——不管这些能力最早产生于什么时间，是它们让我们的技能在所有其他动物中脱颖而出。

最近几代人创造累积心理场景和广泛有效交换想法的能力急速提高。我妈妈的妈妈生活在一个没有电、电脑或汽车的时代，她受到的教育仅限于父母、学校的修女以及牧师教授的天主教教义。想要自己被村庄外的人们所认识几乎是不可能的。相反，在我的孩子们成长的世界中，人们几乎能在任何地方从任何人那里获得想法；反过来，他们也能够把自己的思考和发现传播到全世界。长路漫漫，我们都已走过——但是前方，还有更多挑战。

第十二章　何去何从？

我们的明智并非来自对过去的回忆，而是源自对未来的责任。

——乔治·萧伯纳(George Bernard Shaw)

最伟大的冒险在前方。
今天和明天尚有待探索。
机会和变化都由你谱写。
生活的禁锢也由你打破。

——约翰·罗纳德·瑞尔·托尔金(J.R.R. Tolkien)

长久以来，人们都认为自己是独特的，是比这个星球上其他生物都要高贵的。从某种程度上可以这么说。单单从数字上我们就取得了非凡的成功：我们共有70亿人口，我们所构成的生物量是其他野生陆地脊椎动物总和的八倍。在长达几百万年间，我们曾与其他直立行走的人族一样，带着石器以小群体存在，而现在，我们是唯一幸存的群体，同时还拥有着无与伦比的巨大力量。短短500代，我们就从石器时代步入了使用智慧手机和进行太空探索的新时期。生化、纳米和计算机技术等领域的进步令我们快速开创无数的新科学前沿。

这些进步的一个关键是一项发明，它改造了我们积累创造并有效分享心理场景的能力，它就是：文字。

现有证据表明文字一开始并不是像我们想象的那样由诗人、哲学家或者历史学家所创造的，而是由近东农业群体的会计发明出来的。[①] 在上一个冰河世纪的末期，一些部落逐渐放弃采集狩猎的生活方式，开始追求定居农业形式，这使得人口能够快速增长，同时也是发展的催化剂。[②] 这些部落选择性地培育野生植物中存在有利特征的品种，最终培育出一些高碳水化合物的谷物如小麦和大麦，它们也比较容易储存。这些部落也开始圈养野生畜群动物，如绵羊和山羊，随后有选择的挑选和繁殖推动了驯养的进度。农耕需要计划、合作和劳作。但是这些活动能够带来粮食结余，这让一部分人逐渐把精力从寻找食物转移到其他活动上。谷物、肉类和其他食物的分配让人们能够在贸易、建筑、性交易、安保或行政方面谋生。这

① 其他区域也曾发明文字，包括中国、中美洲和复活节岛。尽管以任何形式接触已经掌握文字的人们就可能会受到启发，但是很可能这些地方的文字都是完全独立的发明。

② 那些继续坚持采猎方式的群体逐渐被边缘化。极少有文化群体能够坚持这种古老的生活方式，而且他们只能在农民不感兴趣的区域生活。

些人类建造起了首批城市和庙宇，更加复杂的文明，包括语言、牲畜和庄稼，都开始传播到其他地方。经济活动也开始扩展，早在9500年前黏土代币就被用来协助人们的记忆。不同的形状，例如圆锥形和圆柱形，代表不同的商品单位，比如用来衡量谷物或者动物的单位。一千年后，印章开始出现，它们被用来识别代币所代表的产品的主人，这开启了会计方式的全新境界。农民、寺庙管理员和商人从此能够记录他们的交易和事务，包括债务和抵押。

约5500年前，苏美尔会计们开始使用密封的中空黏土容器把代币保存更长的时间。一旦被密封，想要检查容器内的物品就必须将其打碎，所以有人想出了更加聪明的办法，那就是先把代币的符号和数量印刻在黏土容器外面，然后再把代币密封进去。外部的6个印记代表里面有6个对应的代币。没过多久人们就意识到把代币封在里面并没有多大意义。随后，黏土容器被印刻的黏土板所取代，这项技术也逐渐在叙利亚和美索不达米亚区域传播开来。接着，会计们开始添加描绘的象形符号，而不再使用印压的方式，例如使用小标记来计数，或者使用大麦穗的简单符号来代表大麦。符号逐渐被简化，使用基本的楔子形状（拉丁语为cuneus）组合成各种变形的楔形文字出现于5千多年前。最终，抄写员开始使用文字来记载除了会计事务以外的内容。接下来的就是历史了——因为都记录了下来。①

① 世界其他区域的文字系统可能因为其他的原因而产生。比如，在美洲，对于时间和历法的重视对于奥尔梅克早期符号和玛雅后来逐渐成熟的文字来说是极为重要的。在中国，公认最早的文字是用来占卜的刻在动物骨骼上的符号，但是有关中国文字是否存在更早的起源仍然存在争议。我们对于复活节岛的文字"朗格朗格"（Rongorongo）仍知之甚少，这些文字还没有被破解。尽管人类创造了许多不同的文字，但是神经系统科学家斯坦尼斯拉斯·德阿纳（Stanislas Dehaene）认为这些文字之间存在相似点，因为我们的大脑存在对视觉信息的编码局限。

文字让我们能够以过去从未有过的方式跨时空地交换想法。比如，乌尔城早期的题字雕像上记录了国王的名字、称号和血统，他曾建造的宫殿和庙宇，以及曾征服的土地。文字还被用来记录创世神话、法律、祷词、历法、教义和墓志铭等。法老和国王指派使者分发书写下来的法令、信件和权证。邮递业务终于开始在波斯、罗马和中国兴起，普通人也可以交换他们的想法和经验。古希腊历史学家开始系统地记录战争和各种重大事件。一旦被写下来，想法就变成了可以长久保存的东西。

一些文字教义开始被崇尚为神圣的来源，宗教经文拥有无上的力量和持久的影响。今天主要道德传统中的绝大部分都源自约2500年前那些极具影响力的思想者。在那个时期，印度的佛陀、中国的老子和希腊的苏格拉底都开始传播自己的哲学，更早一点还有波斯的琐罗亚斯德（Zarathustra）。甚至有可能是一个人，就像戈尔・维达尔（Gore Vidal）的历史小说《创造》（*Creation*）中虚构的琐罗亚斯德的孙子那样，活了足够长的时间，把智慧传授给了这些伟大的人。为什么这些极富影响力的道德传统几乎是同时出现的呢？原因可能并不是道德洞见的巧合（或是神灵沟通），而是文字传播的影响。一经写下，道德教义变得规范化，从而能够以过去口述传统做不到的方式快速传播。社会准则变成了文字律法。就算——比如说圣经《旧约》（*the Old Testament*）——有着各种解读，人们总能翻查最原始的版本。

书写下来的文字能够引发批判式的反思、集中辩论和评论。读者可以在任何时间任何地点接触到他人的想法，并在其基础上构建自己的看法。比如，亚里士多德的文字影响了随后众多西方哲学思想。如果单单依靠口口相传，我们只能听到他的想法的一些片段，而无法辨别在原始想法转述过程中发生了哪些增减。有了文字，我们就能够在作者去世几个世纪之后继续“聆听”他们的声音。他们的场景构建心智仍然能与我们发生关联（尽管这些信息流是单向的）。我们可以从逝去的人们身上学到知识，从某种意义上还能够与他们进行跨时空的合作，证实一个思想，揭露一个看法，确认一个观念。就像卡尔·萨根（Carl Sagan）说的那样：“图书馆让我们因见解和知识联系在一起，这些财富是由最伟大的智慧艰辛地从自然界所取得的，它们萃取自整个星球并贯穿历史长河，是我们最好的老师。它们孜孜不倦地指导我们，激励我们为人类的集体知识作出自己的贡献。”

在很长一段历史时期中，文本是手抄或印刷在丝绸、竹片或纸上的，这不仅限制了分发的数量，而且十分脆弱容易丢失。书本在当时是极为珍贵的财富。2300 年前，亚里士多德的学生组织建立了亚历山大图书馆，目的是为了系统化地收集全世界的知识，馆藏成千上万的卷轴。它让文化的累积进入了全新的境界。随着它的最终毁灭，众多有关古代世界的想法记录也都烟消云散了。公元前 48 年，在凯撒进攻时燃起的大火中，许多文件都被损毁，但是在那之后，这个图书馆仍然作为科学中心存在了几个世纪。最后一位著名的图书管理员是女数学家和天文学家希帕蒂亚（Hypatia），公元 415 年她被亚历山大城的大主教西里尔（Cyril）的追随者杀害。大图书馆在人类文明的星空中黯淡下来，黑暗时代降临人间。

我们渴望交换想法的欲望驱使我们寻找更为有效的媒体。3 世纪在中国发明的木板印刷术使更快速的复制过程成为可能。欧洲人随后也赶了上来，1440 年发明出的古腾堡印刷机革新了批量印刷产业。在一个世纪之内，欧洲的图书数量据说从几万册激增到数千万册。书写下来的想法和观点在全世界范围内拥有了更多的读者。17 世纪开始的报纸印刷更是让人们的注意力集中到相同的场景上，也就是所谓的“时事”。

印刷帮助人们把分散的精力集中起来用于理解自然界。图书和期刊在启蒙运动期间为人们提供了交换智慧的机会，那个时代也被称作“理性时代”。第一份完全专注于科学的刊物是创刊于 1665 年的《皇家学会哲学会刊》（*Philosophical Transactions of the Royal Society*），这个刊物直到今天仍在发行。艾萨克·牛顿这样的研究者们曾在刊物上发表自己的发现，100 年后，威廉·赫歇尔也借助它来向全世界宣告那些意义深远的天文学观察结果。如果没有印刷术，他的儿子约翰·赫歇尔的科学归纳法就无法像当初那样引起轰动。有了印刷术，科学家们能够有效地分享数据，比较假设并且系统地进行测试。各项发现能够快速可靠地传播开来，这极大地加速了人类知识的积累。科学家和工程师解决了各种难题并且互相传播各种激动人心的新机会，随之而来的是不计其数的技术突破——其中一些反过来大大影响了我们交换想法的方式。

邮递业务早已让远距离交流变成可能，但是 19 世纪发明的电报让长距离心理联结变得即时。同时，机动化的运输为拜访远方的家人和朋友提供了新的方式，因此也让我们可以更加频繁地沉浸在联结想法的激动情绪中。我们逐渐开始依赖各种各样的媒体来满足这一欲望。电话、收音机、电视、传真和电子邮件都是更新的技术进步，它们提高了我们跨越时间和空间进行交流的能力。

互联网和卫星网络的兴起让我们能够在任何地方与几乎任何人联结想法（说到这里，你可能想要抱怨本地网络供应商的服务吧）。网络让人们能够接触到世界各地的人们写下的内容。社交网络，如脸书(Facebook)和推特(Twitter)在许多人的日常生活中占有重要地位，当你读到这里时很有可能已经出现了其他交流方式。对于老一辈的人来说，他们也许很难理解为什么这些基于计算机媒介的互动方式会如此广受欢迎，但它们其实是长期历史趋势的逻辑延伸。这些媒体让我们能够满足自己渴望即时交流和沟通的欲望，无论在哪里，无论我们想分享什么看法甚至包括怪念头。

在全球化的网络之下，我们更多地进行经济的、政治的和智慧的合作。越来越多的人使用这些技术来讨论、抱怨甚至八卦，以及鼓动和调整合作项目。在过去可能会枯萎而死的想法和爱好，今天却能在拥有相同想法的人们之间开枝散叶。科学和技术的非凡进步得益于通过电子期刊研究报告进行的快速信息交换，逐渐地，通过对外开放的售卖点，任何人都能够使用网络连接来搜索和阅读各项最新发现。短短几代之间，我们对于世界的本性，以及我们所处的位置的认知已经发生了翻天覆地的改变。

据说德尔斐的阿波罗神庙里铭刻着："认识你自己(Know thyself)。"林奈出版的对所有生物进行分类的著名图书《自然系统》(*Systema Naturae*)中，收入了人类，但是他并没有给出人类的分类描述。反而，他只是简单地写下了："Nosce te ipsum"，这是"认识你自己"这一古老说法的拉丁语版本。①

长久以来我们都认为人类在地球上的明显独特的位置是一个奇迹。但是，过去几百年间由系统科学探索累积的知识提出了有关

① 这表示他的读者不应该需要这个描述，因为读者本身就是人类，但是也有可能是他无意地说明了自我认知正是把我们同其他动物区分开来的特质。

人类的不同观点。直到最近我们才发现其他人族曾经与我们的祖先共享这个星球。现在我们明白了人类和其他动物之间巨大鸿沟的一部分是由于我们最近近亲物种的消失。当把视角扩大到几百年、几千年甚至几百万年时，我们会对我们是谁这个问题产生不同的观点。我们祖先塑造了这个世界的大量区域，他们烧毁森林、排干沼泽、驯养其他物种并把一些生物赶尽杀绝。随着工业化进程，我们的力量呈现里程碑式的提升，我们可能是第一代觉醒起来认识到自己正在快速改变这个星球的人类——这可能会掘空我们未来繁荣的根基。只有更清晰地认识到我们从何处而来以及我们是谁，才能更清楚地看清我们将去往何处。

圣人、先知和占卜者早就开始从事预测未来的工作。就像科幻小说中的发明能够激发工程师一样，预言能够以可预测的方式指导人们的行动。的确，在一些极端的情况下，有关厄运的预言能够导致大规模自杀事件，而理想化的观点会引发革命。科学不仅为我们提供更加系统化的方式进行解释，它也给予我们可靠地预测未来的新工具——我们还能够借其塑造未来。

我们已经开始系统化地记录改变，这让我们拥有用来制造模型和预测的数据库。根据去年的农作物产量和相关变量如雨水和温度，我们就能推断未来产量。特殊事件，如新发明和一个生态系统中新物种的引进，仍然是较难预测的，但是更持续的变化是比较容易测绘的。统计学模型把不计其数的变量联系在一起，这让复杂的推断成为可能，我们甚至能够量化可能犯的错误。我们逐渐能够预测人们关心的许多事物，例如我们可以活多久，什么时候会耗完某些资源，以及我们的活动对动植物群会产生怎样的后果。环境影响研究现在已经相当普遍。计算机模拟可以用来构建如果我们顺着一条路径走下去会发生的场景，以及如果我们改变一个或多个参数，又会发生什么。我们能够从可能性、概率和合意性等角度比较未来可能发生的各种情况。

从宏观生态学角度来看，目前的模型能够预测气候、大气和海洋可能发生的巨大变化。栖息地、生物多样性和石油或鱼类等资源的锐减，以及垃圾和污染的累积，已经被广泛认知为可能产生重大后果的全球性问题。我们能够做些什么来避免灾难并创造出可持续的未来呢？人类在诸多方面已经濒临断裂点，我们终于开始全球化地交流想法，并认识到人类生死与共的命运，能够意识到这些已经是足够幸运了。

我们的未来取决于我们能够多精确地构建未来场景，以及我们能够多有效地联结想法来合作解决全球难题——这些正是把我们同其他动物区分开来的能力（但可能正是这些能力让我们陷入今天的糟糕境地）。我们面临着巨大的挑战，意识到我们的影响对于应对这些挑战是至关重要的。让问题止于我们。目前没有迹象表明地球上有其他生物能够参与到辩论中来或解开谜题。我们是唯一有能力计划更好的未来并通过战略合作来将其实现的物种。

本书回顾了有关人类独特性的本质和起源的已知证据。这些数据帮助我提出人类心智的独特性主要依靠“两条腿”：开放地创造嵌套心理场景的能力，以及深层的渴望分享心理场景和经验，也就是与他人想法发生联系的动机。这些特质大大改变了我们互相交流、接触过去和未来的方式，影响了我们对合作的理解和合作本身，以及我们的智慧、文化和道德。我们设法创造了一个快速高效的文化继承系统，通过它，人类群体能够积累新的力量。最终随着文字的出现，我们设法统治了地球的大部分地区。

当然，这个分析远非鸿沟的最终结论。赫歇尔的科学方法的关键就是不断借助更多的观察和实验检测假设。目前的情况至少存在两个方面。一方面，认为非人类动物不具有这些能力的说法需要更多详细的审查。我们需要更清晰地确认动物在一些关键要素，如工作记忆上的能力和局限。如果未来研究能够展示，比如一只猩猩有能力递归地处理某些问题，那么这就证明了该假设在某些方面存在错误。①

另一方面，我们需要更进一步检验是否存在被我遗漏的造成人类独特性的其他因素。尽管我们在之前提到的 6 个领域中看到了“两条腿”的主要关联性（以及它们带来的结果之间的相互影响），但是我们需要更多的系统工作来检测其他领域是否存在同样的情况。现在，重新审视你对于人类心智独特性原因的直觉想法吧。对于你认为的那些独特的人类特质来说，这两个要素是否扮演着终极重要角色呢？②

我的一些演绎也许最终会被证明是错误的。新的证据可能会挑战现有调查发现的结果。“浪漫主义者”和“扫兴者”会继续各种

---

① 这也不应该招致全盘否定，而应该对现有分析进行优化。理想情况是，认为自己的发现证实这些特征不是人类特有的研究者也应该提出区别到底在哪里（例如，递归能力可能局限在某一个特定领域）。理想状态下，新的假设除了解释先前的内容以外还应加上新的事实。

② 我经常询问学生们的直觉，他们的回答通常包含这里讨论到的领域，同时他们还提到了其他的可能性。最近他们涉及的论文题目包括：装饰、审美、艺术、庆典、复杂情绪、舞蹈、民族、工程、游戏、贪婪、好客、幽默、法律执行、输血、药物、音乐、宗教、仪式、精神分裂、性节制、灵性、运动、自杀、对知识的渴望以及战争。这些方面的大部分，如果的确是人类特有的，那么我们可以得出结论认为“两条腿”在造成我们的独特性过程中起到了主要作用。但是，在有些方面，如审美，我们还不清楚。当然，美学项目也许依赖艺术家构想场景以及渴望传播信息的动力。但是，认为某样东西比其他东西更美丽更能让人感到愉悦，这一基本概念并不依赖上述两个特征。所以我们可能还需要补充某些内容，有可能动物也有这种美学偏好。很显然，我们需要做更多的比较工作。

争辩，新的中立位置也会产生。随着科学进步的累积，我们对于鸿沟的理解会变得更加完善。我确信基因学、神经科学、比较心理学和古人类学会为我们带来更多的惊喜。[①] 但是话说回来，目前鸿沟的画面已经比仅仅几年前我们所想象的要清晰多了。在本书中，我提供了这个画面的一张快照。我希望你喜欢这场演示，也希望你的场景构建心智能够受到激发，并借助这些素材进行更深刻的思索。无论我的大部分解读是否正确，我都希望已经说服你相信我们需要系统科学地研究有关鸿沟的问题。

这本书对人类同其他动物区分开来的原因做了探索，但这不应该让我们忽略人类与其他动物存在的众多共同点。我们的想法以一些古老的方式联系在一起。我们的许多基础认知过程、情绪和欲望都并非人类特有。比如，受挫的人们可能会暴怒，这和黑猩猩并无两样。人们可以被鼓动，可以是轻率的，或者是疯狂的[②]——尽管我们通常努力抑制这些情绪爆发。我们惩罚违背社会准则的行为，为了建造一个礼貌和文明的社会；我们的文化和道德帮助培养更平和更利于社会的行为。但是，我们也不应否认自己的灵长血统：

达尔文主义者们尽管道貌岸然，但是充其量也就是剃了毛的猴子。

——吉尔伯特和沙利文(Gilbert and Sullivan)

我们存在动物本性这个想法，为把人类同自然界隔离开来的想

① 也许我应该在这里讲出自己对未来的具体预测了。我猜想科学家们有一天能够克隆出尼安德特人和其他早期人族。对此带来的后果我不确定是乐观或悲观，但肯定是非常有趣的。

② 此处原文使用“ape shit”来表示“疯狂”。——译者注

法提供了一种平衡力。但是,这也不应当模糊我们的确是独特的这一事实。轻视使我们不同于其他动物的能力,和否认我们是灵长类动物一样是错误的。是时候形成一个认知动物和人类之间异同的更平衡的观点了。这也许需要摒弃一些存在已久的自大想法,但是绝不可以削弱我们探寻自己独特存在的动力。认识你自己。

对于鸿沟进行的更精确的分析还能为我们带来一些实用的益处。研究者经常通过研究小鼠、大鼠和其他动物以期望了解人类心智功能和相关异常的基因或神经学基础,但是只有在这些动物共享人类某种特质的时候才有意义。对于那些完全是人类独有的特征,使用动物模型在大部分情况下是具有误导性的。对鸿沟更清晰的认识能够建立更好的框架,有助于我们决定这种研究是否有价值。这也许能够拯救一些实验室动物,并且帮助研究者少走一些弯路。

绘制我们现存近亲的基因图有助于解开人类基因的谜题。为基因数据补充非人类灵长类动物的认知和其他特征是极为重要的。那些呈现为人类独有的特征很有可能依赖基因组的这些方面——以及神经系统——的独特性。有关鸿沟的知识减少了研究这些特征所需要的神经学和基因学基础。

出于同样的原因,我们能够利用有关我们和一些近亲的共同点的知识。比如,前文提到过人类和类人猿都具有镜子自我认知以及6b 阶段物体恒存认知的能力,而小猿类则不具有这些能力(参考第三章内容)。虽然这些物种之间关系紧密,但是类人猿的这项特征更像是同源特征——也就是说,我们和类人猿的共同祖先在 180 万年前到 140 万年前进化出的这项能力被我们都继承了下来。同源特征需要该特征由相似的神经认知和基因基础所继承。换句话说,它依赖于人类和类人猿共同享有的基础，而长臂猿则没有。想要鉴定是什么重大改变导致这一特征变成可能，科学家就需要集中分析类人猿和人类的大脑或基因的相似点，同时这些特征又是小猿类所不具有的。

进化论观点在心理探索的各个领域都逐渐呈现出更多的助益。尽管进化心理学的教科书中还没有出现太多有关我们现存动物近亲或者甚至已灭绝的人族近亲的内容，但是本书中涉及的材料能够告诉你这些方面的知识的重要性。我认为，对鸿沟的仔细研究对于人类心智形成的真正的进化观点是极为关键的。达尔文曾作出心理学的基础会发生改变的预言，也许这个预言会变成现实。

鸿沟本身的未来会如何呢？有三个显而易见的可能性：减小、增大和不变。认为鸿沟会保持不变的想法也许源自于相信人类不再进化的观点——这曾是广泛存在的一个说法。文化和科技的进步是否意味着生物进化对我们来说不再重要了呢？我们如此善于创建人造世界，以至于我们似乎首要是让环境适应我们，而不是反过来。现代医药越来越多地规避自然选择，我们的全球互通也意味着不再会有隔离的角落可以让人类独立地进化出分支。人类心智的进化是否停止了呢？

只需稍微思考就会发现这个场景几乎是不可能的，甚至散发着自大的气息，因为这就像是在暗示我们是最终产物——进化成就的最高终点。我发现很难相信这个星球在经历了 400 万年生物形式交替之后，最后形成的完美产物就是我和你。思考历史，会发现很有可能我们只是进化长链中的一小部分。如果我们设法不灭绝的话，几万年之后的后代们看着我们就像是在看远古人类。事实上，有证据表明在更短的时间框架里，自然选择已经能够有效地为人类带来基因变化。此外，自然和人为灾害也能快速制造隔离——同时也能制造成功：想象一下人类最终移民到其他星球的场景吧。这些走出地球的人们可能很快发现自己处于隔离的环境，这也让独立的进化路径成为可能。总之，进化止于我们的可能性是极小的。

那么，人类心智的进化路径是什么呢？一些数据表明，在过去15000年到10000年间，随着人口数量的增加，人类大脑的尺寸却有所减小。考虑到大脑尺寸和智商的比例，这也许反映了在我们获得大部分惊人的科技力量的同时，我们的心智能力却有所下降。这个变化可能的原因是营养和气候的变化，以及我们的社会带来的可能性，随着广泛的劳动力分工以及社会安全网络的增强，人们需要更少的心智能力就能在远古人无法生存的地方存活下来。我们中的大部分人并不需要打猎和采集的技能就能生存得很好，而这些能力对于我们的祖先来说是性命攸关的。也许随着技术为我们完成更多的艰苦工作，我们的人造世界会对我们的心智做出更少的要求。很容易想象在未来我们都可以坐在沙发椅上，在虚拟现实里玩游戏。有没有可能我们的心智能力下降会导致鸿沟越来越小呢？

只要我们还需要设计和维护这些人造系统，那么人类心智就不太可能急速下降。不过，如今自然选择对人类造成的影响是令人迷惑的。那些富有、成功、漂亮和受到良好教育的人们似乎不太愿意比其余的大部分人生育更多后代。也就是说，他们比那些不具有这些看似有利的特质的人们留下更少的基因。你也许会因此担心人类可能逐渐失去优势，最终鸿沟也将越来越小。

当然，也有可能我们会以更戏剧化的方式终止人类的成功故事。除了大幅改变环境之外，军备竞赛制造出了一些能够让我们互相毁灭许多次的致命武器。战争、恐怖主义或者灾祸可以快速销毁我们的文明。如果我们真是不小心搞砸了，那么重建会让我们耗尽心力，尤其因为我们变得如此依赖科技。爱因斯坦曾警告说："我不知道第三次世界大战时人们使用什么样的武器，但是我知道第四次世界大战时人们使用的是棍棒和石头。"无数文明曾经烟消云散。除了暴力冲突，一些常见原因还包括栖息地破坏、土壤和水源管理问题、过度捕猎和捕捞、引入新物种以及人口过剩。随着我们逐渐被纳入同一个系统，我们面临的许多问题都是全球化的，我们的系统某一天会因为类似原因而崩溃的想法并非天方夜谭。一个可能的惨淡未来就在前方，到时候我们中也许只有极少数幸存者，其他生物也就有了填满鸿沟的机会。

2011 年的电影《猩球崛起》(*Rise of the planet of the apes*)中就出现了类似的场景，电影中的人类释放出了一种致命的病毒，而这种病毒能够让猿类的能力通过生物技术大大提升，当然这个情况真正发生的可能性极小——但也并非无稽之谈。基因工程学是我们拥有影响进化路径的巨大新力量。生化技术的进步，例如把任意细胞转变为干细胞，并最终培育成身体部位或整个器官的能力，将为我们带来无法想象的新机会。也许有一天我们能够修改大脑发展并增强我们现存近亲的心智能力，这并不是纸上谈兵。人类越来越多地涉及指导进化本身。有些人把这叫作"扮演上帝"。

人类扮演上帝的行为由来已久。至少从农业活动开始，人们就实行了达尔文所谓的人工选择。我们鼓励培育和饲养那些对我们有用的植物与动物，摒弃那些无用的物种。人工选择对于塑造我们自己的物种有着重要作用。希特勒的种族灭绝和培育最优等民族的例子可能也是很容易想到的，但是我们在优生学出现之前早已开始社会化地引导人类的进化。死刑和从社会群体中流放出去的惩罚并不只是为了维护社会准则，这些做法也帮助我们选择规避一些不良特质，如容易因暴怒导致暴力行为等。理查德·兰厄姆和布莱恩·黑尔曾提出我们驯养自己如同驯养狗和马。被驯养的动物不仅侵略性较小，而且也比它们的野生同类更能与我们合作，它们的大脑通常也相对较小。所以这符合最近发现的人类大脑变小的结论，也符合史蒂文·平克提到的暴力的减少和合作的增加共同构成了人类近代历史的特征。

我们已经通过所谓的自动人工选择获得了一些惊人的新能力。避孕是最明显的方式，它让我们能够控制生育量。相反地，我们也能够使用性行为以外的方式让卵子受精。我们逐渐有了更多的机会来慎重地决定除了后代数量以外的方面，例如他们的各种特质：从性别到抗病性。许多人们对这种干预持有可以理解的保留态度。但是想象一下如果你能够通过控制基因变化来防止自己的孩子罹患癌症、老年痴呆症或其他曾经困扰你们家族的病症，你会怎么做？从防止疾病到影响后代的智力或是改变鼻子的形状仅存在一步之遥。这种对于下一代的基因构成进行的直接干预——“人工突变”而非人工选择——可能会在未来我们的几十代、几百代或者上千代子孙中造成剧烈变化。我们塑造自己进化路径的力量越来越大，最终人类也许能够使用这些力量来获得更强大的心智能力。

我的预言是，鸿沟将会扩大。事实上，有迹象表明鸿沟已经在扩大。在过去的一个世纪，人们在智力测试上的平均表现以每十年3%的速度提高。尽管与前十年间大脑有所缩小的趋势相反，但是一些证据表明大脑的尺寸在过去的150年间有所增加。我们食用更高营养的食物，接受更激励人的教育。我们使用能够更精准进行测量、建模和控制世界的机器和技术来更加有力地支持我们的场景构建心智。互联网和其他电子网络把上百万的大脑连接起来，制造了文化积累的爆炸式增长。想要获得大部分问题的答案只需要点击几个链接。科学不断累积，更伟大的知识反过来为心智在生物、电子或化学方面打开新的大门，这些都是可预见的。我们正在变得更加聪明——同时，我们希望人类也可以变得更加明智。

还有第二种办法可以让鸿沟扩大。另一种让我们在这个星球上的位置更加特殊的方法就是削减我们动物近亲的能力——把裂谷的另一边推得更远。我可不是说要降低猿类的心智能力，我的意思是把它们赶尽杀绝。灭绝后的它们会把人类近亲的位置让给其他现存物种，这样鸿沟自然就拉大了。让我们面对现实吧：人类已经在这么做了。我们已经可以看到，所有的类人猿物种都已处在濒危边缘，它们数量减少主要是由于一个原因：人类活动。不管是栖息地破坏、野生动物的餐桌消费或是宠物交易，我们都在直接造成人类动物近亲的灭绝，这也许不完全异于我们祖先曾经对那些直立行走的人族近亲的所作所为。

当然，也有许多人类正竭尽全力试图制止猿类的灭绝，我鼓励你也加入进来，但是目前对未来的前景预测是黯淡的。在短短几代人之后，我们的后代可能就开始询问他们和自己最近近亲猴子的区别是什么。类人猿可能像尼安德特人和傍人一样成为几乎被人遗忘的存在于历史中的生物。所以我们的后代可能对于自己明显独特的身份感到更加迷惑（而且可能被一些诸如猴子为什么有尾巴而人类没有的问题所分心）。让我们确保他们在了解鸿沟的本质和起源之后能够受到启迪吧。我们要更加细心地保护这些无尾近亲，为了它们，也为了我们的孩子们。

我们能够考虑自己行动带来的长远后果。我们是这个星球上唯一拥有足够的洞见能力来规划路径通往合意未来的物种。为类人猿规划一个未来吧。我们已经开始重视自己的活动为地球带来的剧烈变化，我们也逐渐能够预测人类行动可能带来的影响。因此我们肩负着在当下做出正确决定的重担。人类有着奇妙的潜力，能够在即将发生的灾害面前合作应对，并保护我们的未来，还有我们的亲戚以及鸿沟另一端的近亲们的未来。我们有理由满怀希望。历史不只是由暴力和残酷所组成的，同时还有英雄主义、仁慈和谨慎。我们已经在过去克服了无数障碍，我们比以往更有能力展望未来，步入柳暗花明的新境界。

致　　谢

这本书算是姗姗来迟。其中累积了众多学科中的大量最新研究结果。它同时也是我个人探索历程的累积。从我还是一个青少年的时候，就开始思考为什么我们是如此奇特的生物，我的许多研究课题最终也是受到这个话题的驱动。我不停收集信息，它们就像是一个巨大拼图的不同部分，直到我认为已经收集到足以用来描绘给公众看的清晰画面。完成这本书花费的时间比预想的多出几年，讲述过程中最终涉及了比预期更多的自我表露。原谅我的这点嗜好吧。

完成这本书需要许多人的努力。首先要感谢的是我的参谋和校对员——胆识惊人的克莉丝汀·道吉昂(Christine Dudgeon)，她为了科学曾与鲨鱼共舞，并且取回了组织样本用来研究它们的基因，甚至还让它们呕吐来研究它们吃下的食物。谢谢你的鼓励、支持、热情和爱。克莉丝是我最好的朋友，也是我们美妙的孩子们——蒂莫和妮娜的母亲。我们的孩子们是一个又一个实验的忠实参与者，也是无限灵感和欢乐的来源。我把这本书献给他们，也献给他们未来的孩子们。

迈克尔·柯博利(Michael C. Corballis)是一位杰出的导师，他给予的指导贯穿我的硕士阶段、博士阶段以及随后的合作过程中。他是一位学院派的绅士，就像是一座知识宝库，他还是一位典范科学家，我对他的敬仰和感激之情，无法用言语表达。谈到这个项目的初始阶段，我想要感谢来自我那已故父母海因兹·萨登多夫(Heinz)和汉尼·萨登多夫(Hanni Suddendorf)的支持，以及芭芭拉·格尔丁(Barbara Gerding)，帕姆·奥利弗(Pam Oliver)，理查德·奥凯特(Richard Aukett)，谢恩·卡特(Shayne Carter)，欧文·斯维特曼(Owen Sweetman)，宝拉·南丁格尔(Paula Nightingale)，马特·唐纳森(Matt Donaldson)，蒂娜·福斯特(Tina Forster)，戴夫·理卡德(Dave Rickard)。我还要感激那些在新西兰、德国和澳大利亚与我探讨想法的人们。谢谢安吉拉·迪恩(Angela Dean)和达瑞尔·埃尔斯(Darryl Eyles)为我建议的书名——《小心间隙》(*Mind the Gap*)，并且送给我理查德·霍姆斯(Richard Holmes)所著的精美图书《好奇年代》(*The Age of Wonder*)。感谢那些曾经给我启发的书，如贾雷德·戴蒙德(Jared Diamond)的《枪炮、细菌和钢铁》(*Guns, Germs and Steel*)，蒂姆·弗兰纳里(Tim Flannery)的《未来掠食者》(*The Future Eater*)等，在此不一一列举。我还要感谢参考书目中的所有作者。只有站在他们的肩上，我才能构建出有关鸿沟的想法。

把这个项目创作成为科普书的想法最早产生于2003年，当时我们在昆士兰大学。我要感谢来自各位同事的支持：奥特玛·利普(Ottmar Lipp)、约翰·麦克林(John McClean)、马克·尼尔森(Mark Nielsen)、弗吉尼亚·斯劳特(Virginia Slaughter)和瓦莱丽·斯通(Valerie Stone)。尤其要感谢瓦莱丽在我2004年尝试开始讲述这个故事时给予我的支持。感谢以下课程中我的学生们："学习与认知"、"人类行为的进化路径"、"认知的进化和比较观点"，这些年间，正是这些学生帮助我理清想法，并且让我保持对教学的热情。与这些优秀的硕士研究生和博士生的共事是令人愉悦的，我要特别指出几位作出了重要贡献的博士生，他们是：杰妮·巴斯比(Janie Busby)、大卫·巴特勒(David Butler)、艾玛·科里尔贝克(Emma Collier-Baker)、乔·戴维斯(Jo Davis)、亚尼内·乌斯腾布鲁克(Janine Oostenbroek)和乔纳森·莱德肖(Jonathan Redshaw)。

感谢澳大利亚研究理事会对书中多项研究项目提供支持。昆士兰大学早期认知发展中心授权我和我的同事们研究婴儿和儿童的心智，这里尤其要感谢管理人萨利·克拉克(Sally Clark)，以及这么多年来所有贡献时间参与到我们的研究中的众多父母和孩子们。这些年来不计其数的澳大利亚和国际动物学机构为我们提供机会来测试非人类灵长类动物。尤其要感谢艾玛公园动物园、罗克汉普顿动物园、珀斯动物园和阿德莱德动物园的支持。黑猩猩卡西和奥基在过去的十年间是非常配合的研究对象。感谢格雷姆·斯特洛恩(Graeme Strachan)和罗克汉普顿的支持者们为两位黑猩猩创造了新家园以及认识雌性伴侣的机会。

2010年下半年，在奥克兰大学放假期间，我终于认真地开始了

《鸿沟》一书的写作。诚挚感谢迈克尔·柯博利，拉萨尔·格雷(Russell Gray)和尼基·哈尔(Niki Harre)为我提供的款待和支持。在这段时间，我取得了一些非常重要的进展。不幸的是，2011 年 1 月，在返回布里斯班之后，我们开始处理被洪水侵蚀的房子。在我们恢复生活和重建房屋的时候，一切进度都暂停了。我由衷感谢所有帮助我们的生活回到正轨的邻居们、朋友们和不计其数的陌生人，是他们让我能够在短短几个月之后就重新投入写作当中。

随后彼得·泰勒克(Peter Tallack)的科学工厂(Science Factory)文学代理与我签约，他出色的支持让我很快获得了一份合约，同时也得到了一个交稿硬期限。我衷心感谢他的帮助，以及基本图书公司(Basic Books)的各位编辑：凯莱赫(T. J. Kelleher)，高木(Tisse Takagi)和梅利萨·韦罗内西(Melissa Veronesi)，还有特里奥图书(Trio Bookworks)的贝丝·赖特(Beth Wright)，谢谢他们出色的工作以及为这个项目做出的无私奉献。

十分感谢朋友们和专家们花费时间翻阅我写出的半成品，并且给出宝贵的建议。不过，对于我的想法他们不应承担任何责任(或感到内疚)。谢谢艾玛·科里尔贝克、迈克尔·柯博利、克莉丝·道吉昂、菲利普·格兰斯(Philip Gerrans)、科林·格罗夫斯(Colin Groves)、尼基·哈尔、比尔·冯·希普尔(Bill von Hippel)、雷切尔·麦肯奇(Rachel Mackenzie)、约翰·麦克林、弗吉尼亚·斯劳特、彼得·泰勒克和杰森·唐恩(Jason Tangen)对其中几个章节给出的评论。谢谢迈克尔·巴尔特(Michael Balter)、马特·唐纳森、安迪·东(Andy Dong)、克莱尔·哈维(Clare Harvey)、马克·豪瑟(Marc Hauser)、安德鲁·希尔(Andrew Hill)、西蒙·拉克(Simon Lake)、米歇尔·兰利(Michelle Langley)、克里斯·摩尔(Chris

Moore)、马克·尼尔森、迈克·诺德(Mike Noad)、坎迪·彼得森(Candi Peterson)、凯里·希普顿(Ceri Shipton)和亚历克斯·泰勒(Alex Taylor)为单独章节提出的周到建议。

最后,我要感谢那些支持我另一项热情的人们,正是你们让我保持冷静,并且在这整个旅途中保持平衡——感谢我们的足球俱乐部社团们,我从中获得非常多的乐趣和陪伴。弗雷登足球俱乐部(FC Vreden)、门兴格拉德巴赫足球俱乐部(Borussia Mönchengladbach)、布里斯班狮吼足球俱乐部(Brisbane Roar)、布里斯班奥林匹克足球俱乐部斯巴达和鲨鱼队(Brisbane Olympic FC)以及西区游击队俱乐部(the West End Partisans)。我们因对运动游戏之美的热情而结缘,我们为了踢球洒下了血汗和泪水,这听起来是如此的不合逻辑。但我们就是有着奇特想法的人类。希望你也能面对自己的热情乐在其中。

参考文献

Adams, D. (1979). *The hitchhiker's guide to the galaxy*. London: Pan.

Addis, D. R., et al. (2007). Remembering the past and imagining the future: Common and distinct neural substrates during event construction and elaboration. *Neuropsychologia*, *45*, 1363 - 1377.

Addis, D. R., et al. (2008). Age-related changes in the episodic simulation of future events. *Psychological Science*, *19*, 33 - 41.

Alemseged, Z., et al. (2006). A juvenile early hominin skeleton from Dikika, Ethiopia. *Nature*, *443*, 296 - 301.

Alloway, T. P., et al. (2006). Verbal and visuospatial short-term and working memory in children: Are they seperable? *Child Development*, *77*, 1698 - 1716.

Ambrose, S. H. (2001). Paleolithic technology and human evolution. *Science*, *291*, 1748 - 1753.

Anderson, J. R., & Gallup, G. G. (2011). Which primates recognize themselves in mirrors. *PLoS Biology*, *9*, 1-3.

Apperly, I. A., & Butterfill, S. A. (2009). Do Humans Have Two Systems to Track Beliefs and Belief-Like States? *Psychological Review*, *116*, 953-970.

Arensburg, B., et al. (1990). A reappraisal of the anatomical basis for speech in middle paleolithic hominids. *American Journal of Physical Anthropology*, *83*, 137-146.

Asfaw, B., et al. (1999). Australopithecus garhi: A new species of early hominid from Ethiopia. *Science*, *284*, 629-635.

Axelrod, R., & Hamilton, W. D. (1981). The evolution of cooperation. *Science*, *211*, 1390-1396.

Azevedo, F. A. C., et al. (2009). Equal numbers of neuronal and nonneuronal cells make the human brain an isometrically scaled-up primate brain. *Journal of Comparative Neurology*, *513*, 532-541.

Baars, B. J. (2005). Global workspace theory of consciousness: Toward a cognitive neuroscience of human experience, *Progress in Brain Research* (Vol. 150, pp. 45-53).

Baddeley, A. (1992). Working memory. *Science*, *255*, 556-559.

Baddeley, A. (2000). The episodic buffer: a new component of working memory? *Trends in Cognitive Sciences*, *4*, 417-423.

Bailey, D. H., & Geary, D. C. (2009). Hominid Brain Evolution. *Human Nature-an Interdisciplinary Biosocial Perspective*, *20*, 67-79.

Baillargeon, R. (1987). Object permanence in 3 1/2-month-old and 4 1/2-month-old infants. *Developmental Psychology*, *23*, 655-664.

Balter, M. (2010). Did Working Memory Spark Creative Culture? *Science*, *328*, 160-163.

Balter, M. (2012a). Did Neandertals Truly Bury Their Dead? *Science*, *337*, 1443-1444.

Balter, M. (2012b). Early Dates for Artistic Europeans. *Science*, *336*, 1086-1087.

Balter, M. (2012c). Ice Age Tools Hint at 40,000 Years of Bushman Culture. *Science*, *337*, 512.

Balter, M. (2012d). 'Killjoys' Challenge Claims Of Clever Animals.

Science, *335*, 1036 – 1037.

Bar, M. (2011). *Predictions in the brain: Using our past to generate a future*. Oxford: Oxford University Press.

Bard, K. (2003). Are humans the only primates that cry? *Scientific American*, *June 16*.

Bard, K., et al. (2006). Self-awareness in human and chimpanzee infants: What is measured and what is meant by the mark and mirror test. *Infancy*, *9*, 191 – 219.

Bard, K. A. (1994). Evolutionary roots of intuitive parenting: Maternal competence in chimpanzees. *Early Development and Parenting*, *3*, 19 – 28.

Barkow, J. H., et al. (Eds.). (1992). *The adapted mind: Evolutionary psychology and the generation of culture*. Oxford: Oxford University Press.

Baron-Cohen, S. (1995). *Mindblindness: An Essay on Autism and Theory of Mind*. Cambridge, Mass.: Bradford/MIT Press.

Baron-Cohen, S. (2002). The extreme male brain theory of autism. *Trends in Cognitive Sciences*, *6*, 248 – 254.

Baron-Cohen, S., et al. (1999). Recognition of faux pas by normally developing children and children with asperger syndrome or high-functioning autism. *Journal of Autism and Developmental Disorders*, *29*, 407 – 418.

Bartal, I. B.-A., et al. (2011). Empathy and pro-social behavior in rats. *Science*, *334*, 1427 – 1430.

Bartlett, F. C. (1932). *Remembering: A study in experimental and social psychology*. Cambridge: Cambridge University Press.

Bateson, P. (1991). Assessment of pain in animals. *Amimal Behaviour*, *42*, 827 – 839.

Batki, A., et al. (2000). Is there an innate gaze module? Evidence from human neonates. *Infant Behavior and Development*, *23*, 223 – 229.

Bauer, P. (2007). *Remembering the times of our lives: memory in infancy and beyond*. Mahwah, NJ: Laurence Erlbaum Associates.

Beirne, P. (1994). The law is an ass: Reading E. P Evans' The medieval procesution and capital punishment of animals. *Society and Animals*,

2,27 - 46.

Bekoff, M., & Pierce, J. (2009). *Wild justice: The moral lives of animals*. Chicago: University of Chicago Press.

Bello, S. M., et al. (2009). Quantitative micromorphological analyses of cut marks produced by ancient and modern handaxes. *Journal of Archaeological Science*, *36*,1869 - 1880.

Bennett, M. R., et al. (2009). Early Hominin Foot Morphology Based on 1.5-Million-Year-Old Footprints from Ileret, Kenya. *Science*, *323*, 1197 - 1201.

Bentley-Condit, V. K., & Smith, E. O. (2010). Animal tool use: current definitions and an updated comprehensive catalog. *Behaviour*, *147*, 185 -132A.

Berger, L. R., et al. (2010). Australopithecus sediba: A New Species of Homo-Like Australopith from South Africa. *Science*, *328*,195 - 204.

Berna, F., et al. (2012). Microstratigraphic evidence of in situ fire in the Acheulean strata of Wonderwerk Cave, Northern Cape province, South Africa. *Proceedings of the National Academy of Sciences of the United States of America*, *109*, E1215 - E1220.

Berwick, R. C., et al. (2013). Evolution, brain, and the nature of language. *Trends in Cognitive Sciences*, *17*,89 - 98.

Bird, C. D., & Emery, N. J. (2009). Rooks Use Stones to Raise the Water Level to Reach a Floating Worm. *Current Biology*, *19*,1410 - 1414.

Bischof, N. (1985). *Das Rätzel Ödipus* [*The Oedipus riddle*]. Munich: Piper.

Bischof-Köhler, D. (1985). Zur Phylogenese menschlicher Motivation [On the phylogeny of human motivation]. In L. H. Eckensberger & E. D. Lantermann (Eds.), *Emotion und Reflexivität* (pp. 3 - 47). Vienna: Urban & Schwarzenberg.

Blair, R. J. R. (2001). Neurocognitive models of aggression, the antisocial personality disorders, and psychopathy. *Journal of Neurology Neurosurgery and Psychiatry*, *71*,727 - 731.

Boesch. (1990). Tool use and tool making in wild chimpanzees. *Folia Primatologica*, *54*,86 - 99.

Boesch, C. (1991). Teaching among wild chimpanzees. *Animal Behaviour*,

41,530 - 532.

Boesch, C. (1994). Chimpanzees-red colobus monkeys: a predator-prey system. *Animal Behaviour*, *47*,1135 - 1148.

Boesch, C., & Boesch, H. (1984). Mental map in wild chimpanzees: An analysis of hammer transports for nut cracking. *Primates*, *25*,160 - 170.

Bogin, B. (1999). Evolutionary perspective on human growth. *Annual Review of Anthropology*, *28*,109 - 153.

Boring, E. G. (1923). Intelligence as the test tests it. *New Republic*, *35*, 35 - 37.

Borjeson, L., et al. (2006). Scenario types and techniques: Towards a user's guide. *Futures*, *38*,723 - 739.

Bouzouggar, A., et al. (2007). 82,000-year-old shell beads from North Africa and implications for the origins of modern human behavior. *Proceedings of the National Academy of Sciences of the United States of America*, *104*,9964 - 9969.

Bowles, S. (2009). Did Warfare Among Ancestral Hunter-Gatherers Affect the Evolution of Human Social Behaviors? *Science*, *324*,1293 - 1298.

Boyd, R., et al. (2011). The cultural niche: Why social learning is essential for human adaptation. *Proceedings of the National Academy of Sciences of the United States of America*, *108*,10918 - 10925.

Boysen, S. T., & Hallberg, K. I. (2000). Primate numerical competence: Contributions toward understanding nonhuman cognition. *Cognitive Science*, *24*,423 - 444.

Bramble, D. M., & Lieberman, D. E. (2004). Endurance running and the evolution of Homo. *Nature*, *432*,345 - 352.

Brauer, J., et al. (2009). Are Apes Inequity Averse? New Data on the Token-Exchange Paradigm. *American Journal of Primatology*, *71*, 175 - 181.

Braun, D. R., et al. (2010). Early hominin diet included diverse terrestrial and aquatic animals 1.95 Ma in East Turkana, Kenya. *Proceedings of the National Academy of Sciences*, *107*,10002 - 10007.

Breuer, T., et al. (2005). First observation of tool use in wild gorillas. *PLoS Biology*, *3*,2041 - 2043.

Brody, H. (2000). *The Other Side of Eden*. London: Faber & Faber.

Brosnan, S. F., & de Waal, F. B. M. (2003). Monkeys reject unequal pay. *Nature*, *425*, 297 - 299.

Brosnan, S. F., et al. (2005). Tolerance for inequity may increase with social closeness in chimpanzees. *Proceedings of the Royal Society B-Biological Sciences*, *272*, 253 - 258.

Brown, F., et al. (1985). Early Homo Erectus skeleton from West Lake Turkana, Kenya. *Nature*, *316*, 788 - 792.

Brown, K. S., et al. (2009). Fire as an engineering tool of early modern humans. *Science*, *325*, 859 - 862.

Brown, P. (2012). LB1 and LB6 Homo floresiensis are not modern human (Homo sapiens) cretins. *Journal of Human Evolution*, *62*, 201 - 224.

Brown, P., et al. (2004). A new small-bodied hominin from the Late Pleistocene of Flores, Indonesia. *Nature*, *431*, 1055 - 1061.

Browning, R. (1896). *The poetical works*: Smith, Elder & Co.

Brune, M., & Brune-Cohrs, U. (2006). Theory of mind-evolution, ontogeny, brain mechanisms and psychopathology. *Neuroscience and Biobehavioral Reviews*, *30*, 437 - 455.

Brunet, M., et al. (1996). Australopithecus bahrelghazali, a new species of early hominid from Koro Toro region, Chad. *Comptes Rendus De L Academie Des Sciences Serie Ii Fascicule a-Sciences De La Terre Et Des Planetes*, *322*, 907 - 913.

Brunet, M., et al. (2002). A new hominid from the Upper Miocene of Chad, Central Africa. *Nature*, *418*.

Burkart, J. M., et al. (2007). Other-regarding preferences in a non-human primate: Common marmosets provision food altruistically. *Proceedings of the National Academy of Sciences of the United States of America*, *104*, 19762 - 19766.

Busby Grant, J., & Suddendorf, T. (2009). Preschoolers begin to differentiate the times of events from throughout the lifespan. *European Journal of Developmental Psychology*, *6*, 746 - 762.

Busby Grant, J., & Suddendorf, T. (2010). Young children's ability to distinguish past and future changes in physical and mental states. *British Journal of Developmental Psychology*, *28*, 853 - 870.

Busby Grant, J., & Suddendorf, T. (2011). Production of temporal terms by 3-, 4-, and 5-year-old children. *Early Childhood Research Quarterly*, *26*, 87 - 95.

Busby, J., & Suddendorf, T. (2005). Recalling yesterday and predicting tomorrow. *Cognitive Development*, *20*, 362 - 372.

Buss, D. M. (1999). *Evolutionary Psychology: The new science of the mind*. Boston: Allyn and Bacon.

Butler, D. L., et al. (2012). Mirror, mirror on the wall, how does my brain recognize my image at all? *Plos One*, 7.

Byrne, R. W., & Russon, A. E. (1998). Learning by imitation: A hierarchical approach. *Behavioral and Brain Sciences*, *21*, 667 - 721.

Byrne, R. W., & Tanner, J. (2006). Gestural imitation by a gorilla. *International Journal of Psychology and Psychological Therapy*, *6*, 215 - 231.

Cabana, T., et al. (1993). Prenatal and postnatal growth and allometry of stature, head circumference, and brain weight in Quebec children. *American Journal of Human Biology*, *5*, 93 - 99.

Call, J. (2001a). Chimpanzee social cognition. *Trends in Cognitive Sciences*, *5*, 388 - 393.

Call, J. (2001b). Object Permanence in Orangutans (Pongo pygmaeus), Chimpanzees (Pan troglodytes), and Children (Homo sapiens). *Journal of Comparative Psychology*, *115*, 159 - 171.

Call, J. (2004). Inferences about the location of food in the great apes (*Pan pansicus*, *Pan troglodytes*, *Gorilla gorilla*, and *Pongo pygmaeus*). *Journal of Comparative Psychology*, *118*, 232 - 241.

Call, J. (2006). Inferences by exclusion in the great apes: the effect of age and species. *Animal Cognition*, *9*, 393 - 403.

Call, J., et al. (2004). 'Unwilling' versus 'unable': Chimpanzees' understanding of human intentional action. *Developmental Science*, 7, 488 - 498.

Call, J., et al. (1998). Chimpanzee gaze following in an object choice task. *Animal Cognition*, *1*.

Call, J., & Tomasello, M. (1998). Distinguishing intentional from accidental actions in orangutans (*Pongo pygmaeus*), chimpanzees (*Pan troglodytes*) and human children (*Homo sapiens*). *Journal of Comparative Psychology*, *112*, 192 - 206.

Calvin, W. H. (1982). Did Throwing Stones Shape Hominid Brain Evolution. *Ethology and Sociobiology*, *3*, 115 - 124.

Cann, R. L., et al. (1987). Mitochondrial DNA and human evolution. *Nature*, *325*, 31 - 36.

Cannell, A. (2002). Throwing behaviour and the mass distribution of geological hand samples, hand grenades and Olduvian manuports. *Journal of Archaeological Science*, *29*, 335 - 339.

Carbonell, E., et al. (2008). The first hominin of Europe. *Nature*, *452*, 465 - U467.

Carroll, L. (1871). *Through the Looking Glass*. London: Macmillan.

Casey, B. J., et al. (2011). Behavioral and neural correlates of delay of gratification 40 years later. *Proceedings of the National Academy of Sciences of the United States of America*, *108*, 14998 - 15003.

Caspari, R., & Lee, S. H. (2004). Older age becomes common late in human evolution. *Proceedings of the National Academy of Sciences of the United States of America*, *101*, 10895 - 10900.

Cavalieri, P., & Singer, P. (1995). *The great ape project: Equality beyond humanity*. New York: St. Martin's Griffin.

Chahl, J. S., et al. (2004). Landing Strategies in Honeybees and Applications to Uninhabited Airborne Vehicles. *The International Journal of Robotics Research*, *23*, 101 - 110.

Chartrand, T. L., & Bargh, J. A. (1999). The Chameleon effect: The perception-behavior link and social interaction. *Journal of Personality and Social Psychology*, *76*, 893 - 910.

Cheke, L. G., & Clayton, N. S. (2012). Eurasian jays (Garrulus glandarius) overcome their current desires to anticipate two distinct future needs and plan for them appropriately. *Biology Letters*, *8*, 171 - 175.

Cheney, D. L., & Seyfarth, R. M. (1980). Vocal recognition in free-ranging vervet monkeys. *Animal Behaviour*, *28*, 362 - 376.

Cheney, D. L., & Seyfarth, R. M. (1990). *How monkeys see the world*. Chicago: University of Chicago Press.

Churchill, S. E., et al. (2009). Shanidar 3 Neandertal rib puncture wound and paleolithic weaponry. *Journal of Human Evolution*, *57*, 163 - 178.

Churchill, S. E., & Rhodes, J. A. (2009). *The evolution of the human capacity for "killing at a distance"*. Dordrecht: Springer.

Ciochon, R. L. (1996). Dated co-occurance of Homo erectus and Gigantopithecus from Tham Khuyen Cave, Vietnam. *Proceedings of the National Academy of Sciences of the United States of America*, *93*, 3016 - 3020.

Clayton, N. S., et al. (2007). Social cognition by food-caching corvids. The western scrub-jay as a natural psychologist. *Philosophical Transactions of the Royal Society B-Biological Sciences*, *362*, 507 - 522.

Clayton, N. S., & Dickinson, A. (1998). Episodic-like memory during cache recovery by scrub jays. *Nature*, *395*, 272 - 278.

Clayton, N. S., et al. (2001). Elements of episodic-like memory in animals. *Philosophical Transactions: Royal Society of London*, *B*, *356*, 1483 - 1491.

Clements, W. A., & Perner, J. (1994). Implicit understanding of belief. *Cognitive Development*, *9*, 377 - 395.

Collier-Baker, E., et al. (2005). Do chimpanzees (Pan troglodytes) understand single invisible displacement? *Animal Cognition*, *9*, 55 - 61.

Collier-Baker, E., et al. (2004). Do dogs (Canis familiaris) understand invisible displacement? *Journal Comparative Psychology*, *118*, 421 - 433.

Collier-Baker, E., & Suddendorf, T. (2006). Do chimpanzees (Pan troglodytes) and 2-year-old children (Homo Sapiens) understand double invisible displacement? *Journal Comparative Psychology*, *120*, 89 - 97.

Coppens, Y. (1994). East side story: the origin of humankind. *Scientific American*, *270*, 62 - 69.

Corballis, M. C. (2003). *From hand to mouth: The origins of language*. New York: Princeton University Press.

Corballis, M. C. (2007). Recursion, language, and starlings. *Cognitive Science*, *31*, 697 - 704.

Corballis, M. C. (2011). *The recursive mind: The origins of human language, thought, and civilization*. Princeton: Princeton University Press.

Corballis, M. C., & Suddendorf, T. (2010). The evolution of concepts: A timely look. In D. Marshal, et al. (Eds.), *The making of human concepts* (pp. 365 - 389). Oxford: Oxford University Press.

Corbey, R. (2005). *The metaphysics of apes*. Cambridge: Cambridge

University Press.

Correia, S. P. C. , et al. (2007). Western scrub-jays anticipate future needs independently of their current motivational state. *Current Biology*, *17*, 856 - 861.

Cosmides, L. , et al. (2005). Detecting cheaters (multiple letters). *Trends in Cognitive Sciences*, *9*,505 - 506 + 508 - 510.

Cowan, N. (2001). The magical number 4 in short-term memory: A reconsideration of mental storage capacity. *Behavioral and Brain Sciences*, *24*,87 - + .

Crespi, B. , & Badcock, C. (2008). Psychosis and autism as diametrical disorders of the social brain. *Behavioral and Brain Sciences*, *31*,241 - + .

Cruciani, F. , et al. (2011). A revised root for the human Y chromosomal phylogenetic tree: The origin of patrilineal diversity in Africa. *The American Journal of Human Genetics*, *88*,814 - 818.

Csibra, G. , et al. (1999). Goal attribution without agency cues: the perception of 'pure reason' in infancy. *Cognition*, *72*,237 - 267.

Curnoe, D. , et al. (2012). Human remains from the Pleistocene-Holocene transition of Southwest China suggest a complex evolutionary history for East Asians. *Plos One*, 7, e31918.

Custance, D. M. , et al. (1995). Can young chimpanzees imitate arbitrary actions? Hayes and Hayes (1952) revisited. *Behaviour*, *132*,839 - 858.

D'Argembeau, A. , et al. (2008). Remembering the past and imagining the future in schizophrenia. *Journal of Abnormal Psychology*, *117*,247 - 251.

D'Argembeau, A. , & Van der Linden, M. (2004). Phenomenal characteristics associated with projecting oneself back into the past and forward into the future: Influence of valence and temporal distance. *Consciousness and Cognition*, *13*,844 - 858.

D'Argembeau, A. , & Van der Linden, M. (2008). Remembering pride and shame: Self-enhancement and the phenomenology of autobiographical memory. *Memory*, *16*,538 - 547.

d'Errico, F. , & Stringer, C. B. (2011). Evolution, revolution or saltation scenario for the emergence of modern cultures? *Philosophical Transactions of the Royal Society B-Biological Sciences*, *366*,1060 - 1069.

Daly, M. , & Wilson, M. A. (1988). Evolutionary social psychology and family homicide. *Science*, *242*, 519 - 524.

Dart, R. A. (1925). Australopithecus africanus: The man-ape of South Africa. *Nature*, *115*, 195 - 199.

Darwin, C. (1859). *On the origin of species*. Cambridge: Harvard University Press.

Darwin, C. (1871). *The descent of man, and selection in relation to sex* (2003 ed.). London: Gibson Square Books.

Darwin, C. (1873). *The expressions of the emotions in man and animal*. London: Murray.

Darwin, C. (1877). A biographical sketch of an infant. *Mind*, *2*, 285 - 294.

Dawkins, R. (1976). *The selfish gene*. Oxford: Oxford University Press.

Dawkins, R. (2000). An open letter to Prince Charles: http://www.edge.org/3rd_culture/prince/prince_index.html.

de Saint-Exupéry, A. (1943). *The little prince* (Testot-Ferry, Trans.). London: Bibliophile Books

de Waal, F. B. M. (1982). *Chimpanzee politics*. London: Jonathan Cape.

de Waal, F. B. M. (1986). Deception in the natural communication of chimpanzees. In R. W. Mitchell & N. S. Thompson (Eds.), *Deception: Perspectives on human and non-human deceit* (pp. 221 - 244). Albany: State University of New York Press.

de Waal, F. B. M. (1989). Food sharing and reciprocal obligations among chimpanzees. *Journal of Human Evolution*, *18*, 433 - 459.

de Waal, F. B. M. (1996). *Good natured*. Cambridge, MA: Harvard University Press.

de Waal, F. B. M. (2005). How animals do business. *Scientific American*, *292*, 72 - 80.

de Waal, F. B. M. (2009). *Primates and philosophers*. Princeton: Princeton University Press.

de Waal, F. B. M., & Aureli, F. (1996). Consolation, reconsciliation, and a possible cognitive difference between macaque and chimpanzee. In A. E. Russon, Bard, K. A., & Parker, S. T. (Ed.), *Reaching into thought: The minds of the great apes* (pp. 80 - 110). Cambridge: Cambridge University Press.

de Waal, F. B. M., et al. (2008). Comparing social skills of children and apes. *Science*, *319*,569 - 569.

Deacon, T. (1997). *The symbolic species: The co-evolution of language and the brain*. New york: W. W. Norton.

Dean, L. G., et al. (2012). Identification of the social and cognitive processes underlying human cumulative culture. *Science*, *335*,1114 - 1118.

Deaner, R. O., et al. (2007). Overall brain size, and not encephalization quotient, best predicts cognitive ability across non-human primates. *Brain Behavior and Evolution*, *70*,115 - 124.

Deary, I., et al. (2010). The neuroscience of human intelligence differences. *Nature Reviews Neuroscience*, *11*,201 - 211.

deCastro, J. M. B., et al. (1997). A hominid from the lower Pleistocene of Atapuerca, Spain: Possible ancestor to Neanderthals and modern humans. *Science*, *276*,1392 - 1395.

Defleur, A., et al. (1999). Neanderthal cannibalism at Moula-Guercy, Ardeche, France. *Science*, *286*,128 - 131.

Dehaene, S. (2009). *Reading in the brain*. New York: Penguin Books.

Del Cul, A., et al. (2009). Causal role of prefrontal cortex in the threshold for access to consciousness. *Brain*, *132*,2531 - 2540.

DeLoache, J. S., & Burns, N. M. (1994). Early understanding of the representational function of pictures. *Cognition*, *52*,83 - 110.

Denault, L. K., & McFarlane, D. A. (1995). Reciprocal altruism between male vampire bats, Desmodus rotundus. *Animal Behaviour*, *49*, 855 - 856.

Dennett, D. C. (1987). *The Intentional Stance*. Cambridge, Mass: Bradford books, MIT Press.

Dennett, D. C. (1995). *Darwin's dangerous idea*. New York: Simon & Schuster.

Dennett, D. C., & Kinsbourne, M. (1992). Time and the observer-the where and when of consciousness in the brain. *Behavioral and Brain Sciences*, *15*,183 - 201.

Dere, E., et al. (2008). Animal episodic memory *Handbook of episodic memory* (pp. 155 - 184). Amsterdam: Elsevier.

Derevianko. (2012). *Recent discoveries in the Altai: Issues on the evolution of homo sapiens*. Novosibirsk: RAS Press.

DeSilva, J., & Lesnik, J. (2006). Chimpanzee neonatal brain size: Implications for brain growth in Homo erectus. *Journal of Human Evolution*, *51*, 207 - 212.

Dettwyler, K. A. (1991). Can Paleopathology provide evidence for compassion. *American Journal of Physical Anthropology*, *84*, 375 - 384.

Diamond, J. (1997). *Guns, Germs and Steal: A short history of everybody for the last 13000 years*. New York: Simon and Schuster.

Diamond, J. (2005). *Collapse-How societies choose to fail or succeed*. New York Viking Press.

Diamond, J. (2010). The Benefits of Multilingualism. *Science*, *330*, 332 - 333.

Dindo, M., et al. (2011). Observational learning in orangutan cultural transmission chains. *Biology Letters*, 7, 181 - 183.

Dominguez-Rodrigo, M., et al. (2012). Experimental study of cut marks made with rocks unmodified by human flaking and its bearing on claims of similar to 3.4-million-year-old butchery evidence from Dikika, Ethiopia. *Journal of Archaeological Science*, *39*, 205 - 214.

Dufour, V., et al. (2007). Chimpanzee (Pan troglodytes) anticipation of food return: Coping with waiting time in an exchange task. *Journal of Comparative Psychology*, *121*, 145 - 155.

Dufour, V., & Sterck, E. H. M. (2008). Chimpanzees fail to plan in an exchange task but succeed in a tool-using procedure. *Behavioural Processes*, *79*, 19 - 27.

Dunbar, R. I. M. (1992). Neocortex size as a constraint on group size in primates. *Journal of Human Evolution*, *20*, 469 - 493.

Dunbar, R. I. M. (1996). *Grooming, gossip, and the evolution of language*. London: Faber.

Dunbar, R. I. M. (2007). Why are humans not just great apes? In C. Pasternak (Ed.), *What makes us human?* (pp. 37 - 48). Oxford: Oneworld.

Dunbar, R. I. M. (2010). The social role of touch in humans and primates: Behavioural function and neurobiological mechanisms. *Neuroscience and Biobehavioral Reviews*, *34*, 260 - 268.

Dunn, M., et al. (2011). Evolved structure of language shows lineage-specific trends in word-order universals. *Nature*, *473*, 79 - 82.

Eichenbaum, H. , et al. (2005). Episodic recollection in animals:"If it walks like a duck and quacks like a duck...". *Learning and Motivation*, *36*, 190 - 207.

Einstein, A. (1950). Arms can bring no security. *Bulletin of the Atomic Scientist*, *6*, 71.

Elston, G. N. , et al. (2006). Specializations of the granular prefrontal cortex of primates: Implications for cognitive processing. *Anatomical Record Part a-Discoveries in Molecular Cellular and Evolutionary Biology*, *288A*, 26 - 35.

Emery, N. J. , & Clayton, N. S. (2004). The mentality of crows: Convergent evolution of intelligence in corvids and apes. *Science*, *306*, 1903 - 1907.

Enard, W. , et al. (2002). Molecular evolution of FOXP2, a gene involved in speech and language. *Nature*, *418*, 869 - 872.

Epstein, R. , et al. (1981). "Self-awareness" in the pigeon. *Science*, *212*, 695 - 696.

Evans, N. , & Levinson, S. C. (2009). The myth of language universals: Language diversity and its importance for cognitive science. *Behavioral and Brain Sciences*, *32*, 429 - + .

Evans, T. A. , & Beran, M. J. (2007). Chimpanzees use self-distraction to cope with impulsivity. *Biology Letters*, *3*, 599 - 602.

Everett, D. L. (2005). Cultural constraints on grammar and cognition in Piraha-Another look at the design features of human language. *Current Anthropology*, *46*, 621 - 646.

Fabre, J. H. (1915). *The hunting wasps*. New York: Dodd, Mead, and Company.

Falk, D. (1990). Brain evolution in homo-The radiator theory. *Behavioral and Brain Sciences*, *13*, 333 - 343.

Fehr, E. , et al. (2008). Egalitarianism in young children. *Nature*, *454*, 1079 - U1022.

Fehr, E. , & Fischbacher, U. (2003). The nature of human altruism. *Nature*, *425*, 785 - 791.

Fehr, E. , & Fischbacher, U. (2004). Third-party punishment and social norms. *Evolution and Human Behavior*, *25*, 63 - 87.

Feldman, R. (2012). Oxytocin and social affiliation in humans. *Hormones and Behavior*, *61*, 380 - 391.

Feldman, R., et al. (2006). Microregulatory patterns of family interactions: Cultural pathways to toddlers' self-regulation. *Journal of Family Psychology*, *20*, 614 - 623.

Ferrari, P. F., et al. (2006). Neonatal imitation in rhesus macaques. *PLoS Biology*, *4*, 1501 - 1508.

Fiorito, G., & Scotto, P. (1992). Observational learning in octopus vulgaris. *Science*, *256*, 545 - 547.

Fitch, W. T. (2000). The evolution of speech: a comparative review. *Trends in Cognitive Sciences*, *4*, 258 - 265.

Fitch, W. T., & Hauser, M. D. (2004). Computational constraints on syntactic processing in a nonhuman primate. *Science*, *303*, 377 - 380.

Flannery, T. (1994). *The future eaters: an ecological history of the Australian lands and people*. New York: Grove Press.

Flavell, J. H. (1963). *The developmental psychology of Jean Piaget*. New York: D. van Nostrand.

Flavell, J. H., et al. (1983). Development of the appearance-reality distinction. *Cognitive Psychology*, *15*, 95 - 120.

Flemming, T. M., et al. (2008). What meaning means for same and different: Analogical reasoning in humans (Homo sapiens), chimpanzees (Pan troglodytes), and rhesus monkeys (Macaca mulatta). *Journal of Comparative Psychology*, *122*, 176 - 185.

Flombaum, J. I., & Santos, L. R. (2005). Rhesus monkeys attribute perceptions to others. *Current Biology*, *15*, 1 - 20.

Flynn, J. R. (2000). IQ gains, WISC subtests and fluid g: g theory and the relevance of Spearman's hypothesis to race. In G. R. Bock, et al. (Eds.), *The nature of intelligence* (pp. 202 - 227). Chichester: Wiley.

Fossey, D. (1982). *Gorillas in the mist*. Boston: Hougthon Mifflin.

Foster, D. J., & Wilson, M. A. (2006). Reverse replay of behavioural sequences in hippocampal place cells during the awake state. *Nature*, *440*, 680 - 683.

Fouts, R. (1997). *Next of kin*. New York: William Morrow.

Friedman, W. J. (2005). Developmental and cognitive perspectives on humans' sense of the times of past and future events. *Learning and*

Motivation, *36*, 145 - 158.

Gagnon, S., & Dore, F. Y. (1994). Cross-sectional study of object permanence in domestic puppies (Canis familiaris) *Journal of Comparative Psychology*, *108*, 220 - 232.

Galdikas, B. M. F. (1980). Living with the great orange apes. *National Geographic*, *157*, 830 - 853.

Gallup, G. G. (1970). Chimpanzees: Self recognition. *Science*, *167*, 86 - 87.

Gallup, G. G. (1998). Self-awareness and the evolution of social intelligence. *Behavioural Processes*, *42*, 239 - 247.

Garcia, J., et al. (1966). Learning with prolonged delay of reinforcement. *Psychonomic Science*, *5*, 121 - 122.

Garcia, J., & Koelling, R. (1966). Relation of cue to consequence in avoidence learning. *Psychonomic Science*, *4*, 123 - 124.

Gardner, H. (1993). *Multiple intelligences*. New York: Basic Books.

Garland, E. C., et al. (2011). Dynamic horizontal cultural transmission of humpback whale song at the ocean basin scale. *Current Biology*, *21*, 687 - 691.

Garrod, S., et al. (2007). Foundations of representation: Where might graphical symbol systems come from? *Cognitive Science*, *31*, 961 - 987.

Geissmann, T. (2002). Taxonomy and evolution of gibbons. *Primatology and Anthropology*, *11*, 28 - 31.

Gentner, T. Q., et al. (2006). Recursive syntactic pattern learning by songbirds. *Nature*, *440*, 1204 - 1207.

Gergely, G., et al. (2002). Rational imitation in preverbal infants. *Nature*, *415*, 755.

Gerrans, P. (2007). Mental time travel, somatic markers and "myopia for the future". *Synthese*, *159*, 459 - 474.

Gibbons, A. (2008). The birth of childhood. *Science*, *322*, 1040 - 1043.

Gibbons, A. (2011). African data bolster new view of modern human origins. *Science*, *334*, 167 - 167.

Gilbert, D. T. (2006). *Stumbling on happiness*. New York: A. A. Knopf.

Gilbert, D. T., & Wilson, T. D. (2007). Prospection: Experiencing the future. *Science*, *317*, 1351 - 1354.

Gilbert, W. S., & Sullivan, A. S. (2010). *The Complete Plays of Gilbert and Sullivan*: Wildside Press.

Gilby, I. C. (2006). Meat sharing among the Gombe chimpanzees: harassment and reciprocal exchange. *Animal Behaviour*, *71*,953 - 963.

Gillan, D. J., et al. (1981). Reasoning in the chimpanzee. *Journal of Experimental Psychology-Animal Behavior Processes*, 7,1 - 17.

Glickman, S., & Sroges, R. (1966). Curiosity in zoo animals. *Behaviour*, *26*,151 - 187.

Gomes, C. M., & Boesch, C. (2009). Wild chimpanzees exchange meat for sex on a long-term basis. *PLoS ONE*, *4*,6.

Goodall, J. (1964). Tool using and aimed throwing in community of free living chimpanzees. *Nature*, *201*,1264 - &.

Goodall, J. (1986). "*The chimpanzees of Gombe*": *Patterns of behaviour*. Cambridge: Harvard University Press.

Gopnik, A. (1993). How we know our minds: The illusion of first person knowledge of intentionality. *Behavioural and Brain Sciences*, *16*,1 - 14.

Gopnik, A. (2012). Scientific thinking in young children: theoretical advances, empirical research, and policy implications. *Science* (*New York*, *N. Y.*), *337*,1623 - 1627.

Gopnik, A., & Astington, J. W. (1988). Children's understanding of representational change and its relation to the understanding of false belief and the appearance-reality distinction. *Child Development*, *59*,26 - 37.

Gordon, R. (1996). 'Radical' simulationism *Theories of Theories of Mind* (pp. 11 - 21). Cambridge: Cambridge University Press.

Goren-Inbar, N., et al. (2004). Evidence of hominin control of fire at Gesher Benot Ya'aqov, Israel. *Science*, *304*,725 - 727.

Gottfredson, L. S. (1997). Why g matters: The complexity of everyday life. *Intelligence*, *24*,79 - 132.

Gould, S. J. (1978). *Ontogeny and Phylogeny*. Boston, Massachusetts: Belknap.

Gould, S. J., & Eldredge, N. (1977). Puncutuated equilibria: the tempo and mode of evolution reconsidered. *Paleobiology*, *3*,115 - 151.

Graves, R. R., et al. (2010). Just how strapping was KNM-WT 15000? *Journal of Human Evolution*, *59*,542 - 554.

Green, R. E., et al. (2010). A draft sequence of the Neandertal genome.

Science, *328*, 710 - 722.

Grice, H. P. (1989). *Studies in the way of words*. Cambridge, Ma: Harvard University Press.

Groves, C. P. (1989). *A theory of human and primate evolution*. Oxford: Clarendon Press.

Groves, C. P. (2012a). Speciation in hominin evolution. In S. C. Reynolds & A. Gallagher (Eds.), *African genesis: perspectives on hominin evolution*. [*Cambridge Studies in Biological and Evolutionary Anthropology 62*.] (pp. 45 - 62). Cambridge: Cambridge University Press.

Groves, C. P. (2012b). Species Concept in Primates. *American Journal of Primatology*, *74*, 687 - 691.

Grun, R., et al. (2005). U-series and ESR analyses of bones and teeth relating to the human burials from Skhul. *Journal of Human Evolution*, *49*, 316 - 334.

Guinet, C., & Bouvier, J. (1995). Development of intentional stranding hunting techniques in killer whale (Ornicus orca) calves at Crozet Archipelago. *Canadian Journal of Zoology-Revue Canadienne De Zoologie*, *73*, 27 - 33.

Gupta, A. S., et al. (2010). Hippocampal Replay Is Not a Simple Function of Experience. *Neuron*, *65*, 695 - 705.

Gurven, M., & Kaplan, H. (2007). Longevity among hunter-gatherers: A cross-cultural examination. *Population and Development Review*, *33*, 321 - 365.

Haidt, J. (2007). The new synthesis in moral psychology. *Science*, *316*, 998 - 1002.

Haile-Selassie, Y. (2001). Late Miocene hominids from the Middle Awash, Ethiopia. *Nature*, *412*, 178 - 181.

Haile-Selassie, Y., et al. (2012). A new hominin foot from Ethiopia shows multiple Pliocene bipedal adaptations. *Nature*, *483*, 565 - 569.

Halford, G. S., et al. (2007). Separating cognitive capacity from knowledge: a new hypothesis. *Trends in Cognitive Sciences*, *11*, 236 - 242.

Halford, G. S., et al. (1998). Processing capacity defined by relational complextity: Implications for comparative, developmental and cognitive psychology. *Behavioral and Brain Sciences*, *21*, 803 - 864.

Hamann, K., et al. (2011). Collaboration encourages equal sharing in children but not in chimpanzees. *Nature*, *476*, 328 - 331.

Hamilton, W. D. (1964). The genetical evolution of social behaviour *Journal of Theoretical Biology*, 7, 1 - 52.

Hamlin, J. K., et al. (2007). Social evaluation by preverbal infants. *Nature*, *450*, 557 - U513.

Hammer, M. F., et al. (2011). Genetic evidence for archaic admixture in Africa. *Proceedings of the National Academy of Sciences of the United States of America*, *108*, 15123 - 15128.

Hare, B., et al. (2000). Chimpanzees know what conspecifics do and do not see. *Animal Behaviour*, *59*, 771 - 785.

Hare, B., et al. (2001). Do chimpanzees know what conspecifics know? *Animal Behaviour*, *61*, 139 - 151.

Hare, B., et al. (2006). Chimpanzees deceive a human competitor by hiding. *Cognition*, *101*, 495 - 514.

Hare, B., & Tomasello, M. (2004). Chimpanzees are more skilful in competitive than in cooperative cognitive tasks. *Animal Behaviour*, *68*, 571 - 581.

Hare, B., et al. (2012). The self-domestication hypothesis: evolution of bonobo psychology is due to selection against aggression. *Animal Behaviour*, *83*, 573 - 585.

Harman, O. S. (2010). *The Price of altruism: George price and the search for the origins of kindness*. New York: WWW Norton.

Harris, P. L., et al. (1996). Children's use of counterfactual thinking in causal reasoning. *Cognition*, *61*, 233 - 259.

Hart, D., & Sussman, R. W. (2005). *Man the hunted*. Boulder: Westview Press.

Haun, D. B. M., & Call, J. (2008). Imitation recognition in great apes. *Current Biology*, *18*, R288 - R290.

Hauser, M. D. (1996). *The evolution of communication*. Cambridge, MA: MIT Press.

Hauser, M. D., et al. (2002). The faculty of language: What is it, who has it, and how did it evolve? *Science*, *298*, 1569 - 1579.

Hauser, M. D., & Marler, P. (1993). Food associated calls in rhesus macaques (Macaca mulatta). *Behavioral Ecology*, *4*,206 - 212.

Hawkes, K. (2003). Grandmothers and the evolution of human longevity. *American Journal of Human Biology*, *15*,380 - 400.

Hayes, C. (1951). *The ape in our house*. New York: Harper.

Hayes, K. J., & Hayes, C. (1952). Imitation in a home-raised chimpanzee. *Journal of Comparative and Physiological Psychology*, *45*,450 - 459.

Hazlitt, W. (1805). *Essay on the principles of human action and some remarks on the systems of Hartley and Helvetius*. London: J. Johnson.

Heinrich, B. (1995). An experimental investigation of insight in Common Ravens (Corvus corax). *Auk*, *112*,994 - 1003.

Henrich, J., et al. (2006). Costly punishment across human societies. *Science*, *312*,1767 - 1770.

Herculano-Houzel, S. (2009). The human brain in numbers: a linearly scaled-up primate brain. *Frontiers in Human Neuroscience*, *3*,1 - 11.

Herman, L. (2004). Vocal, social and self-imitation by bottlenosed dolphins. *Imitation in Animals and Artifacts*.

Herman, L. M., et al. (1993). Representational and conceptual skills of dolphins. In H. L. Roitblat, L. M. Herman, & P. E. Nachtigall (Ed.), *Language and communication: comparative perspectives* (pp. 403 - 442). Hillsdale, NJ: Erlbaum.

Herrmann, E., et al. (2007). Humans have evolved specialized skills of social cognition: The cultural intelligence hypothesis. *Science*, *317*, 1360 - 1366.

Herschel, J. (1830). *A preliminary discourse on the study of natural philosophy*. London.

Hewstone, M., et al. (2002). Intergroup bias. *Annual Review of Psychology*, *53*,575 - 604.

Heyes, C. M. (1994). Reflections on self-recognition in primates. *Animal Behaviour*, *47*,909 - 919.

Heyes, C. M. (1998). Theory of mind in nonhuman primates. *Behavioral and Brain Sciences*, *21*,101 - 134.

Hill, A., et al. (2011). Inferential reasoning by exclusion in great apes, lesser apes, and spider monkeys. *Journal of Comparative Psychology*, *125*,91 - 103.

Hill, K., et al. (2009). The emergence of human uniqueness: Characters underlying behavioral modernity. *Evolutionary Anthropology*, *18*, 187–200.

Hofreiter, M., et al. (2010). Vertebrate DNA in Fecal Samples from Bonobos and Gorillas: Evidence for Meat Consumption or Artefact? *Plos One*, *5*, e9419.

Holdaway, R. N., & Jacomb, C. (2000). Rapid extinction of the moas (Aves: Dinorinthiformes): Model, test, and implications. *Science*, *287*, 2250–2254.

Holden, C. (2005). Time's up on time travel. *Science*, *308*, 1110.

Holloway, R. L. (2008). The Human Brain Evolving: A Personal Retrospective *Annual Review of Anthropology* (Vol. 37, pp. 1–19). Palo Alto: Annual Reviews.

Holmes, R. (2008). *The age of wonder: How the romantic generation discovered the beauty and terror of science*. London: Harper Press.

Holzhaider, J. C., et al. (2010). The development of pandanus tool manufacture in wild New Caledonian crows. *Behaviour*, *147*, 553–586.

Hoppitt, W. J. E., et al. (2008). Lessons from animal teaching. *Trends in Ecology & Evolution*, *23*, 486–493.

Horner, V., et al. (2011). Spontaneous prosocial choice by chimpanzees. *Proceedings of the National Academy of Sciences of the United States of America*, *108*, 13847–13851.

Horner, V., et al. (2010). Prestige affects cultural learning in chimpanzees. *Plos One*, *5*.

Horner, V., & Whiten, A. (2005). Causal knowledge and imitation/emulation switching in chimpanzees (Pan trogiodytes) and children (Homo sapiens). *Animal Cognition*, *8*, 164–181.

Huffman, M. A. (1997). Current evidence for self-medication in primates: A multidisciplinary perspective *Yearbook of Physical Anthropology* (Vol. 40, pp. 1–30). Japan: Wiley-Liss.

Humphrey, N. (1976). The social function of intellect. In P. P. G. Bateson & R. A. Hinde (Eds.), *Growing Points in Ethology* (pp. 303–313). Cambridge: Cambridge University Press.

Hunt, G., & Gray, R. (2003). Diversification and cumulative evolution in

New Caledonian crow tool manufacture. *Proceedings of the Royal Society of London, Series B-Biological Sciences*, *270*,867 - 874.

Huttenlocher, P. R. (1990). Morphometric study of human cerebral cortex development. *Neuropsychologia*, *28*,517 - 527.

Huxley, A. (1943). The Desert Boundlessness and emptiness *Collected essays*: Crown Publishers.

Hyatt, C. W. (1998). Responses of gibbons (Hylobates lar) to their mirror images. *American Journal of Primatology*, *45*,307 - 311.

Inoue, S., & Matsuzawa, T. (2007). Working memory of numerals in chimpanzees. *Current Biology*, *17*, R1004 - R1005.

Isanski, B., & West, C. (2010). The body of knowledge. Understanding embodied cognition. *Observer*, *23*,13 - 18.

Jackendoff, R., & Pinker, S. (2005). The nature of the language faculty and its implications for evolution of language. *Cognition*, *97*,211 - 225.

James, W. (1890). *The principles of psychology*. London: Macmillan.

Jantz, R. L. (2001). Cranial change in Americans: 1850 - 1975. *Journal of Forensic Sciences*, *46*,784 - 787.

Jerison, H. J. (1973). *The evolution of the brain and intelligence*. New York: Acedemic Press.

Johanson, D. C. (2004). Lucy, thirty years later: An expanded view of a ustralopithecus afarensis. *Journal of Anthropological Research*, *60*, 465 - 486.

Johnson, A., & Redish, A. D. (2007). Neural ensembles in CA3 transiently encode paths forward of the animal at a decision point. *Journal of Neuroscience*, *27*,12176 - 12189.

Johnson, C. R., & McBrearty, S. (2010). 500,000 year old blades from the Kapthurin Formation, Kenya. *Journal of Human Evolution*, *58*,193 - 200.

Jones, B. W., & Nishiguchi, M. K. (2004). Counterillumination in the hawaiian bobtail squid, Euprymna scolopes Berry (Mollusca: Cephalopoda). *Marine Biology*, *144*,1151 - 1155.

Kaertner, J., et al. (2012). The development of mirror self-recognition in different sociocultural contexts. *Monographs of the Society for Research in Child Development*, 77,1 - 101.

Kafka, F. (1917). Ein Bericht fur eine Akademie. *Der Jude*, *2*,559 – 565.

Kaminski, J., et al. (2004). Word learning in a doestic dog: Evidence for "fast mapping". *Science*, *5677*,1682 – 1683.

Kaminski, J., et al. (2008). Chimpanzees know what others know, but not what they believe. *Cognition*, *109*,224 – 234.

Kana, R. K., et al. (2011). A systems level analysis of the mirror neuron hypothesis and imitation impairments in autism spectrum disorders. *Neuroscience and Biobehavioral Reviews*, *35*,894 – 902.

Karlsson, M. P., & Frank, L. M. (2009). Awake replay of remote experiences in the hippocampus. *Nature Neuroscience*, *12*,913 – U132.

Kawai, M. (1965). Newly-acquired pre-cultural behaviour of the natural troop of Japanese monkeys on Koshima Islets. *Primates*, *6*,1 – 30.

Kawai, N., & Matsuzawa, T. (2000). Numerical memory span in a chimpanzee. *Nature*, *403*,39 – 40.

Keeley, L. H. (1996). *War Before Civilization*. London: Oxford University Press.

Kivell, T. L., & Schmitt, D. (2009). Independent evolution of knuckle-walking in African apes shows that humans did not evolve from a knuckle-walking ancestor. *Proceedings of the National Academy of Sciences of the United States of America*, *106*,14241 – 14246.

Klee, E., et al. (1991). "*The good old days"-the holocaust as seen by its perpetrators and bystanders*. New York: Free Press.

Klein, S. B., et al. (2002). Memory and temporal experience: The effects of episodic memory loss on an amnesic patient's ability to remember the past and imagine the future. *Social Cognition*, *20*,353 – 379.

Kohlberg, L. (1963). Development of children's orientation toward a moral order. *Vita Humana*, *6*,11 – &.

Köhler, W. (1917/1925). *The mentality of apes*. London: Routledge & Kegan Paul.

Korsgaard, C. (2009). Morality and the distinctiveness of human action. In F. B. M. de Waal (Ed.), *Primates and philosophers* (pp. 98 – 119). Princeton: Princeton University Press.

Krachun, C., et al. (2009). Can chimpanzees (Pan troglodytes) discriminate appearance from reality? *Cognition*, *112*,435 – 450.

Krachun, C. , et al. (2009). A competitive nonverbal false belief task for children and apes. *Developmental Science*, *12*,521 - 535.

Krause, J. , et al. (2010). The complete mitochondrial DNA genome of an unknown hominin from southern Siberia. *Nature*, *464*,894 - 897.

Krause, J. , et al. (2007). The derived FOXP2 variant of modern humans was shared with neandertals. *Current Biology*, *17*,1908 - 1912.

Krause, J. , et al. (2007). Neanderthals in central Asia and Siberia. *Nature*, *449*,902 - 904.

Kuhlmeier, V. A. , & Boysen, S. T. (2002). Chimpanzees (Pan troglodytes) recognize spatial and object correspondences between a scale model and its referent. *Psychological Science*, *13*,60 - 63.

Kundera, M. (1990). *Immortality*: HarperCollins.

Lahdenpera, M. , et al. (2004). Fitness benefits of prolonged post-reproductive lifespan in women. *Nature*, *428*,178 - 181.

Lalueza-Fox, C. , et al. (2007). A melanocortin 1 receptor allele suggests varying pigmentation among neanderthals. *Science*, *318*,1453 - 1455.

Lancaster, J. B. , & Lancaster, C. S. (1983). Parental investment: The hominid adaptation. In D. J. Ortner (Ed.), *How human adapt: A biocultural odyssey*. Washington: Smithsonian Institution.

Langdon, J. H. (2006). Has an aquatic diet been necessary for hominin brain evolution and functional development? *British Journal of Nutrition*, *96*,7 - 17.

Langley, M. C. , et al. (2008). Behavioural complexity in eurasian neanderthal populations: a chronological examination of the archaeological evidence. *Cambridge Archaeological Journal*, *18*,289 - 307.

Larick, R. , & Ciochon, R. L. (1996). The African emergence and early asian dispersals of the genus *Homo*. *American Scientist*, *84*,538 - 551.

Lea, S. E. G. (2001). Anticipation and memory as criteria for special welfare consideration. *Animal Welfare*, *10*, S195 - 208.

Leakey, L. S. B. , et al. (1964). New specia of genus Homo from Olduvai gorge. *Nature*, *202*,7 - &.

Leakey, M. D. , & Hay, R. L. (1979). Pliocene footprints in the Lawtolil beds at Laetoli, Northern Tanzania. *Nature*, *278*,317 - 323.

Leakey, M. G. , et al. (2001). New hominin genus from eastern Africa shows diverse middle Pliocene lineages. *Nature*, *410*,433 - 440.

Leaver, L. A. , et al. (2007). Audience effects on food caching in grey squirrels (Sciurus carolinensis): evidence for pilferage avoidance strategies. *Animal Cognition*, *10*,23 - 27.

Lebel, C. , et al. (2012). Diffusion tensor imaging of white matter tract evolution over the lifespan. *NeuroImage*, *60*,340 - 352.

Lepre, C. J. , et al. (2011). An earlier origin for the Acheulian. *Nature*, *477*,82 - 85.

Leslie, A. M. (1987). Pretense and representation in infancy: The origins of "theory of mind". *Psychological Review*, *94*,412 - 426.

Lethmate, J. , & Dücker, G. (1973). Untersuchungen zum Selbsterkennen im Spiegel bei Orang-Utans und einigen anderen Affenarten [Investigations into self-recognition in orangutans and some other apes]. *Zeitschrift fur Tierpsychologie*, *33*,248 - 269.

Levinson, S. C. , & Gray, R. D. (2012). Tools from evolutionary biology shed new light on the diversification of languages. *Trends in Cognitive Sciences*, *16*,167 - 173.

Lewis, M. , & Ramsay, D. (2004). Development of self-recognition, personal pronoun use, and pretend play during the 2nd year. *Child Development*, *75*,1821 - 1831.

Lewis, M. , et al. (1989). Self development and self-conscious emotions. *Child Development*, *60*,146 - 156.

Lieberman, P. (1991). *Uniquely human: The evolution of speech, thought and selfless behaviour*: Harvard University Press.

Lindsay, W. L. (1880). New York: Appelton and Co.

Linneaeus, C. (1758). *Systema Naturae* (*10th edition*). Stockholm: Laurentii Sylvii.

Liszkowski, U. , et al. (2004). Twelve-month-olds point to share attention and interest. *Developmental Science*, 7,297 - 307.

Liszkowski, U. , et al. (2009). Prelinguistic Infants, but not Chimpanzees, communicate about absent entities. *Psychological Science*, *20*,654 - 660.

Locke, J. L. , & Bogin, B. (2006). Language and life history: A new perspective on the development and evolution of human language. *Behavioral and Brain Sciences*, *29*,259 - 280.

Loftus, E. F. (1992). When a lie becomes memory's truth: Memory distortion after exposure to misinformation. *Current Directions in Psychological Science*, *1*, 121 - 123.

Lombard, M. (2012). Thinking through the Middle Stone Age of sub-Saharan Africa. *Quaternary International*, *270*, 140 - 155.

Lordkipanidze, D., et al. (2005). The earliest toothless hominin skull. *Nature*, *434*, 717 - 718.

Luna, B., et al. (2004). Maturation of cognitive processes from late childhood to adulthood. *Child Development*, *75*, 1357 - 1372.

Lyn, H., et al. (2008). Precursors of morality in the use of the symbols "good" and "bad" in two bonobos (Pan paniscus) and a chimpanzee (Pan troglodytes). *Language & Communication*, *28*, 213 - 224.

Lyn, H., et al. (2011). Nonhuman primates do declare! A comparison of declarative symbol and gesture use in two children, two bonobos, and a chimpanzee. *Language & Communication*, *31*, 63 - 74.

Madsen, E. A., et al. (2007). Kinship and altruism: A cross-cultural experimental study. *British Journal of Psychology*, *98*, 339 - 359.

Mahajan, N., et al. (2011). The Evolution of Intergroup Bias: Perceptions and Attitudes in Rhesus Macaques. *Journal of Personality and Social Psychology*, *100*, 387 - 405.

Martinez, I., et al. (2008). Human hyoid bones from the middle Pleistocene site of the Sima de los Huesos (Sierra de Atapuerca, Spain). *Journal of Human Evolution*, *54*, 118 - 124.

Mäthger, L. M., et al. (2009). Do cephalopods communicate using polarized light reflections from their skin? *Journal of Experimental Biology*, *212*, 2133 - 2140.

Matsuzawa, T. (2009). Symbolic representation of number in chimpanzees. *Current Opinion in Neurobiology*, *19*, 92 - 98.

Maynard, A. E. (2002). Cultural teaching: The development of teaching skills in Maya sibling interactions. *Child Development*, *73*, 969 - 982.

McAuliffe, K. (2010). If modern humans are so smart, why are our brains shrinking? *Discover Magazine*, *September*.

McDaniel, M. A. (2005). Big-brained people are smarter: A meta-analysis of the relationship between in vivo brain volume and intelligence. *Intellig-*

ence, *33*,337 - 346.

McDougall, I. , et al. (2005). Stratigraphic placement and age of modern humans from Kibish, Ethiopia. *Nature*, *433*,733 - 736.

McHenry, H. M. , & Coffing, K. (2000). Australopithecus to Homo: Transformations in body and mind. *Annual Review of Anthropology*, *29*,125 - 146.

McIlwain, D. (2003). Bypassing empathy: A machiavellian theory of mind and sneaky power. In B. Repacholi & V. P. Slaughter (Eds.), *Individual differences in theory of mind* (pp. 39 - 66). New york: Psychology Press.

McPherron, S. P. , et al. (2010). Evidence for stone-tool-assisted consumption of animal tissues before 3. 39 million years ago at Dikika, Ethiopia. *Nature*, *466*,857 - 860.

Mealey, L. (1995). The sociobiology of sociopathy-An integrated evolutionary model. *Behavioral and Brain Sciences*, *18*,523 - 541.

Melis, A. P. , et al. (2006a). Chimpanzees recruit the best collaborators. *Science*, *311*,1297 - 1300.

Melis, A. P. , et al. (2006b). Engineering cooperation in chimpanzees: tolerance constraints on cooperation. *Animal Behaviour*, *72*,275 - 286.

Melis, A. P. , et al. (2008). Do chimpanzees reciprocate received favours? *Animal Behaviour*, *76*,951 - 962.

Mellars, P. (2006). Going east: New genetic and archaeological perspectives on the modern human colonization of Eurasia. *Science*, *313*,796 - 800.

Meltzoff, A. , N. (1995). Understanding the intentions of others: Re-enactment of intended acts by 18-month-old children. *Developmental Psychology*, *31*,838 - 850.

Meltzoff, A. N. (1988). Infant imitation and memory: Nine-month-olds and immediate and deferred tests. *Child Development*, *59*,217 - 225.

Meltzoff, A. N. , & Moore, M. K. (1977). Imitation of facial and manual gestures by human neonates. *Science*, *198*,75 - 78.

Mendes, N. , et al. (2007). Raising the level: orangutans use water as a tool. *Biology Letters*, *3*,453 - 455.

Menzel, E. (2005). Progress in the study of chimpanzee recall and episodic memory. In H. S. Terrace & J. Metcalfe (Eds.), *The missing link in cognition* (pp. 188 - 224). Oxford: Oxford University Press.

Mercader, J. , et al. (2007). 4300-year-old chimpanzee sites and the orig-ins of percussive stone technology. *Proceedings of the National Acad-emy of Sciences of the United States of America*, *104*, 3043 - 3048.

Mesoudi, A. , et al. (2006). Towards a unified science of cultural evolution. *Behavioral and Brain Sciences*, *29*, 329 - + .

Mikhail, J. (2007). Universal moral grammar: theory, evidence and the future. *Trends in Cognitive Sciences*, *11*, 143 - 152.

Miles, H. L. , et al. (1996). Simon says: The development of imitation in an enculturated orangutan. In A. E. Russon, S. T. Parker, & K. A. Bard (Ed.), *Reaching into thought: The minds of the great apes* (pp. 278 - 299). Cambridge: Cambridge University Press.

Miller, G. A. (2003). The cognitive revolution. *Trends in Cognitive Scie-nces*, 7, 141 - 144.

Miller, G. F. (1998). How mate choice shaped human nature: A review of sexual selection and human evolution. *Handbook of Evolutionary Psyc-hology*, 87 - 129.

Milot, E. , et al. (2011). Evidence for evolution in response to natural selection in a contemporary human population. *Proceedings of the National Academy of Sciences of the United States of America*, *108*, 17040 - 17045.

Mischel, W. , et al. (1989). Delay of gratification in children. *Science*, *244*, 933 - 938.

Mitchell, A. , et al. (2009). Adaptive prediction of environmental changes by microorganisms. *Nature*, *460*, 220 - U280.

Mitchell, R. W. , & Anderson, J. R. (1993). Discrimination-Learning of Scratching, but Failure to Obtain Imitation and Self-Recognition in a Long-Tailed Macaque. *Primates*, *34*, 301 - 309.

Moore, C. (2006). *The development of common sense psychology*. Mahaw-ah, NJ: Lawrence Erlbaum Associates.

Moore, C. (2013). Homology through development of triadic interaction and language. *Developmental Psychobiology*, *55*, 59 - 66.

Morete, M. E. , et al. (2003). A novel behavior observed in humpback whales on wintering grounds at Abrolhos Bank (Brazil). *Marine Mam-*

mal Science, *19*,694 - 707.

Morgan, E. (1982). *The aquatic ape. A theory of human evolution*: Stein & Day.

Mulcahy, N. J., & Call, J. (2006). Apes save tools for future use. *Science*, *312*,1038 - 1040.

Mulcahy, N. J., & Call, J. (2009). The Performance of Bonobos (Pan paniscus), Chimpanzees (Pan troglodytes), and Orangutans (Pongo pygmaeus) in Two Versions of an Object-Choice Task. *Journal of Comparative Psychology*, *123*,304 - 309.

Mulcahy, N. J., et al. (2005). Gorillas (*Gorilla gorilla*) and orangutans (*Pongo pygmaeus*) encode relevant problem features in a tool-using task. *Journal Comparative Psychology*, *119*,23 - 32.

Mulcahy, N. J., et al. (2013). Orangutans (Pongo pygmaeus and Pongo abelii) understand connectivity in the skewered grape tool task. *Journal of Comparative Psychology*, *127*,109 - 113.

Mulcahy, N. J., & Suddendorf, T. (2011). An obedient orangutan (Pongo abelii) performs perfectly in peripheral object-choice tasks but fails the standard centrally presented versions. *Journal of Comparative Psychology*, *125*,112 - 115.

Murray, C. M., et al. (2007). New case of intragroup infanticide in the chimpanzees of Gombe National Park. *International Journal of Primatology*, *28*,23 - 37.

Myowa-Yamakoshi, M., et al. (2004). Imitation in neonatal chimpanzees (Pan troglodytes). *Developmental Science*, *7*,437 - 442.

Naqshbandi, M., & Roberts, W. A. (2006). Anticipation of future events in squirrel monkeys (Saimiri sciureus) and rats (Rattus norvegicus): Tests of the Bischof-Kohler hypothesis. *Journal of Comparative Psychology*, *120*,345 - 357.

Neisser, U. (1997). The roots of self-knowledge. In J. G. Snodgrass & R. L. Thompson (Eds.), *The self across psychology* (Vol. 818, pp. 19 - 33): New York Academy of Sciences.

Neisser, U., et al. (1996). Intelligence: Knowns and unknowns. *American Psychologist*, *51*,77 - 101.

Nelson, K. D., & Fivush, R. (2004). The emergence of autobiographical memory: A social cultural developmental theory. *Psychological Review*, *111*, 486–511.

Nesse, R. M., & Berridge, K. C. (1997). Psychoactive drug use in evolutionary perspective. *Science*, *278*, 63–66.

Nielsen, M. (2006). Copying actions and copying outcomes: Social learning through the second year. *Developmental Psychology*, *42*, 555–565.

Nielsen, M., et al. (2005). Imitation recognition in a captive chimpanzee (Pan troglodytes). *Animal Cognition*, *8*, 31–36.

Nielsen, M., & Dissanayake, C. (2004). Pretend play, mirror self-recognition and imitation: A longitudinal investigation through the second year. *Infant Behavior and Development*, *27*, 342–365.

Nielsen, M., et al. (2006). Mirror self-recognition beyond the face. *Child Development*, *77*, 176–185.

Nielsen, M., & Tomaselli, K. (2010). Overimitation in Kalahari Bushman Children and the Origins of Human Cultural Cognition. *Psychological Science*, *21*, 729–736.

Nimchinsky, E. A., et al. (1999). A neuronal morphologic type unique to humans and great apes. *Proceedings of the National Academy of Sciences of the United States of America*, *96*, 5268–5273.

Noack, R. A. (2012). Solving the "human problem": The frontal feedback model. *Consciousness and Cognition*.

Noad, M. J., et al. (2000). Cultural revolution in whale songs. *Nature*, *408*, 537.

O'Connell, J. F., et al. (1999). Grandmothering and the evolution of Homo erectus. *Journal of Human Evolution*, *36*, 461–485.

O'Neill, D. K., et al. (1992). Young children's understanding of the role that sensory experiences play in knowledge acquisition. *Child Development*, *63*, 474–490.

Oberauer, K., et al. (2005). Working memory and intelligence-Their correlation and their relation. *Psychological Bulletin*, *131*, 61–65.

Oberauer, K., et al. (2008). Which working memory functions predict intelligence? *Intelligence*, *36*, 641–652.

Onishi, K. H., & Baillargeon, R. (2005). Do 15-month-old infants understand false beliefs? *Science*, *308*, 255–258.

Ostrom, E. (2009). Beyond markets and states: Polycentric governance of complex economic systems. *Nobel Prize Lectures*. Retrieved from http://www.nobelprize.org/nobel_prizes/economics/laureates/2009/ostrom-lecture.html

Osvath, M. (2009). Spontaneous planning for future stone throwing by a male chimpanzee. *Current Biology*, *19*, R190 - R191.

Osvath, M., & Osvath, H. (2008). Chimpanzee (*Pan troglodytes*) and orangutan (*Pongo abelii*) forethought: self-control and pre-experience in the face of future tool use. *Animal Cognition*, *11*, 661 - 674.

Oxnard, C., et al. (2010). Post-cranial skeletons of hypothyroid cretins show a similar anatomical mosaic as Homo floresiensis. *PLoS ONE*, *5*, e13018.

Parker, C. E. (1974). The antecedents of man the manipulator. *Journal of Human Evolution*, *3*, 493 - 500.

Parr, L. A. (2001). Cognitive and physiological markers of emotional awareness in chimpanzees (Pan troglodytes). *Animal Cognition*, *4*, 223 - 229.

Patterson, F. (1991). Self-awareness in the gorilla Koko. *Gorilla*, *14*, 2 - 5.

Patterson, F., & Linden, E. (1981). *The education of Koko*. New York: Holt, Rinehart, & Winston.

Patterson, N., et al. (2006). Genetic evidence for complex speciation of humans and chimpanzees. *Nature*, *441*, 1103 - 1108.

Paukner, A., et al. (2009). Capuchin monkeys display affiliation toward humans who imitate them. *Science*, *325*, 880 - 883.

Paus, T., et al. (1999). Structural maturation of neural pathways in children and adolescents: In vivo study. *Science*, *283*, 1908 - 1911.

Penn, D. C., et al. (2008). Darwin's mistake: Explaining the discontinuity between human and nonhuman minds. *Behavioral and Brain Sciences*, *31*, 109 - 178.

Penn, D. C., & Povinelli, D. J. (2007). On the lack of evidence that non-human animals possess anything remotely resembling a 'theory of mind'. *Philosophical Transactions of the Royal Society B-Biological Sciences*, *362*, 731 - 744.

Pepperberg, I. M. (1987). Acquisition of the same different concept by an African Grey Parrot. *Animal Learning & Behavior*, *15*, 423 - 432.

Perner, J. (1991). *Understanding the representational mind*. Cambridge, MA: MIT Press.

Peterson, C. C., et al. (2000). Factors influencing the development of a theory of mind in blind children. *British Journal of Developmental Psychology*, *18*, 431 - 447.

Peterson, C. C., & Siegal, M. (2000). Insights into theory of mind from deafness and autism. *Mind and Language*, *15*, 123 - 145.

Pinker, S. (1994). *The language instinct*. London: Penguin.

Pinker, S. (1997). *How the mind works*. London: Penguin.

Pinker, S. (2010). The cognitive niche: Coevolution of intelligence, sociality, and language. *Proceedings of the National Academy of Sciences of the United States of America*, *107*, 8993 - 8999.

Pinker, S. (2011a). *The better angels of our nature*. New York: Penguin Books.

Pinker, S. (2011b). Representations and decision rules in the theory of self-deception. *Behavioral and Brain Sciences*, *34*, 35 - 37.

Plotnik, J. M., et al. (2006). Self-recognition in an asian elephant. *Proceedings of the National Academy of Sciences of the United States of America*, *103*, 17053 - 17057.

Posada, S., & Colell, M. (2007). Another gorilla recognizes himself in a mirror. *American Journal of Primatology*, *69*, 576 - 583.

Povinelli, D., et al. (1996). Self-recognition in young children using delayed versus live feedback: evidence for a developmental asynchrony. *Child Development*, *67*, 1540 - 1554.

Povinelli, D. J. (2000). *Folk physics for apes*. Oxford: Oxford University Press.

Povinelli, D. J., et al. (2000). Toward a science of other minds: Escaping the argument by analogy. *Cognitive Science*, *24*, 509 - 542.

Povinelli, D. J., & Eddy, T. J. (1996). What young chimpanzees know about seeing. *Monographs of the Society for Research in Child Development*, *61*.

Povinelli, D. J., et al. (1990). Inferences about guessing and knowing by chimpanzees (*Pan troglodytes*). *Journal of Comparative Psychology*, *104*, 203 - 210.

Povinelli, D. J., et al. (1997). Exploitation of pointing as a referential gesture in young children, but not adolescent chimpanzees. *Cognitive Development*, *12*, 327 - 365.

Premack, D. (2007). Human and animal cognition: Continuity and discontinuity. *Proceedings of the National Academy of Sciences*, *104*, 13861 - 13867.

Premack, D., & Woodruff, G. (1978). Does the chimpanzee have a theory of mind? *Behavioral and Brain Sciences*, *1*, 515 - 526.

Preuss, T. M. (2000). What's human about the human brain? In M. S. Gazzaniga (Ed.), *The new cognitive neurosciences* (pp. 1219 - 1234). Cambridge, MA: MIT Press.

Preuss, T. M., et al. (1999). Distinctive compartmental organization of human primary visual cortex. *Proceedings of the National Academy of Sciences of the United States of America*, *96*, 11601 - 11606.

Priel, B., & Deschonen, S. (1986). Self-recognition-A study of a population without mirrors. *Journal of Experimental Child Psychology*, *41*, 237 - 250.

Prior, H., et al. (2008). Mirror-induced behavior in the magpie (pica pica): Evidence of self-recognition. *PLoS Biology*, *6*, 1642 - 1650.

Proffitt, D. (2006). Embodied perception and the economy of action. *Perspectives on Psychological Science*, *1*, 110 - 122.

Pruetz, J. D., & Bertolani, P. (2007). Savanna chimpanzees, Pan troglodytes verus, hunt with tools. *Current Biology*, *17*, 412 - 417.

Radick, G. (2007). *The simian tongue*. Chicago: The University of Chicago Press.

Ramirez Rozzi, F. V., & Bermudez De Castro, J. M. (2004). Surprisingly rapid growth in Neanderthals. *Nature*, *428*, 936 - 939.

Ramirez Rozzi, F. V., et al. (2009). Cutmarked human remains bearing Neandertal features and modern human remains associated with the Aurignacian at Les Rois. *Journal of anthropological sciences = Rivista di antropologia : JASS / Istituto italiano di antropologia*, *87*, 153 - 185.

Range, F., et al. (2009). The absence of reward induces inequity aversion in dogs. *Proceedings of the National Academy of Sciences of the United States of America*, *106*, 340 - 345.

Ranlet, P. (2000). The British, the Indians, and smallpox: What actually happened at Fort Pitt in 1763? *Pennsylvania History*, *67*,427 - 441.

Read, D. W. (2008). Working memory: A cognitive limit to non-human primate recursive thinking prior to hominid evolution. *Evolutionary Psychology*, *6*,676 - 714.

Reader, S. M., & Laland, K. N. (2003). *Animal Innovation*. Oxford: Oxford University Press.

Reed, D. L., et al. (2007). Pair of lice lost or parasites regained: the evolutionary history of anthropoid primate lice. *Bmc Biology*, *5*.

Reich, D., et al. (2011). Denisova admixture and the first modern human dispersals into Southeast Asia and Oceania. *American Journal of Human Genetics*, *89*,516 - 528.

Reiss, D., & Marino, L. (2001). Mirror self-recognition in the bottlenose dolphin: A case of cognitive convergence. *Proceedings of the National Academy of Sciences of the United States of America*, *98*,5937 - 5942.

Rendell, L., & Whitehead, H. (2001). Culture in whales and dolphins. *Behavioral and Brain Sciences*, *24*,309 - +.

Rice, G. E., & Gainer, P. (1962). Altruism in albino rat. *Journal of Comparative and Physiological Psychology*, *55*,123 - &.

Ridley, M. (1998). *The origins of virtue*. New York: Penguin.

Rizzolatti, G., et al. (1996). Premotor cortex and the recognition of motor actions. *Cognitive Brain Research*, *3*,131 - 141.

Roberts, W. A. (2002). Are animals stuck in time? *Psychological Bulletin*, *128*,473 - 489.

Robson, S. L., & Wood, B. (2008). Hominin life history: reconstruction and evolution. *Journal of Anatomy*, *212*,394 - 425.

Roediger, H. L., & McDermott, K. B. (2011). Remember when? *Science*, *333*,47 - 48.

Roma, P. G., et al. (2006). Capuchin monkeys, inequity aversion, and the frustration effect. *Journal of Comparative Psychology*, *120*,67 - 73.

Rosati, A. G., et al. (2007). The evolutionary origins of human patience: Temporal preferences in chimpanzees, bonobos, and human adults. *Current Biology*, *17*,1663 - 1668.

Roth, G., & Dicke, U. (2005). Evolution of the brain and intelligence. *Trends in Cognitive Sciences*, *9*,250 - 257.

Ruffman, T. , et al. (1998). Older (but not younger) siblings facilitate false belief understanding. *Developmental Psychology*, *34*, 161 – 174.

Russell, B. (1954). *Human society in ethics and politics*. New York: Allan and Unwin.

Russon, A. E. , & Galdikas, B. M. (1993). Imitation in free-ranging rehabilitant orangutans (*Pongo pygmaeus*). *Journal of Comparative Psychology*, *107*, 147 – 161.

Ruxton, G. D. , & Wilkinson, D. M. (2011). Avoidance of overheating and selection for both hair loss and bipedality in hominins. *Proceedings of the National Academy of Sciences of the United States of America*, *108*, 20965 – 20969.

Sagan, C. (1980). *Cosmos*. New York: Random House.

Salovey, P. , & Mayer, J. D. (1990). Emotional intelligence. *Imagination, cognition and personality*, *9*, 185 – 211.

Savage-Rumbaugh, E. S. (1986). *Ape language*. New York: Columbia University Press.

Savage-Rumbaugh, E. S. , et al. (1993). Language comprehension in ape and child. *Monographs of the Society for Research in Child Development*, *58*, 1 – 222.

Savage-Rumbaugh, E. S. , et al. (1980). Reference-the linguistic essential. *Science*, *210*, 922 – 925.

Scally, A. , et al. (2012). Insights into hominid evolution from the gorilla genome sequence. *Nature*, *483*, 169 – 175.

Scarf, D. , et al. (2012). Social evaluation or simple association? . *Plos One*, 7.

Schacter, D. L. (1999). The seven sins of memory-Insights from psychology and cognitive neuroscience. *American Psychologist*, *54*, 182 – 203.

Schacter, D. L. , et al. (2007). Remembering the past to imagine the future: The prospective brain. *Nature Reviews Neuroscience*, *8*, 657 – 661.

Schmand-Besserat, D. (1992). *Before writing*. Austin, Tex. : University of Texas Press.

Schusterman, R. J. , & Gisiner, R. (1988). Aritficial language comprehension in dolphins ands sea lions: Essential cognitive skills. *Psychological Record*, *38*, 311 – 348.

Schwarz, E. (1929). The occurrence of the chimpanzee south of the Congo

River. *Rev Zool Bot Africaines*, *16*,425 - 426.

Sear, R., & Mace, R. (2008). Who keeps children alive? A review of the effects of kin on child survival. *Evolution and Human Behavior*, *29*, 1 - 18.

Seed, A. M., et al. (2009). Chimpanzees solve the trap problem when the confound of tool-use is removed. *Journal of Experimental Psychology-Animal Behavior Processes*, *35*,23 - 34.

Semaw, S. (2000). The world's oldest stone artefacts from Gona, Ethiopia: Their implications for understanding stone technology and patterns of human evolution between 2.6 - 1.5 million years ago. *Journal of Archaeological Science*, *27*,1197 - 1214.

Senut, B., et al. (2001). First hominid from the Miocene (Lukeino Formation, Kenya). *Comptes Rendus De L Academie Des Sciences Serie Ii Fascicule a-Sciences De La Terre Et Des Planetes*, *332*,137 - 144.

Seyfarth, R. M., & Cheney, D. L. (2012). The evolutionary origins of friendship. *Annual Review of Psychology*, *63*,153 - 177.

Shahaeian, A., et al. (2011). Culture and the sequence of steps in theory of mind development. *Developmental Psychology*, *47*,1239 - 1247.

Shermer, M. (1997). *Why people believe weird things*. New York: W. H. Freeman.

Shettleworth, S. J. (2010). Clever animals and killjoy explanations in comparative psychology. *Trends in Cognitive Sciences*, *14*,477 - 481.

Shipton, C. (2010). Imitation and shared intentionality in the Acheulean. *Cambridge Archaeological Journal*, *20*,197 - 210.

Shweder, R. A., et al. (1987). Cultural and moral development *The emergence of morality in young children* (pp. 1 - 83). Chicago: University of Chicago Press.

Silberberg, A., & Kearns, D. (2009). Memory for the order of briefly presented numerals in humans as a function of practice. *Animal Cognition*, *12*,405 - 407.

Silk, J. B. (2010). Fellow feeling. *American Scientist*, *98*.

Silk, J. B., et al. (2005). Chimpanzees are indifferent to the welfare of unrelated group members. *Nature*, *437*,1357 - 1359.

Singer, P. (2002). *One World: The Ethics of Globalisation*. New Haven:

Yale University Press.

Skinner, B. F. (1957). *Verbal behavior*. New York: Appleton-Century-Crofts.

Sleator, R. D. (2010). The human superorganism-Of microbes and men. *Medical Hypotheses*, *74*, 214 - 215.

Slobodchikoff, C. N., et al. (2009). Prairie dog alarm calls encode labels about predator colors. *Animal Cognition*, *12*, 435 - 439.

Smil, V. (2002). *The earth's biosphere*. Cambridge, MA: MIT Press.

Smith, J. D., et al. (2012). The highs and lows of theoretical interpretation in animal-metacognition research. *Philosophical Transactions of the Royal Society B-Biological Sciences*, *367*, 1297 - 1309.

Smith, J. N., et al. (2008). Songs of male humpback whales, Megaptera novaeangliae, are involved in intersexual interactions. *Animal Behaviour*, *76*, 467 - 477.

Smith, T. M., et al. (2007). Earliest Evidence of Modern Human Life History in North African Early Homo sapiens. *Proceedings of the National Academy of Sciences of the United States of America*, *104*, 6128 - 6133.

Soares, P., et al. (2009). Correcting for purifying selection: An improved human mitochondrial molecular clock. *American Journal of Human Genetics*, *84*, 740 - 759.

Stamp Dawkins, M. (2012). What do animals want? *The Edge*. Retrieved from http://edge.org/conversation/what-do-animals-want

Stanford, C., et al. (2013). *Biological Anthropology (3rd edition)*. Boston: Pearson.

Staudinger, U. M., & Gluck, J. (2011). Psychological Wisdom Research: Commonalities and Differences in a Growing Field. *Annual Review of Psychology*, *62*, 215 - 241.

Stedman, H. H., et al. (2004). Myosin gene mutation correlates with anatomical changes in the human lineage. *Nature*, *428*, 415 - 418.

Sterelny, K. (2003). *Thought in a hostile world*. Malden, MA: Blackwell.

Sterelny, K. (2010). Moral nativism: A sceptical response. *Mind and Language*, *25*, 279 - 297.

Sternberg, R. J. (1999). Successful intelligence: Finding a balance. *Trends in Cognitive Sciences*, *3*,436 - 442.

Stevens, J. R., & Hauser, M. D. (2004). Why be nice? Psychological constraints on the evolution of cooperation. *Trends in Cognitive Sciences*, *8*,60 - 65.

Stewart, J. R., & Stringer, C. B. (2012). Human evolution out of Africa: The role of refugia and climate change. *Science*, *335*,1317 - 1321.

Stone, R. (2011). Last-ditch effort to save embattled ape. *Science*, *331*,390.

Stout, D. (2011). Stone toolmaking and the evolution of human culture and cognition. *Philosophical Transactions of the Royal Society B-Biological Sciences*, *366*,1050 - 1059.

Stringer, C. B., et al. (2008). Neanderthal exploitation of marine mammals in Gibraltar. *Proceedings of the National Academy of Sciences of the United States of America*, *105*,14319 - 14324.

Strum, S. C. (2008). Perspectives on de Waal's Primates and Philosophers: How Morality Evolved. *Current Anthropology*, *49*,701 - 702.

Suddendorf, T. (1994). Discovery of the fourth dimension: Mental time travel and human evolution. Masters thesis. Hamilton: University of Waikato.

Suddendorf, T. (1999). Children's understanding of the relation between delayed video representation and current reality: A test for self-awareness? *Journal of Experimental Child Psychology*, 72,157 - 176.

Suddendorf, T. (2003). Early representational insight: Twenty-four-month-olds can use a photo to find an object in the world. *Child Development*, *74*,896 - 904.

Suddendorf, T. (2004). How primatology can inform us about the evolution of the human mind. *Australian Psychologist*, *39*,180 - 187.

Suddendorf, T. (2006). Foresight and evolution of the human mind. *Science*, *312*,1006 - 1007.

Suddendorf, T. (2008). Explaining human cognitive autapomorphies. *Behavioral and Brain Sciences*, *31*,147 - 148.

Suddendorf, T. (2010). Episodic memory versus episodic foresight: Similarities and differences. *Wiley Interdisciplinay Reviews Cognitive Science*, *1*,99 - 107.

Suddendorf, T. (2011). Evolution, lies and foresight biases. *Behavioral and Brain Sciences*, *34*,38 - 39.

Suddendorf, T., et al. (2009). Mental time travel and the shaping of the human mind. *Philosophical Transactions of the Royal Society B-Biological Sciences*, *364*, 1317 - 1324.

Suddendorf, T., et al. (2012). If I could talk to the animals. *Metascience*, *21*, 253 - 267.

Suddendorf, T., & Busby, J. (2003). Mental time travel in animals? *Trends in Cognitive Sciences*, 7, 391 - 396.

Suddendorf, T., & Busby, J. (2005). Making decisions with the future in mind: Developmental and comparative identification of mental time travel. *Learning and Motivation*, *36*, 110 - 125.

Suddendorf, T., & Butler, D. L. (2013). The nature of visual self-recognition. *Trends in Cognitive Sciences*, 121 - 127.

Suddendorf, T., & Collier-Baker, E. (2009). The evolution of primate visual self-recognition: evidence of absence in lesser apes. *Proceedings of the Royal Society of London B Biological Sciences*, *276*, 1671 - 1677.

Suddendorf, T., & Corballis, M. C. (1997). Mental time travel and the evolution of the human mind. *Genetic Social and General Psychology Monographs*, *123*, 133 - 167.

Suddendorf, T., & Corballis, M. C. (2007). The evolution of foresight: What is mental time travel and is it unique to humans? *Behavioral and Brain Sciences*, *30*, 299 - 313 + 335 - 351.

Suddendorf, T., & Corballis, M. C. (2008a). Episodic memory and mental time travel. In E. Dere, et al. (Eds.), *Handbook of Episodic Memory* (Vol. 18, pp. 31 - 42).

Suddendorf, T., & Corballis, M. C. (2008b). New evidence for animal foresight? *Animal Behaviour*, *75*, e1 - e3.

Suddendorf, T., & Corballis, M. C. (2010). Behavioural evidence for mental time travel in nonhuman animals. *Behavioural Brain Research*, *215*, 292 - 298.

Suddendorf, T., & Dong, A. (2013). On the evolution of imagination and design. In M. Taylor (Ed.), *Oxford Handbook of the Development of Imagination*. Oxford: Oxford University Press.

Suddendorf, T., & Fletcher-Flinn, C. M. (1999). Children's divergent thinking improves when they understand false beliefs. *Creativity Res-*

earch Journal, *12*, 115 - 128.

Suddendorf, T., et al. (2011). Children's capacity to remember a novel problem and to secure its future solution. *Developmental Science*.

Suddendorf, T., et al. (2013). Is newborn imitation developmentally homologous to later social-cognitive skills. *Developmental Psychobiology*, *55*, 52 - 58.

Suddendorf, T., et al. (2007). Visual self-recognition in mirrors and live videos: evidence for a developmental asynchrony. *Cognitive Development*, *22*, 185 - 196.

Suddendorf, T., & Whiten, A. (2001). Mental evolution and development: evidence for secondary representation in children, great apes and other animals. *Psychological Bulletin*, *127*, 629 - 650.

Svetlova, M., et al. (2010). Toddlers' Prosocial Behavior: From Instrumental to Empathic to Altruistic Helping. *Child Development*, *81*, 1814 - 1827.

Swartz, K. B., et al. (1999). Comparative aspects of mirror self-recognition in great apes. In S. T. Parker, R. W. Mitchell, & M. L. Boccia (Ed.), *The mentalities of gorillas and orangutans* (pp. 283 - 294). Cambridge: Cambridge University Press.

Swisher, C. C., et al. (1996). Latest Homo erectus of Java: Potential contemporaneity with Homo sapiens in southeast Asia. *Science*, *274*, 1870 - 1874.

Szagun, G. (1978). On the frequency of use of tenses in English and German children's spontaneous speech. *Child Development*, *49*, 898 - 901.

Tardif, S. D. (1997). *The bioenergetics of parental behavior and the evolution of alloparental care in marmosets and tamarins*: Cambridge University Press.

Taylor, A. H., et al. (2011). New Caledonian Crows learn the functional properties of novel tool types. *Plos One*, *6*, e26887.

Taylor, A. H., et al. (2007). Spontaneous metatool use by new Caledonian crows. *Current Biology*, *17*, 1504 - 1507.

Taylor, A. H., et al. (2009). Do New Caledonian crows solve physical problems through causal reasoning? *Proceedings of the Royal Society B-Biological Sciences*, *276*, 247 - 254.

Taylor, A. H., et al. (2010). An Investigation into the Cognition Behind

Spontaneous String Pulling in New Caledonian Crows. *PLoS ONE*, *5*, 7.

Taylor, A. H., et al. (2012). New Caledonian crows reason about hidden causal agents. *Proceedings of the National Academy of Sciences*, *109*, 16389 - 16391.

Taylor, M., et al. (1994). Children's understanding of knowledge acquisition: The tendency for children to report that they have always known what they have just learned. *Child Development*, *65*, 1581 - 1604.

Taylor, T. (2010). *The artificial ape*. New York: Palgrave Macmillan.

Tedeschi, J. T. (1981). *Impression management theory and social psychological research*. New York: Academic Press.

Tennie, C., et al. (2004). Imitation versus emulation in great apes. *Folia Primatologica*, *75*, 728.

Terrace, H. S. (1979). *Nim*. New York: Knopf.

Thieme, H. (1997). Lower Palaeolithic hunting spears from Germany. *Nature*, *385*, 807 - 810.

Thompson-Cannino, J., et al. (2009). *Picking Cotton*. New York: St Martin's Press.

Thomson, R., et al. (2000). Recent common ancestry of human Y chromosomes: Evidence from DNA sequence data. *Proceedings of the National Academy of Sciences*, *97*, 7360 - 7365.

Thorpe, I. J. N. (2003). Anthropology, archaeology, and the origin of warfare. *World Archaeology*, *35*, 145 - 165.

Thorpe, S. K. S., et al. (2007). Origin of human bipedalism as an adaptation for locomotion on flexible branches. *Science*, *316*, 1328 - 1331.

Tinbergen, N. (1963). On aims and methods of ethology. *Zeitschrift fuer Tierpsychologie*, *20*, 410 - 433.

Tolman, E. C. (1948). Cognitive maps in rats and men. *Psychological Review*, *55*, 189 - 208.

Tomasello, M. (1999). The human adaptation for culture. *Annual Review of Anthropology*, *28*, 509 - 529.

Tomasello, M. (2009). *Why we cooperate*. Cambridge, MA: MIT Press.

Tomasello, M., & Call, J. (1997). *Primate cognition*. New York: Oxford University Press.

Tomasello, M., & Call, J. (2004). Ape imitation when goal does not match result. *Folia Primatologica*, *75*, 56.

Tomasello, M., et al. (2005). Understanding and sharing intentions: The origins of cultural cognition. *Behavioral and Brain Sciences*, *28*, 675 - +.

Tomasello, M., et al. (1999). Chimpanzees, *Pan troglodytes*, follow gaze direction geometrically. *Animal Behaviour*, *58*, 769 - 777.

Tomasello, M., et al. (1993). Cultural learning. *Behavioral and Brain Sciences*, *16*, 495 - 552.

Tomasello, M., et al. (1993). Imitative learning of actions on objects by children, chimpanzees, and enculturated chimpanzees. *Child Development*, *64*, 1688 - 1705.

Tooby, J., & DeVore, I. (1987). The reconstruction of hominid behavioral evolution through strategic modelling. In W. Kinzey (Ed.), *The evolution of human behavior: Primate models* (pp. 183 - 238). Albany: State University of New York Press.

Toups, M. A., et al. (2011). Origin of clothing lice indicates early clothing use by anatomically modern humans in Africa. *Molecular Biology and Evolution*, *28*, 29 - 32.

Trinkaus, E. (1995). Neanderthal mortality patterns. *Journal of Archaeological Science*, *22*, 121 - 142.

Trivers, R. L. (1971). Evolution of reciprocal altruism. *Quarterly Review of Biology*, *46*, 35 - &.

Tulving, E. (1985). Memory and consciousness. *Canadian Psychology*, *26*, 1 - 12.

Tulving, E. (2005). Episodic memory and autonoesis: Uniquely human? In H. S. Terrace & J. Metcalfe (Eds.), *The missing link in cognition* (pp. 3 - 56). Oxford: Oxford University Press.

Turney, C. S. M., et al. (2008). Late-surviving megafauna in Tasmania, Australia, implicate human involvement in their extinction. *Proceedings of the National Academy of Sciences of the United States of America*, *105*, 12150 - 12153.

Tversky, A., & Kahneman, D. (1974). Judgment under uncertainty-Heuristics and biases. *Science*, *185*, 1124 - 1131.

Twain, M. (1906). What is man?

Ueno, A., & Matsuzawa, T. (2004). Food transfer between chimpanzee mothers and their infants. *Primates*, *45*, 231 - 239.

Ujhelyi, M., et al. (2000). Observations on the behavior of gibbons (Hylobates leucogenys, H. gabriellae, and H. lar) in the presence of mirrors. *Journal of Comparative Psychology*, *114*, 253 - 262.

Ungar, P. S., & Sponheimer, M. (2011). The diets of early hominins. *Science*, *334*, 190 - 193.

Utami, S. S., et al. (2002). Male bimaturism and reproductive success in Sumatran orang-utans. *Behavioral Ecology*, *13*, 643 - 652.

van Baaren, R. B., et al. (2004). Mimicry and prosocial behavior. *Psychological Science*, *15*, 71 - 74.

van der Vaart, E., et al. (2012). Corvid re-caching without 'theory of mind': A model. *PLOS One*, 7.

van Schaik, C. P., et al. (2003). Orangutan cultures and the evolution of material culture. *Science*, *299*, 102 - 105.

van Wolkenten, M., et al. (2007). Inequity responses of monkeys modified by effort. *Proceedings of the National Academy of Sciences of the United States of America*, *104*, 18854 - 18859.

Varki, A., et al. (1998). Great ape phenome project? *Science*, *282*, 239 - 240.

Vidal, G. (1981). *Creation*. New York: Doubleday.

Villa, P., & Lenoir, M. (2009). Hunting and Hunting Weapons of the Lower and Middle Paleolithic of Europe. In J. J. Hublin & M. P. Richard (Eds.), *Evolution of Hominin Diets: Integrating Approaches to the Study of Palaeolithic Subsistence* (pp. 59 - 85). Dordrecht: Springer.

Visalberghi, E., & Limongelli, L. (1994). Lack of comprehension of cause-effect relations in tool-using capuchin monkeys (Cebus apella). *Journal of Comparative Psychology*, *108*, 15 - 22.

von Hippel, W., & Trivers, R. (2011). The evolution and psychology of self-deception. *Behavioral and Brain Sciences*, *34*, 1 - 56.

von Rohr, C. R., et al. (2011). Evolutionary precursors of social norms in chimpanzees: a new approach. *Biology & Philosophy*, *26*, 1 - 30.

Wadley, L. (2010). Compound-adhesive manufacture as a behavioral proxy for complex cognition in the Middle Stone Age. *Current Anthropology*,

51, S111 - S119.

Walker, M. L., & Herndon, J. G. (2008). Menopause in nonhuman primates? *Biology of Reproduction*, *79*, 398 - 406.

Warneken, F., et al. (2006). Cooperative activities in young children and chimpanzees. *Child Development*, 77, 640 - 663.

Warneken, F., & Tomasello, M. (2009). Varictics of altruism in children and chimpanzees. *Trends in Cognitive Sciences*, *13*, 397 - 402.

Wearing, D. (2005). *Forever today*. New York: Doubleday.

Wellman, H. M., et al. (2001). Meta-analysis of theory-ofmind development: The truth about false belief. *Child Development*, *72*, 655 - 684.

Wellman, H. M., & Liu, D. (2004). Scaling of theory-of-mind tasks. *Child Development*, *75*, 523 - 541.

White, T. D., et al. (2009). Ardipithecus ramidus and the paleobiology of early hominids. *Science*, *326*, 75 - 86.

Whitehead, A. N. (1956). *Dialogues of Alfred North Whitehead/as recorded by Lucien Price*. New York: New American Library.

Whiten, A. (2005). The second inheritance system of chimpanzees and humans. *Nature*, *437*, 52 - 55.

Whiten, A., & Byrne, R. W. (1988). Tactical deception in primates. *Behavioral and Brain Sciences*, *11*, 233 - 273.

Whiten, A., et al. (1996). Imitative learning of artificial fruit processing in children (Homo sapiens) and chimpanzees (Pan troglodytes). *Journal of Comparative Psychology*, *110*, 3 - 14.

Whiten, A., et al. (1999). Cultures in chimpanzees. *Nature*, *399*, 682 - 685.

Whiten, A., & Ham, R. (1992). On the nature and evolution of imitation in the animal kingdom: Reappraisal of a century of research. In P. J. B. Slater, J. S. Rosenblatt, C. Beer, & M. Milinski (Ed.), *Advances in the Study of Behavior* (pp. 239 - 283). San Diego: Acedemic Press.

Whiten, A., et al. (2005). Conformity to cultural norms of tool use in chimpanzees. *Nature*, *437*, 737 - 740.

Whiten, A., & McGrew, W. C. (2001). Is this the first portrayal of tool use by a chimp? *Nature*, *409*, 12 - 12.

Whiten, A., & Mesoudi, A. (2008). Establishing an experimental science of culture: animal social diffusion experiments. *Philosophical Trans-*

actions of the Royal Society B-Biological Sciences, *363*, 3477 - 3488.

Whiten, A., & Suddendorf, T. (2001). Meta-representation and secondary representation. *Trends in Cognitive Sciences*, *5*, 378.

Whiten, A., & Suddendorf, T. (2007). Great ape cognition and the evolutionary roots of human imagination. In I. Roth (Ed.), *Imaginative Minds* (pp. 31 - 60). Oxford: Oxford University Press.

Wilcox, S., & Jackson, R. (2002). Jumping spider tricksters: deceit, predation, and cooperation. In M. Bekoff, et al. (Eds.), *The cognitive animal: empirical and theoretical perspectives on animal cognition* (pp. 27 - 45). Cambridge, MA: MIT Press.

Wildman, D. E., et al. (2003). Implications of natural selection in shaping 99.4% nonsynchronous DNA identity between humans and chimpanzees: Enlarging genus Homo. *Proceedings of the National Academy of Science*, *100*, 7181 - 7188.

Wilkins, J., et al. (2012). Evidence for early hafted hunting technology. *Science*, *338*, 942 - 946.

Williams, J. H. G., et al. (2001). Imitation, mirror neurons and autism. *Neuroscience and Biobehavioral Reviews*, *25*, 287 - 295.

Williams, J. M. G., et al. (1996). The specificity of autobiographical memory and imageability of the future. *Memory and Cognition*, *24*, 116 - 125.

Wilson, M. A., & McNaughton, B. L. (1994). Reactivation of hippocampal ensemble memories during sleep. *Science*, *265*, 676 - 679.

Wimmer, H., & Perner, J. (1983). Beliefs about beliefs: Representation and constraining function of wrong beliefs in young children's understanding of deception. *Cognition*, *13*, 103 - 128.

Wise, S. M. (2000). *Rattling the cage: Toward legal rights for animals*. Cambridge, MA: Perseus Publishing.

Wood, B., & Collard, M. (1999). Anthropology-The human genus. *Science*, *284*, 65 - +.

Wrangham, R. (2009). *Catching fire: how cooking made us human*. New York: Basic books.

Wrangham, R., & Peterson, D. (1996). *Demonic males*. London: Bloomsbury.

Wu, X., et al. (2011). A new brain endocast of Homo erectus from Hulu Cave, Nanjing, China. *American Journal of Physical Anthropology*, *145*, 452 - 460.

Wynne, C. D. L. (2001). *Animal Cognition*. New York: Palgrave.

Wynne, C. D. L. (2004). Fair refusal by capuchin monkeys. *Nature*, *428*, 140 - 140.

Yamamoto, S., et al. (2009). Chimpanzees help each other upon request. *Plos One*, *4*.

Yerkes, R. M., & Yerres, D. N. (1928). Concerning memory in the chimpanzee. *Journal of Comparative Psychology*, *8*, 237 - 271.

Yokoyama, Y., et al. (2008). Gamma-ray spectrometric dating of late Homo erecrus skulls from Ngandong and Sambungmacan, Central Java, Indonesia. *Journal of Human Evolution*, *55*, 274 - 277.

Young, R. W. (2003). Evolution of the human hand: the role of throwing and clubbing. *Journal of Anatomy*, *202*, 165 - 174.

Zahn-Waxler, C., et al. (1979). Child rearing and children's prosocial imitations towards victims of distress. *Child Development*, *50*, 319 - 330.

Zerjal, T., et al. (2003). The genetic legacy of the mongols. *American Journal of Human Genetics*, *72*, 717 - 721.

Zilhao, J., et al. (2010). Symbolic use of marine shells and mineral pigments by Iberian Neandertals. *Proceedings of the National Academy of Sciences of the United States of America*, *107*, 1023 - 1028.

Zimbardo, P. G., & Boyd, J. N. (1999). Putting time in perspective: A valid, reliable individual-differences metric. *Journal of Personality and Social Psychology*, 77, 1271 - 1288.

图书在版编目（CIP）数据

鸿沟 : 人类何以区别于动物 / (德) 托马斯 · 萨顿多夫著 ; 刘佳译.
-- 上海 : 上海文艺出版社, 2018
(新视野人文丛书)
ISBN 978-7-5321-5906-2
Ⅰ.①鸿… Ⅱ.①托… ②刘… Ⅲ.①人类—关系—动物—普及读物
Ⅳ.①Q958.12-49
中国版本图书馆CIP数据核字 (2018)第142636号

THE GAP:THE SCIENCE OF WHAT SEPARATES US
FROM OTHER ANIMALS by THOMAS SUDDENDORF

著作权合同登记图字：09-2014-927号

发 行 人：陈 征
责任编辑：胡远行
封面设计：胡 斌

书　　名：鸿沟 : 人类何以区别于动物
作　　者：(德) 托马斯 · 萨顿多夫
译　　者：刘 佳
出　　版：上海世纪出版集团　上海文艺出版社
地　　址：上海绍兴路7号　200020
发　　行：上海文艺出版社发行中心发行
上海市绍兴路50号　200020　www.ewen.co
印　　刷：苏州市越洋印刷有限公司印刷
开　　本：890×1240　1/32
印　　张：12.375
插　　页：5
字　　数：277,000
印　　次：2018年7月第1版　2018年7月第1次印刷
I S B N：978-7-5321-5906-2/G · 0150
定　　价：75.00元
告 读 者：如发现本书有质量问题请与印刷厂质量科联系　T: 0512-68180628